U0611637

【法】莫里斯·郭德烈 著

人类社会的根基

人类学的重构

Au fondement des sociétés humaines

Ce que nous apprend l'anthropologie

董芃芃 刘宏涛 马吟秋 黄缇萦
丁岩妍 林 红 裘佳平译

中国社会科学出版社

图书在版编目（CIP）数据

人类社会的根基：人类学的重构／（法）莫里斯·郭德烈著；
董芃芃等译．—北京：中国社会科学出版社，2011.4
ISBN 978-7-5004-9618-2

Ⅰ.①人…　Ⅱ.①莫…　②董…　Ⅲ.①人类学　Ⅳ.①Q98

中国版本图书馆 CIP 数据核字（2011）第 044634 号

Au fondement des sociétés humaines：Ce que nous apprend l'anthropologie
by Maurice Godelier

ⓒ Editions Albin Michel – Paris 2007
本书的出版得到法国国家图书中心的支持
Ouvrage publié avec le soutien du Centre national du livre

图字：01-2011-0311 号

责任编辑　姜阿平
责任校对　张玉霞
封面设计　郭蕾蕾
技术编辑　王炳图　王　超

出版发行　中国社会科学出版社
社　　址　北京鼓楼西大街甲 158 号　　邮　编　100720
电　　话　010—84029450（邮购）
网　　址　http://www.csspw.cn
经　　销　新华书店
印刷装订　三河市君旺印装厂
版　　次　2011 年 4 月第 1 版　　　印　次　2011 年 4 月第 1 次印刷
开　　本　710×1000　　1/16
印　　张　19
字　　数　247 千字
定　　价　38.00 元

目　　录
CONTENT

序　言

　　1985 年 11 月，中国一个三人人类学代表团访法，日程中有与法国国家科学研究中心社会科学与人文科学部主任莫里斯·郭德烈的会见。"这是巴布亚新几内亚高地接待我的村庄。我在那里做了七年田野。"郭德烈指着挂在他身后墙上的照片说。那是我第一次与他见面。会谈中的其他内容早已忘却，只留下这句话。因为这是我认识的人类学家中，田野经历的最长记录。1966 年 12 月至 1969 年 12 月，他在巴祜亚人中生活了三年。之后，又多次前往。

　　2001 年，法国国家科学研究中心授予郭德烈金奖。在历年获此奖的社会科学家名单中，我们还能找到另外两位人类学家：克劳德·列维－斯特劳斯和乔治·巴琅碟。此外，我们还能够发现，名单中一些杰出的自然科学家尔后成为诺贝尔奖得主。

　　郭德烈是法国经济人类学、马克思主义人类学的奠基人之一，现为巴黎社会科学高级研究院特级教授，在社会关系中的思想、想象与象征的区分、赠与物和出售物以及既不赠与也不出售物的区分等基本领域作出了重要贡献。他不仅是大洋洲专家，享有国际声誉的人类学家，发表了大量著述和制作多部人类学纪录片，而且在科学政策制定方面，同样成就斐然。1982—1986 年间他曾任法国国家科学研究中心社会科学和人文学部主任，现为法国国家科学理事会成员，法国国家人文科学和社会科学协调理事会副主席。

《大人物的生产》（1982）（获法兰西科学院奖）、《精神与物质》（1984）、《礼物之谜》（1996）、《身体的生产》（1998，与 Michel Panoff 主编）《亲属关系的化身》（2004）是郭德烈的主要著述，被译成多种文字。他是多所大学的荣誉博士，获得众多奖项，其中有法国骑士勋章、法兰西科学院奖（1982）和 Alexander von Humboldt 社会科学国际奖（1990）。

20 世纪 90 年代，法国《世界报》一篇访谈的标题为：《著名人类学家莫里斯·郭德烈与列维–斯特劳斯对立》。在郭德烈的著述中，展现了大师之间过招的精彩学术场面。

2008 年，郭德烈把其在人类学几个主要领域的著述浓缩在本书中。从中，我们可以看到，继列维–斯特劳斯之后，郭德烈代表着法国人类学的另一个时代。

《人类社会的根基》于 2008 年出版，2009、2010 年法国国家科学研究中心出版社又出版了郭德烈的两本小册子——《部落：在历史中的地位与面对国家时的问题》和《社群、社会与文化：三个了解认同冲突的关键》。作者有意将它们一并介绍，故本书由它们合并而成。其中译者是：董芄芄（序言、第 7 章）、刘宏涛（第 1、2 章）、马吟秋（第 3 章）、黄缇萦（第 4 章）、丁岩妍（第 5 章、第 8 章）、林红（第 6 章）。全书由刘宏涛统稿和校对。裘佳平单独翻译了作为附录的两本小册子。

蔡华

2011 年 3 月

导论：人类学的现状

——我们做了什么、该做什么？

　　本书是在"佩吉·巴伯讲座"（Page Barbour Lectures）的基础上写就的。该讲座由弗吉尼亚大学举办，每年一次、每次四讲。2002 年，弗吉尼亚大学邀请了我。这四讲也就是本书第二、三、七、八章。在此之上，我增加了第一、四、五、六章。这四章不仅延续上述四讲中的某些方面，还向另外一些问题敞开。当然，于我而言，做那次讲座是一种荣耀和幸事，因为每一次讲座都伴随着与人类学及其他社会科学的老师和学生的友好、丰富而生动的讨论。

　　辩论双方决然对立：一方肯定，他们不再相信或不相信人们还能对人类学家们的分析与写作给予任何科学上的信赖、授予其特殊的权威性，而且对在西方的大学里授课的历史学家、东方学家的同类作品也不予更多信任。另一方援引人类学的丰功伟绩，如对我们时代经历的各种亲属制度的发现和汇编，并且坚持认为，这一学科早已不能被视为西方对世界其他地方的扩张和统治的纯粹副产品，相反，该学科在其各种方法、各种成果中已包含一些使其成为一个独立的科学学科的因子，即便与自然科学相比，它的科学程度尚显稚嫩。

　　这类辩论已非真正的新鲜事物。在人类学界，自 20 世纪 80 年代末以来，人们即已习惯于此类说法，乔治·马尔库斯

（George Marcus）、詹姆斯·克利福德（James Clifford）①、迈克
尔·费舍尔（Michael Fisher）、保罗·拉比诺（Paul Rabinow）②、
斯蒂芬·泰勒（Stephen Tylor）和其他同道，或者在他们之后的
某些人，即已在写作中提醒他们的同事对这门学科采用"自省"
和批评意识，在其细小的隐蔽角落里"解构"它，创立一种新
方式实践之并传播其结果，他们谓之"新民族志"和"写文
化"。这种"多声"的写作方式声称可能让人们听到民族学家之
外的许多声音，而且从今以后民族学家不再声称对诠释报道事实
的任何特殊的权威性。

　　这些田野材料，在某些人看来，不能也不该被"再表述"，
而只能是被"唤起"，而且，如果可能的话，以诗的方式来唤
起。沿着这条分界线，许多人主张人类学和文学可能融为一体以
生产多种的叙事—虚构。在这些召唤新民族志和全面摧毁旧民族
志的浪潮中，为了增加其权威性，另外一些来自大西洋彼岸的标
志性人物亦被援引：利奥塔（Lyotard）、德里达（Derrida）、福
柯（Foucault）、德勒兹（Deleuze）、鲍德里亚（Baudrillard）、利
科（Paul Ricoeur）……这些人的著作全集在美国变成了所谓的
法国理论（French Theory），其实纯为美国人的杜撰。在法国，

---

① Clifford and Marcus, eds. , *Writing Culture*；Marcus and Fischer, *Anthropology as Cultural Critique*。让我们提醒一下，J. 克利福德针对民族志写作了许多，他把民族志降为民族学家为把他们的田野研究结果转播出去而作的文本，可是却把民族志工作的基本时刻撇开，而田野工作正是民族学家尔后将分析和发表的原始资料的来源。克利福德的这一"遗忘"（或者这一缄默）可能透过以下事实得到解释：他本人从未做过田野工作，却专以批评做过田野的人发表的著作为业，如，马林诺夫斯基基、林哈德等的著述。对这些文本的批评性分析肯定是有用和必要的，但是它没有触及根本，即完成的观察之性质和理解并重建的事实之性质。

② Rabinow, *Reflections on Fieldwork in Morocco*.

不存在法国理论，①而只有一些思想家——利奥塔、福柯、德里达以及其他一些人。从 20 世纪 70 年代开始，他们便生产了一些特有的作品。在其学术生涯中，他们多次变换范式，有时他们深深地对立（如福柯与德里达），有时又保持一致。而一旦时髦效应耗尽，他们的影响并未把他们化为照亮整个思想场域的领袖或先知，而毋宁是一些其观点时不时地被其他研究者所采纳的思想家，因为这些理论对于表达现实的某种面向或者一套特定的问题是有建树的。简言之，法国生产并出口了许多杰出的思想家，然而，在法国，对他们的观念的消费却通常是审慎而实用主义的，并且，一般而论，人们认为这些思想家中的任何一位都不能代表其他人。我们将在相应的章节再来谈谈这一点。

不可避免的危机

我们面临的问题很清楚。这些动摇人类学和其他社会科学场域的辩论、质疑和解构是宣告人类学的"黄昏"（如萨林斯②所言）、宣布其死亡的信号吗？或者，正相反，这些辩论、质疑和解构是间接的证据，它们证明人类学（和各种社会科学）正以矛盾、嘈杂的却完全正常的方式穿越一个它们正在走出的过渡时期。此后，人类学（和其他社会科学）以对其方法、概念、局限更强的批评意识和在分析中更高的严谨性的面目出现。我们是否正在见证一个比任何时候都更加必要的人类学，更加能够分析

---

① François Cusset, *French Theory. Foucault, Derrida, Deleuze & Cie et les mutations de la vie intellectuelle aux États - unisI*; Lyotard, *La Condition post - moderne* (*The post - Modern Condition*); Baudrillard, *Simulacres et simulation* (*Simulations*); Delueze, *Logic du sens* (*The logic of sense*); Ricoeur, *Le Conflit des interprétations. Essai d'herméneutique I* (*The Conflict of Interoretations*) and *Essai d'herméneutique II*.

② Sahlins, "Goodbye to Tristes Tropes," *How Natives Think*, and "Two or Three Things That I Know about Culture".

全球化世界的复杂性和种种矛盾的人类学的诞生？而这个全球化世界的实践者们和与他们一起生活工作的人们都必须学会在其中生存。我们的答案也同样坦诚。随着这些摧毁，人类学和其他社会科学的危机远没有宣布它的消逝，或者溶解在"文化研究"①的软形式里，这个危机只不过是它们在此前不曾有过的严谨和警觉之上重建的一个必经过程。让我们来谈谈为什么。

16 世纪以来，伴随着几个欧洲国家的殖民和商业扩张，一些军人、官员、传教士、商人和各类探险家来到了西方以外的世界。19 世纪中叶之前，民族学只不过是他们生产的一些游记和描写而已。这一切甚至发生在 19 世纪大工业化时期之前，这个时期保障了这些国家对世界其他地区的统治，并在一些常常是血腥的竞争中指使一些国家反对另一些国家。所有这些游记和描写显然或多或少都直接服务于这种统治的建立，而且它们中的大部分还默认或明确地接受这样的思想：西方是人类进步的标杆和镜子。不过，几个哲学家和诗人在"野蛮人"的习俗中看到了在西方人那里被"文明"的进步遗失了的天堂。② 简单地说，在过去的几个世纪里，民族学首先是浸透着西方意识形态的民族志。

19 世纪下半叶，人类学的鼻祖摩尔根和泰勒③进行一项其他民族风俗的比较研究，这使得他们相对于自身社会和时代的价值判断和分类而言，可以自愿地暂时悬置自身文化的判断和预设，谨慎地将自己的思想去中心化。例如，摩尔根首先在美国和加拿大，然后在世界范围内借助数以百计的通讯员系统地进行了一次

① Nicholas Thomas, "Becoming Undisciplined: Anthropology and Culture Studies"; Johnson, "What Is Cultural Studies Anyway?"; Howell, "Cultural Studies and Social Anthropology"

② Wilson, *The Noble Savage*; Meek, *Social Science and the Ignoble Savage*.

③ Tylor, *Researches into the Early History of Mankind and the Development of Civilization*.

调查。这促成了他发现并记录在西方和西方之外存在的各种形式的亲属关系。① 他成功地发现了这些亲属关系，进而他又实现了对它们的"逻辑"的理解，并承认这些亲属关系构成一些"制度"，且不同于西方从其遥远的拉丁祖先（古罗马人）那里派生出来的双系亲属关系制度，但它们同样地自洽。于是摩尔根创制了一套新的术语来描写和定性他的这些发现。他开始以"母系"继嗣原则、"类分式"亲属关系原则来指称不同的血亲称谓制度。这些制度以下列事实为特征：要么只有一个词汇指称父亲及父亲的兄弟们，要么只有一个词汇指称母亲和母亲的姐妹们。他提出使用一些其他术语以便从整体上指代某些类型的亲属称谓（如"Malayan"和"Ganovanian"），这些术语因在他之后无人再用而消失，代之而起的是一些民族名（如"夏威夷"型、"易罗魁"型、"爱斯基摩"型和"苏丹"型）。

但是，在摩尔根晚年，当他使用他的研究结论来建构一个人类进化的虚构的元叙述时，这种对自身去中心化和系统的调查中止了，甚至被否定了。这种叙述认为人类进化从脱离原始动物性的最初的"蒙昧"阶段进入"野蛮"阶段，然后在地球的这里或那里达到"文明"阶段。这种文明首先由欧洲文明体现，其最高级别由美国代表，美国摆脱了当时仍在羁绊古老欧洲发展的封建（和其他的）关系，而那些征服美洲的人就是从欧洲出发的。②

从摩尔根著作的这两个侧面的存在和承继关系上可总结的教训很清楚。自其滥觞，人类学根植于矛盾，它把理性的实践和意识形态混搅在一起，为此它被判处在自己内部与自己斗争。至今

① Morgan, *Systems of Consanguinity and Affinity of the Human Family*。关于摩尔根研究工作的介绍，参看 Trautmann, *Lewis Henry Morgan and the Invention of Kinship* 以及 Godelier, *Métamorphose de la parénte*。

② Morgan, *Ancient City*.

我们仍在这样的形势中，但是背景是崭新的。鉴于我们并非生来便是人类学家，而是成长为人类学家的，因此，对我们追求并且在未来一个时期将继续作为我们的职业追求的这个世界进行粗略的描绘就是必不可少的。

当今世界

今日之世界诞生于三次重大转型。每一次转型都留下了痕迹。第一次出现于第二次世界大战之后的 20 世纪 50 年代。英格兰、法国、荷兰和葡萄牙殖民帝国在若干世纪的统治之后（同时也是殖民地人民的多次抵抗行动之后[①]）或快或慢地解体和消失，并多多少少带着血腥的味道。至于西班牙，它 19 世纪即已失去其殖民地，德国则于第一次世界大战后 1918 年结束殖民史。但是，这些殖民地的原住民族和社会在宣布"独立"之后，并非回归到殖民化之前的形势和关系中，却是"融入"了殖民权力所创建的政体和结构之中。当这些国家渐至成形，它们便瓦解、摧毁了原有的关系链——例如曾存在于古老的帝国或者商业往来之间的关系[②]——那些曾经将这些群体聚集在一起的关系，继而置换、重塑所有的民族，创造出一个全新的生活框架。[③]

[①]　位于所罗门群岛的一个小型社会槐欧（Kwaio）是一个显著的例子。数十年来拒绝臣服于英国殖民权力以及皈依基督教。它的抵抗以流血事件闻名，其中一名军官和两名传教士死亡。这种抵抗一直延续至今。参看 Keesing, *Custom and Confrontation*。虽然研究取得巨大的进步——牛津《庶民研究》（Subaltern Studies）系列已经出版、亚非拉及大洋洲被殖民地人民抵抗的大量历史仍有待著述及。

[②]　Amselle and M'Bokolo, eds. , *Au Coeur de L'Ethnie*, pp. 38 – 39。参看卢克·德·厄什（Luc de Heusch）在"民族，一个概念的变迁"（L'Ethnie, les vicissitudes d'un concept）中关于此书的批评。

[③]　Asad, eds. , *Anthropology and the Colonial Encounter*；Nicholas Thomas, *Colonialism's Culture*；Leclerc, *Anthropologie et colonialism*；Lewis, "Anthropology and colonialism"；Ferro, eds. , *Le Livre noir du colonialism.*

这些新兴的人为的独立政体只得成为"国族"①，以建构或主张共同的身份。过去，这种同一性从未存在于这些习俗迥异、宗教纵横交错的地方社会之中，现在却在新的边界之间显踪露影。这些新兴的民族国家具有"世俗"的特征，如同那些建立在政教分离原则上的欧美国家一样。继法国、英国以及美国革命之后，启蒙哲学家的观点部分具化为西方社会的肌理：无论是科学还是社会都不应该臣服于宗教和神学的统治之下，或者屈从于王权、统治阶级以及使其权威合法化的意识形态控制之下。② 在这个日益全球化的世界中，一种新型的依赖将很快取代过去殖民权力直接的统治，那些新兴的独立国家将不得不求助于前殖民者的框架以复兴传统、勾画未来。虽然越南战争标志着19世纪60年代古老殖民帝国的最终崩溃，却并未撼动它的前殖民宗主国——法国在远东的版图，而毋宁说是西方资本主义世界及其同盟对共产主义世界的围攻。

这种格局源于第二次世界大战之后的第二次重大变迁。它将世界划分为三个堡垒：资本主义世界，共产主义世界和大量寻求独立的第三世界国家。那些伟大的卡里斯玛型领袖，如尼赫鲁、贾迈勒·阿卜杜-纳赛尔、苏加诺和帕特里斯·卢蒙巴，发出了第三世界国家的吁求。而社会主义国家声称将要为其人民建造一种不同于且优越于资本主义的生活方式。通过废除土地私有制和旧有的生产方式、倡导平等教育和工作的权利，这些国家致力于造就一种"新人"——他们心怀乌托邦理想、斥责"布尔乔亚"的价值观和以牺牲社会来满足个人的行为。他们揭露了一则关于在无需国家控制、彻底解放的市场中自行实现所有社会成员最优

① 以国家为认同主体建构的族群。——译者注
② 施密德，《什么是启蒙》（*What Is Enlightenment*）。不应忘记，开始于1751年的法国百科全书的出版曾一度被国王路易十四以"对道德和宗教不可弥补的损害"为由中止，而教皇克莱芒十三世则威胁要将读过或藏有此书的人驱逐出教会。

分配社会资源和财富的神话。

　　然而在现实之中，共产主义国家更为"高级"的民主迅速转变为血腥的一党独裁。由于脱离基础工业建设，以计划为中心的经济被证明无力大幅提高生活水准，难以与西欧、北美和加拿大抗衡。社会主义国家因此最终无法与资本主义竞争，除了在科学知识的生产方面，它们以技术提升武力，从而能与敌手在军事上处于平等的位置。由于被迫承受与西方资本主义世界的军备竞赛以及自身体系内国家的加速发展，这种情况发生在俄罗斯和中亚的"共和国"（在1917年布尔什维克革命中仅有微量工业），或者罗马尼亚、保加利亚、波兰、战后的中国和越南，社会主义体系越发脆弱不堪、步履蹒跚，最终在1989年柏林墙倒塌之后迅速解体。① 虽然中国、越南、朝鲜和古巴仍然固守自己的社会主义身份，其经济却已经加速卷入到资本主义世界之中。

　　在这些政权的最后年月，它们嘎吱作响地发出彻底变革的信号。西欧那些拥抱结构主义、马克思主义和存在主义的知识分子阵营同样开始分裂，这很大程度归功于利奥塔、福柯、鲍德里亚以及方式略显不同的德里达、利科的攻讦和批评。曾与阿尔都塞一道宣布了主体的死亡（列维-斯特劳斯也持同样的立场）的福柯，经海德格尔和尼采的著作启发形成了关于哲学和社会科学的新理论，一种利奥塔称之为"后现代条件"的境况。

　　利奥塔视这种新的存在和思想的状态为因所有"元叙事"

---

　　① 这提出了关于社会主义向资本主义转化的形式的问题。在有关这方面的众多著作中，参看凯瑟琳·维德里（K. Verdery），《何谓社会主义，接下来到来的是什么？》（*What was Socialism and What Comes Next?*）；巴富瓦尔（Bafoil）《欧洲中东部》（*Europe centrale et oriental*）；郭德烈编著的《资本主义的变迁与从属化》（*Transitions et subordinations au capitalism*），尤其是"社会主义过渡的幻觉语境"（Les Contexts illusoires de la transition au socialisme）一章，第401—421页。

理论死亡所导致的不可避免的后果，那些理论声称以行动的"终极"缘由为社会个体和群体所经历的大量历史现实提供一种一般的解释。首先成为利奥塔靶子的元理论自然是马克思主义和列维－斯特劳斯的结构主义。在柏林墙倒掉后的一段岁月里，马克思主义已经丧失了优势地位，主体的再生和个体的"主体化"将结构主义分析降格为抽象游戏，使其对于理解无论是历史现实还是个体身份的复杂性都未能有所见地。

殖民帝国的衰败和 20 年后社会主义政体的状况使人印象深刻。它们喂养了一种幻觉，我们已到达"历史的终结"[①]——除了一个混合了资本主义和议会制民主的国家，没有任何形式的社会和经济体存在的余地。依照这种观点，人性迈进了资本主义市场经济全球扩张和自由民主以"人权"方式——一种取代了先前被奉为唯一的"真"宗教的基督教的价值观——排他性地广泛建立的最后阶段。

这或多或少就是一些人在早于 2001 年 9 月 11 日之前所相信的。但是基地组织袭击双子座和五角大楼的恐怖行动再次将焦点投注在对西方统治的暴力抵抗上，以及更普遍的，对渗透到大量非西方社会的西方生活方式的拒绝。实际上，这不完全是某基地组织网站[②]引用来自西方的东方学家[③]著作中的批评言论导致的结果。更广泛地说，某些后现代主义者断言：任何关于他者的他

---

① Fukuyama, *The End of History and the Last Man*.

② Roy, *Globalized Islam*；Khosrokhavar, eds., *Les Nouveaux Martyrs d'Allah*（英译本 *Suicide Bombers*）；Khosrokhavar, *Quand Al－Qaida parle*.

③ Saïd, *Orientalism* and "Representing the Colonized"；Rodinson, *Islam et capitalism*（英译本 *Islam and Capitalism*）；Breckenridge and Van de Veer, eds., *Orientalism and the Postcolonial Predicament*。应当说明的是爱德华·萨义德从未将诗人诸如拉马丁或者如小说家古斯塔夫·福楼拜撰写的东方游记，与东方学家的著述相混淆，如路易斯·马西尼翁、雅克·贝尔克或是萨义德曾大量引用的马克西姆·罗丁森，他也未将处于印度尼西亚和摩洛哥的伊斯兰教之中的细致的观察者的观点混为一谈，例如克利福德·格尔茨。

性的知识于社会科学都是彻底的不可能的。这些结论被用以支持他们声称西方从未理解东方或者伊斯兰世界，他们所做的只是控制、分裂和曲解东方①。

自 1989 年以来，资本主义经济体系已经将所有本土社会和国家卷入，世界在经济上正在变得全球化，没有一个国家或本土社会能够在脱离市场经济的条件下发展自身。比较来说，全球政治却朝另一个方向发展，由于殖民帝国的消失和苏联的解体，并伴随着本土的、民族的、宗教的以及其他各种团体重新主张自己的权利②，新兴的民族国家变得多样化。这正是在捷克共和国与斯洛伐克之间、在克罗地亚与波斯尼亚之间、在乌克兰等两派敌对力量重新定义全球化世界的地方正在发生的事情。我们人类学家在此间操练体味———一边是经济日益全球一体化，另一边是政治和文化日益碎片化。后者或明或暗地切割着前政治经济结构，经常以暴力的形式促使着新的国家成为国族③，使得众多的本土社会过上一种新的文化和政治生活，这反映在它们重新发掘或发扬本地传统的活动之中，许多人类学家视之为纯粹虚构，并因此从一开始就鲜有兴趣。

十分矛盾之处在于，那些前赴后继加入到联合国的独立国家，其多样化并没有换来政治影响力和自治权上的平等。恰恰相反，一种全新的等级制在新旧民族国家之间产生，而美国自诩为大哥和维护世界秩序的大棒，自开始就控制了这种秩序，这种局面在 1989 年苏联解体后就未被实质性地挑战过。

9·11 事件使这种局面戛然而止。通过暴力，以恐怖为武器

---

①　参看盖纳（Gellner）的严肃批评《后现代主义，理性与宗教》（*Postmodernism, Reason and Religion*）。

②　Hall, "The Local and the Global," and Friedman, *Cultural Identity and Global Process*.

③　Warren, ed. , *The Violence Within*; Wolf, "Perilous Ideas. "

并一次性地摧毁目标，基地组织向西方、向基督徒和犹太人、向西方的"物质主义"生活方式和几十年来对成百上千万的穆斯林所强加的耻辱和剥削、向全世界范围内与西方合作的穆斯林宣布圣战。① 穆斯林"抵抗"运动的缘由之一直接来源于西方社会的核心原则——即政教分离，这带来了国家的世俗化和全体人民选择宗教或不信教的自由②……

虽然在伊斯兰原教旨主义瓦哈比派（Wahhabist）的影响下，意图使宗教成为国家和社会的基础是在阿拉伯世界长久存在的事实。如同在阿富汗，伊斯兰教法成为律典的基础，甚至在塔利班倒台后也是如此。但不仅仅伊斯兰世界决意这么做。在前些年赢得印度大选并统治印度一段时间的印度人民党（Bharatiya Janata Party）里，印度教原教旨主义者数十年来一直在公开指责印度国家的世俗化和宗教宽容运动，并要求发起者尼赫鲁为全国的问题负责。他们声称印度民族的"灵魂"来源于印度之母（Mother India - Bharat - Mata）的永恒本质③——印度性（hinduness - *hindutva*），它超越了印度教，由穆斯林、锡克教徒、基督教徒等共同分享的存在和思维方式。然而过去 20 年中至少发生了 18000 次的印度教徒和穆斯林之间的冲突。④ 这些冲突导致成千上万的死亡并在 1992 年 12 月发生的摧毁阿约提亚清真寺（Ayodhya）事件中达至顶峰，起因是印度教激进分子桑赫·帕里瓦（Sangh Parivar）与印度人民党联合起来，称清真寺修建在罗摩即毗湿奴的化身的诞生之地上。与世界上其他的地方无异，

① Lincoln, *Holy Terrors*; Juergensmeyer, *Terror in the Mind of God*; Wallerstein, "America and the World"; Alagha, "Hizbullah, Terrorism and September 11."

② Bhargava, ed., *Secularism and Its Critics*; Galanter, "Secularism, East and West"; Nandy, An Anti - Secularist Manifesto.

③ Savarkar, *Hintutva, Who is a Hindu?*

④ 参看让 - 鲁克·拉辛（Jean - Luc Racine）的著名论述"陷入认同危机的国家"（La Nation au risque du piège identitaire）。

这里的每个阵营也在妖魔化着对方。①

在斯里兰卡,是小乘佛教和僧伽罗语而不是印度教湿婆信仰和泰米尔语,被认做是人类和民族的本质。考古发掘和语言学、历史学的研究成果被利用作为民族主义政策的科学证据,正是这种政策导致了泰米尔武装起义和"分离主义者"的吁求。② 在缅甸,军队通过政变阻止了反对党经由正当选举进入政权之后,也通过佛教来建立统治权威,他们全天广播古缅甸帝国的传奇历史,并重建佛教遗址。为了确保民众的信仰忠诚,军政府甚至从北京得到一颗佛陀的"圣牙舍利(sacred tooth)"(共产党政府友好地借给了他们),在一个又一个的圣址上发起一场场声势浩大的游行,吸引了大量民众,并为上至高级政府官员下至普通农民的所有人创造了一个向佛陀献礼的神圣时刻。由此,军政府向每个人提供了一个为来生积蓄功德的机会,并在当地报纸上刊载这些善男信女的名字(或者,将那些最为慷慨的香客播放在广播和电视上)。③

这些假以某个人类群体的"永恒本质"名义实施的大屠杀和毁坏活动,安抚了施行者"清洁"社会的渴望——清除那些违反、冒犯、羞辱或者激怒其"灵魂"的异端。这类事件将是无穷尽的。可以确信的是,当一个群体的成员因为其犹太人、基督徒或者黑人的身份被剥夺了其受教育的权利、对土地的所有权或者进入军队、高级公共机构的通道,在他人的眼中,而不在自

---

① 关于巴布里清真寺(Babri – Masjid)的争论(早于其 1992 年毁灭之前)成为一系列重要出版物的主题,这些内容被萨维利(Sarvelli)收录在《一次冲突的剖析》(*Anatomy of a Confrontation*)之中。

② Meyer, "Des usages de l'histoire et de la linguistique dans le débat sur les identités à Sri Lanka"。在本质主义者、建构主义者和后现代主义者关于斯里兰卡民族主义冲突的论述中也可以找到同样的争论;参见 Tambiah, *Leveling Crowds*。

③ Shober, "The Theravada Buddhist Engagement with Modernity in Southeast Asia" and "Buddhist Just Rule and Burmese National Culture"。

己眼里，他们的这部分身份也就居于其他部分之上，并使那些每个人或群体都拥有的所有其他身份成为次要的。

对于那些指责自己将研究群体的身份具化为冷漠内向，虽历经时间却绝少改变的形象的批评，多数民族学家（以及大多数历史学家）强调一个民族或者人类群体并不存在"永恒"的本质这样的事物，因此身份往往就是一段特定历史的产物，一个可从他人那里借来的多面向的"构造"。如果这种借用并非外界所强加，那么就是通常被选择并整合进入一个文化的轮廓，这是一个互相修改的过程，最终它们在其中获得新的意义和特性。这种多样文化的视野——从弗朗兹·博厄斯传递到雷蒙德·弗思（Raymond Firth）再到弗瑞德里克·巴思（Frederik Barth）直至马歇尔·萨林斯①——并未排除如下的可能性：在特定的历史语境中，曾经处于相对良好发展中的群体会突然封闭隔绝自身，将其文化的某个方面作为自身的基本认同，这种身份将在现在和未来赋予他们对某些资源的排他性权利。一般来说，人们用来定义自身身份的将是那些可以证明自身某些经久不衰的部分的元素，例如成为一块特定土地的初占者，或者成为什叶派而非逊尼派教徒。

关于身份的议题因而不仅仅是人类生命中的理论关注，或者由历史学家和人类学家以抽象定义表达的问题，他们通过追溯身份的起源，比较事实，从而认之为适当或者虚构。这种声称的身份之所以对人们而言是真的（true）或者是事实（real），原因就在于这正是他们以自己的方式生活并改变生活的缘由，又怎可能是虚假的？我们还必须牢记于心，群体或者个人经常以同性或者异性的、同教或异教的如此等等为参照来定

---

① Boas, "The Method of Anthropology"; Firth, "Contemporary British Social Anthropology"; Barth, "The Analysis of Culture in Complex Societies"; Sahlins, "Two or Three Things that I Know about Culture" and "What Is Anthropological Enlightenment?"

义自己。正是在这种更为基本的意义上，无论个人如何思索或者抱有怎样的愿望，没有任何身份是无关乎外界而仅仅指涉自己的。

人类学家今日所身处的世界被两个过程定义和描绘，一是世界资本主义体系整合所有经济体的过程，另一为自由意识形态的广泛扩散使得私有财产成为社会及其基本单元的个人之基础的进程。当今世界同样见证了新旧民族国家的多样化，这些国家对当代世界发展的影响力并非平等。自从苏联解体及其欧洲和中亚盟国的消失，这个世界或多或少被强权所控制，如美国，它通过宣称自己是民主和人权（这项权利把个人化为私人，而不是一个特定种族的、宗教的或者其他共同体的成员）的捍卫领袖将政治势力范围扩展到世界的其他地方。①

简要地说，我们就此来到塑造了今日之世界的第三次变迁。联合国的 192 个成员并不（或者不再）享有 19 世纪和 20 世纪初期的那种典型主权。② 今天，多种力量——诸如世界银行、国际货币基金组织和世界贸易组织等国际组织，还有跨国公司、宗教团体和运动的国际扩散，世界范围内的移民浪潮和族群离散，③以及约 20000 个非政府组织（NGO）——以各种方式直接干预或参与许多国家和本土社会的内部事务。例如，非政府组织通常活跃于贫穷国家，在那里，国家不能保障民众受教育和医疗的权利，非政府组织在修建学校和医院的同时也带去了它们的意识形

---

① Dumont, *Essais sur l'individualisme*.

② Ong, *Flexible Citizenship*. 同时参看 *Reconstructing Nations and States*, special issue of *Daedalus*, Vol. 122, No. 3.

③ Clifford, "Diasporas". 一些国家以种族 "清洁" 的暴力政策对待移民潮的兴起和拥有不同种族起源和文化的人类群体的接触。境外散居的族裔代表了世界上仅仅 2% 的人口，因而并不能构成一种预示着民族国家即将完结的力量，如同阿帕杜莱可能使我们相信的那样。参看 Appadurai, *Modernity at Large*; Kearny, "The Local and Global".

态和规则。① 虽然并非所有的国际组织都来自西方，但它们占据了其中的绝大部分，并因此形成了西方干预亚非拉以及大洋洲的新模式。中东欧的情况也不例外。所有这些组织，甚至包括那些伊斯兰教或者佛教组织，都超越了它们国家的边界，以各种各样的理想的名义干预着其他世界。

解构社会科学，只为重构而非毁灭

对当今世界简要地描述之后，我们也就可以理解为什么社会既无法被认作是一个封闭的整体，也不是由一套当地化的、不变的社会关系组成的有限系统：那些分享共同表征和价值观的个体是其组成成分、他们与外界隔绝并保持着自己独特的身份、没有能力掌握他们自身或者与他人、自然的关系。这种社会从未存在过，这种理论观点没有经验基础和科学根基，应当遭受批评和拒绝。"新民族志"中的佼佼者以雄辩的文采富有针对性地批评了上面的观点。但是重复这些批评是毫无意义的，以偏见为名指责、怀疑所有人类学的前辈是十分简单粗暴的错误，且煽情至极。让我们简要回顾雷蒙德·弗思关于第科皮亚人的旧作。历经超过30年的时间，弗思在1928—1962年间进行了三段连续性的田野调查，根据口头传统描述了一个小型社会在过去几个世纪里的形成过程。1928年，第科皮亚的居民仍在他们的族长和特亚里基卡费卡（具有更高地位的卡费卡部落的最高首领）的权威之下操演仪式，30年后，大部分年轻人移民去了新西兰或南太平洋的其他岛屿，乃至美国。共计有9本专著和10多篇文章记

---

① Ferguson, *The Anti - Politics Machine*。此书揭示了大量非政府组织在非洲最为穷困的国家之一——莱索托的发展之中扮演的角色。它们及世界银行的介入产生了意想不到的结果：政权和警察控制了至今为止未被征服的山区。

述这些变化的历程，而 1962 年后这种变迁速度更快。[1]

今日诸如第科皮亚人、努尔人和克钦人依旧存在，但他们的社会却不再是如弗思、埃文斯－普理查德和利奇各自观察到的那样，[2]他们被日益卷入由西方影响支配的全球化世界之中。但是为什么我们会认为这些变化如此令人惊讶、前所未有？为什么这些事实迫使人类学家将他们的注意力转向别处？答案也许就是这些社会不再是"原始的"，历史的进程曾在西方殖民扩张时期为人类学家提供了研究对象，而后却以去殖民化和争取独立来（变相）压迫他们。如果我们接受这种推理的方式，也许是时候该由社会学家、经济学家和发展专家加入。显然没有一个人类学家声称可以分析和理解本土社会生活的各个侧面。因为，如果一个社会的经济依靠生产和销售经济作物，例如咖啡，人类学家就必须至少了解这种商品的价格在世界市场上如何波动。这种学科间的交互合作并未使人类学家的方法废止：这种方法要求研究者使自己长年地深入浸淫到一种特定文化之中，发现并理解这个文化成员思考和行动的方式，社会关系的本质，以及他们在其中表现这些关系和空间的方式。尽管社会学家或者经济学家也可以研究这些问题，但是作为互补，人类学家的田野工作开辟了一条十分不同的道路。

仍然有声音质疑社会学、人类学、经济学和其他社会科学理解非西方社会的能力——因为它们兴起并发展于西方。这些声音来自新兴的独立社会，它们主张对重新发掘、复兴的自身传统的研究权利，提出对自己独特的历史、文化和社会的解释。这些完全合法的要求，应当引致对这些社会的更好理解，呼应了拉德克里夫－布朗对 M. N. 斯里尼瓦斯（M. N. Srinivas）所寄予的希

①　Firth, *The Work of Gods in Tikopia*; *We, the Tikopia and Tikopia Ritual and Belief*.

②　Evans - Pritchard, *The Nuer*; E. R. Leach, *Political Systems of Highland Burma*.

望，后者彼时决意回归印度研究自身社会。虽然斯里尼瓦斯觉得应当停止称呼自己为一个"人类学家"，而宣布自己是一位"社会学家"，拉德克里夫－布朗仍然感觉到相比较于一个外部的民族志作者，斯里尼瓦斯回到印度并在自己的国家展开研究工作将增进人类学对于印度社会新的理解。[①]

现实绝非田园诗般的简单祥和。受训于牛津的斯里尼瓦斯被指责分沾了盎格鲁—印度精英价值的表述，后者曾支持过印度独立运动以及尼赫鲁和印度国民大会党（Congress Party）所持的关于印度未来和历史的观点。[②] 这些话语将反抗英国殖民权力的斗争和各种抵抗形式排除在外，代之以他们自身文化的逻辑和原则。虽然这种关注被印度的英国史学家以及尼赫鲁时代的民族主义社会学家所掩盖，并被拒绝给予它们在印度历史中的正确位置，但对上述二者的批判引导了新的富有成果的研究。在卡尔·马克思和安东尼奥·葛兰西（Antonio Gramsci）著作的激发下，并受到后现代主义者的论文启发，这些研究运用格栅分析得到了显著的成果[③]——到目前为止已经出版了 12 卷《庶民研究》（Subaltern Studies）。这些解构许下了更为严谨的重构诺言，随之产生的是一种对印度次大陆的多样性和复杂性的更为复杂和全面的理解。[④]

从美国到斐济岛，从墨西哥到大不列颠，呼声四起。人们都

---

① Srinivas, "The Insider versus the Outsider in the Study of Culture" and "Practicing Social Anthropology in India"; J. Assayag, "Mysore Narasimhachar Srinivas（1916 – 1999）"．

② Chatterjee, *Nationalist Thought and the Colonial World.*

③ Guha, *Dominance without Hegemony*; Subaltern Studies, Vols. 1 – 12.

④ Pouchepadass, "Les Subaltern Studies ou la critique postcoloniale de la modernité" and "Que reste – t – il des Subaltern Studies?" pp. 67 – 79: "核心贡献在于其批评性的视角。庶民研究提供了社会科学中对于民族中心主义、精英主义'自上而下'的方法、民族历史的'标准版本'为基本框架的最强有力的批判之一。" Ludden, ed., *Reading Subaltern Studies*。

声称自己拥有排他性的权利，以解释他们的社会"真正"是什么，因为他们了解自己社会的"本质"。似曾相识，在所有人类群体寻求认同的斗争中，掺杂着或多或少暴力的方式，在那些将自己看作局外者的人们心中散播怀疑、激起罪责感，使他们迅速怀疑起自己的存在。这其中的逻辑很简单：只有女人才懂女人并且能够谈论她们，只有黑种女人才能理解黑种女人并谈论她们，只有黑种巴西女人才能谈论黑种巴西女人，等等。这类资格审查可以无休止地进行下去，可以被应用到社会生活的各个领域中，只要这些领域中存在着建立在差异基础上的统治和排他型关系，如种姓、民族、宗教、社会性别和肤色。

个体退回到自己的身份之中，所导致的魔咒般的、唯我论的、经常是傲慢自大的言论与我们追求的目标背道而驰。如果没有人明白这一点——任何人都可以被他人理解，那么我们还能指望以什么方法可以改变由他人强加于我们的关系？①难道只能依靠暴力而不能通过言语来解决？如果对话是不可能的，那么与其他群体一道共同面对歧视和羞辱也将是不可能的。那种认为只有具体的个体有能力解释自身的信念（如同斯图亚特·霍尔[Stuart Hall]在英国黑人斗争的例子中所展示的那样②）不仅在实践中走向绝路，也同样导致对社会"科学"之可行性毫无根基的武断的拒绝，即便人们承认它们有限的"科学"特质正处于成长中。

是的，我们需要解构社会科学的话语和成果。我们却不能否认它们的科学特质的每一处遗迹。是的，我们可以肯定理性知识的存在价值，而生产它们的研究者也自知其研究方法及其局限。是的，我们必须解构人类学和其他社会科学以使它们在更为严谨

---

① 一个极端的例子是声称公共谴责的"文化帝国主义"是人类学所有研究方法的典型代表。参看 Linda Tuhiwai Smith, *Decolonizing Methodologies*。

② Hall, "Old and New Identities, Old and New Ethnicities."

和有效的分析上实现重构。这是研究者在面对冲突性的争论、矛盾和全球化之复杂性的挑战时所必须具有的态度。但是，解构社会科学，将它们消解在那喀索斯式的自恋话语之中、沉醉于对理论的拒绝，以处心积虑的反讽、矛盾和碎片化①为借口指责理论化就是以修辞的伎俩来建立并不存在的权威以强加于他人，这实则是拒绝承担责任的行为，如果他选择从事知识行业来赋予生命意义的话——除非这些游戏追索的只是学术威望和权力。②

因此当乔治·马尔库斯将整个殖民时期一位西方民族学家与其信息报道人的关系浓缩至"双方都接受的虚构"的某个复杂面向时，我们可以估量他所承担的责任了。斯蒂芬·泰勒走得更远一步，他写道，"民族志话语只是它自己，既不是被表现的客体也不是客体的表现"，因为"没有任何客体先于民族志发生，或者包含着民族志的内容。民族志在其展开之中创造了自己的客体，并且由读者补足余下的部分。"③按照泰勒精心打造的晦涩的说法，民族志叙事是"对幻想现实的现实幻想"。④ 因此，我们可以分辨雅克·德里达和保罗·德·曼（Paul De Man）所持的理论立场，对于他们来说，"解构关于对象的幻觉、解构文有

---

① Knauft, "Pushing Anthropology Past the Posts"："以模仿和反讽对细致说明和社会分析的置换是引起焦虑的原因。来自尼采思想碎片的回声、解构、鲍德里亚助长的后现代主义以及当代文化研究试图逃避宣言式的主张，时常回避作为作者的责任。"（第 141 页）

② 早在 1990 年——就在马尔库斯、费舍尔、克利福德等出版其最初研究著作之后的几年——大卫·哈维在《后现代的条件》（*The Condition of Postmodernity*）中做出如下论述："在挑战所有关于真理与公正、伦理与意义的共识之中，并且在对所有叙事与元理论的解体为语言游戏的追逐之中，解构终结了。无论其激进的信徒怀有的是何等美好的目的，他们将知识和意义解构成为能指的瓦砾。因而一种虚无主义随之而生，它为一种卡里斯玛式的政治和更为单纯的主张而不是那些被解构的主张准备了再生的土壤。"（第 350 页）

③ Marcus, *Ethnography Through Thick and Thin*, p. 110.

④ Tyler, "From Documents of the Occult to Occult Document", pp. 131, 138 - 139.

实指的可能性"迫在眉睫。①

与马尔库斯不同,泰勒将自己放置在解构人类学和社会科学的遥远终点,却遗憾于到目前为止**仍然未有一本后现代民族志问世**。② 未来证明在这一点上他是正确的。人类学之外的真实世界,在 2001 年 9 月 11 日以凄厉之声闯入美国,以至于它不能被还原为一个电视秀(**现实幻想**)或者由精神医师治疗的幻觉(**幻想现实**)。对某些人来说,就在那一天,世界明确分裂为两个阵营——正义的与邪恶的,这场真实的(并非想象也非象征)结果所导致的决议以这种幻想的名义实施,并再一次地将西方作为衡量人类进步的标尺和明镜,使西方认为的治理非西方世界的正当要求获得合法化的根基。

写下这些,并非要将"美国人"放置在审判席上。法国也同样声称自己是"人权"国家,即便其主要城市的郊区因为其居民被边缘化、终生失业和贫困所围绕而陷于水深火热之中。我也并非煽动那些拥护或者被指责为欢呼"后现代主义"的人们。马尔库斯不是拉比诺,克利福德不是泰勒,克利福德·格尔茨则更为不同。况且,他们的观点也非固态,马尔库斯和泰勒这些年来的观点多次变更。因此,于任何社会或个体而言,不变的"本质"、永恒的身份皆不存在。

---

① De Man, *The Resistance to Theory*, pp. 12, 19 - 20. 德·曼关于语言作为一个转喻和比喻脱离人类意图和表征的世界自由流转的场所而达到完全自治的理论,在 1971 年被瓦莱德·高兹(Wlad Godzich)称赞为一次思维的根本革命,他在德·曼首部论文集《盲目与洞见》(*Blindness and Insight*)第二版导言里这样说道:"长期以来,我们皆认为自己知晓如何阅读,然而,德·曼出现了。"(第 16 页)因而德里达对于德·曼钦慕不已,1979 年布卢姆出版《解构及其批评》(*Deconstruction and Criticism*)将德·曼、德里达、哈罗德·布卢姆(Harold Bloom)、杰弗里·哈特曼(Geoffrey Hartman)和 J. H. 米勒(J. H. Miller)放置在了同一理论脉络之中。

② Clifford and Marcus, eds. , *Writing Culture*, p. 136; Pool, "Postmodern Ethnography?"; Roth, "Ethnography without Tears."

几个著名的人类学"真理"之终结

利害一目了然。我们必须继续在细微之处解构人类学及社会科学，直到它们最后裸露所有不证自明的"真理"。对于被解构的已然丧失其效力和地位的"不证自明"的真理而言，我们必须发明用于重构另外一种事实表征的工具，另一种用于解释之前被忽略的复杂性和矛盾的范式。我已在这条解构—重构的道路上跋涉多年，在以下篇幅中我将简要谈谈我的一些结论。希望它们是正确的。这些结果挑战了几十年来被奉为科学的"不证自明"的许多人类学"真理"，以下是其中最重要的：

1. 亲属关系和家庭是所有社会的基础，特别是在那些没有阶级和国家以前被认定为"原始"的社会里。

2. 经济联系构成了社会的物质基础和社会基础（这一点没有被广泛接受）。

3. 男人和女人通过性交孕育孩子。

4. 社会以两种形式建立在对人和物的交换之上，一种以商品的形式，另一种以礼物和回礼的方式。

5. 象征先于想象和现实（这是一个被广泛确立的论断）。

以我自身的研究对上述论点详考，我得出了以下结论：

1. 没有一个社会建立在亲属制度上，以前也未曾有。即使在家庭的伪装之下，亲属关系也不能形成连接不同集团进而成为社会的纽带（这一点我们将在第二章里详细讨论）。

2. 没有一个社会认为仅仅依靠男人和女人就可以孕育孩子，毋宁说他们只是生产了一个胚胎，而赋予胚胎呼吸、一个或多个灵魂或者其他富于生命力的事物的是比人类强大的行动者，例如祖先和神灵（这将是第三章讨论的焦点）。

3. 与那些被出售和被赠与的事物一道的，是既不可被售出也不可被赠与而只能被保留传承的事物，它们构成了身份的物质支持，并且经历了比前两种事物更为久远的历史（我们将在第一章中继续讨论）。

4. 使得人类群体和个体得以形成"社会"的纽带既不是基于亲属制度也不是基于经济活动之上，而是西方所指称的"政治—宗教关系"（这将是第六章首要关注的问题）。

5. 所有的社会关系，包括最为物质化的，都包含了"想象性内核"，它是内部的组成性元素而不是意识形态的反射。这些"想象性内核"由"象征实践"所执行和确立（我们将在下面以及第六章中讨论）。

6. 人类性行为基本上是"无关社会"的。在每个社会中，男人和女人的性别化的身体如同某种腹语师的傀儡，它表达并合法化其权力关系和特定利益。而且，这些关系并不仅仅在性别之间，同时也在诸如氏族、种姓或阶级的社会群体之间运作（这将是第四章的线索）。

这些论点引发了一个基本问题：如果这些在群体或个人之间缔结的亲属关系或者"经济"联系都无法将人类整合为社会——将他们聚合为一个整体从而赋予每个人一个最终的、共享的身份，截然不同于作为个体特定存在之必需的特别身份——那么什么是社会关系、制度以及完成这些目标的实践？最终是什么将社会从组成它的众多相异的共同体中区别出来？这些共同体借由一个或几个截然不同的实体构成。社会和共同体的差异在哪里？

幸运的是，在1966—1981年其间共计七年的时间，我所生活和工作于其中的巴祜亚社会自从几个世纪之前以这个称呼存在以来，并未是彼此分离的群体。关于他们如何形成社会的故事，引领我提出前面这类问题，并为寻找答案提供了一些理论基础。他们的社会有着可分辨的边界，即使这种边界并不总是被他们的邻居所承认。事实上，弗思也问过自己同样的问题，他发现早前几个世纪，第科皮亚人社会并未出现，而是形成于数次分别在不同年代到达翁通（Ontong）、爪哇（Java）、普卡普卡（Pukapu-ka）、阿努塔岛（Anuta）、罗图马（Rotuma）和汤加（Tonga）群岛的移民浪潮之后。① 随着时间的流逝，在以追寻神明的善和土壤河流的丰沛为目的的仪式的整体框架之中（弗思称之为"第科皮亚的神灵之作"［work of the Gods in Tikopia]②），所有这些群体都被以不同的角色和地位整合起来。

这些实例（以及诸如以色列国家形成的历史）显示我们必须在政治—宗教关系中（所谓政治—宗教关系，是指政治权力在多数社会中鲜有从宗教权力中分离出来）寻求答案。但实际情况是，答案太过晦涩。对这些事实细加分析使我发现，只有当被用来定义人类群体对领土和资源的主权并使之合法化，从而可以使这些群体各自或者集体运作时，政治—宗教的社会关系才有能力将群体整合为一个社会。

想象与象征

在我探寻这些问题（以及其他问题，例如亲属制度分析）之时，另外一个主要事实变得清晰起来：在所有人类关系的核心之处，无论它们的本质是政治的、宗教的还是经济的（为了简便再次使用西方分类），"想象性现实"的核心都是关键元素，它们赋予人类关系以意义，并在制度与象征实践中具体化，进而赋予象征实践以可见的社会存在及"真理"地位。

在我看来，在这两个领域存在着大量的理论混淆，特别是当

① Firth, "Outline of Tikopia Culture" (1930), reprinted in *Tikopia Ritual and Belief*, pp. 15 –30.

② Firth, *The Work of the Gods in Tikopia*.

想象与象征紧密地结合、互相补充时，它们也绝不等同。虽然格尔茨、列维－斯特劳斯以及维克多·特纳，罗伊·瓦格纳（Roy Wagner）等同道在他们的著作中探索了这个领域，①却没有人能够清晰地定义两者的区别。接下来，我将澄清我的一些想法。

想象（*imaginary*）的领域由思维构成。它包括人类所生产的并还在继续创造的关于自然、世界起源、居住于其中的各类存在和人类自身的所有表征。这些表征涉及它们之间的差异和/或者表现。这首先是一个**观念世界**（*un monde idéel*），一个充满观念、图像和来自于心灵的各种表现的世界。既然所有表征同时也是对它们所表现的事物的解释的结果，想象就是各类阐释（宗教的、科学的、文学的，诸如此类）的总和。人类发明这些阐释用于解释宇宙和社会的秩序与失范，并得出关于人类如何应对他人及周遭的世界的结论。想象因而是一个由精神现实（例如图像、观念、意见、推理和意图）构成的真实世界，我用一个法语词汇 *réalités idéelles*（观念现实）将之概括。② 鉴于这种现实停驻在人类的心灵之中，不为人所见，因而不能被他人分享或者影响他们的生活。③

象征的领域包括精神现实在物理对象和实践中具体化的所有

---

① Geertz, *The Interpretation of Cultures*; Lévi-Strauss, *La Pensée sauvage*（*The Savage Mind*）and *Mythologiques*（*Mythologiques*）; Turner, *The Forrest of Symbols*; Wagner, *Symbols Stand for Themselves*; Izard and Smith, *La Fonction symbolic*; and the special issue of the *Revue du Mauss*, *Plus reel que le reel*, *le symbolique*.

② 英译者注：在马丁·汤姆（Martin Thom）对郭德烈教授著作《观念和物质》（*L'Idéel et le material*）的杰出译本中，一位出版商谈到试图在英文中寻找一个与法语词汇 idéel 的拥有同样意义的词汇在前言之前就已经开始："由于没有更好的选择，我们只能将'idéel'翻译成'mental'（精神的），但是我们充分地了解这种翻译部分地曲解了郭德烈试图以 idéel 表达的意义，这个词除了在哲学语言中也很少在法语中用到。郭德烈意图表示思维的所有形式和过程，意识和无意识，认知的和非认知的。'mental'试图淡化思维的无意识方面，将其意识的面向仅仅还原为抽象和智识的表现。"

③ Godelier, *L'Idéel et le materiel*（*The Mental and the Material*）.

方式和过程，借此精神现实获得了具体的、可见的社会存在。正是借助这种具体化和符号化，想象不仅影响着个人与群体间业已存在的社会关系，也同样作用于那些修正或取代了原社会关系的新联系。想象并非象征，但若非在象征和各类形式的实践之中具体化，想象就不可能获得任何可见的存在或者社会有效性，正因为如此，制度、空间、建筑以及其他设置得以产生。

让我们思考一下古代埃及的例子——有历史记载以来人类最早的国家型社会之一，它以法老为中心组织起来。法老被认为是生活在凡人之中的神明，是伊西斯女神（Isis）和奥西里斯（Osiris）兄妹二神结合的产物。基于此，法老同样应娶自己的姊妹为妻，复制其神圣父母的结合。他的呼吸——卡（kha），被相信赐予了万物生命。每年，当尼罗河的水系处于最低水位，法老乘着神圣之舟上游至源头，操演仪式，以使河流之神再一次让河水带着丰沛的淤泥滋养他们的耕地。①

强调了这些表征和象征实践的想象性特质之后，我们不应忘记其社会结果既不是想象的也不是纯粹象征的。劳作于土地之上的农民，在养活自己的家庭同时还要供养僧侣、宫廷贵族和神明（农民每日上贡祭神），他们自从出生之日起便对赋予其生命的法老负有债务。他们感激法老每年带来回归的尼罗河水和肥沃的养料灌溉滋养他们的土地。正是这种债使得修路、建造寺庙和宫殿的劳动，以及向代表法老的埃及统治者恭送丰收之物的义务合法化且饱含意义。这种对神的义务激发了那些负着义务的人的顺从，减少了为使他们妥协而诉诸武力的需要。

这里，在等级制社会的统治性关系的产生和延续中，暴力与认可的关系问题被想象和象征的交互关系点亮。在古埃及，政

---

① Frankfort, *Kinship and the Gods*; Bonheme and Forgeau, *pharaon*, chap. 3, pp. 101–120.

治—宗教的基础在社会的形成中扮演了首要角色，政治—宗教与经济领域之间的相互作用尤为清晰显著，因为直到堤岸在法老的统治下全部修成后，尼罗河水才完全被控制住。法老头戴双层皇冠也不使人惊奇，因为它代表着上尼罗、下尼罗的两片区域以及它们的首字母，并宣告了这个曾经因争夺支流控制权而分裂的国家的统一。

区分想象与象征的动力在于理解各个领域在社会关系（以及作为其补充的大量制度）的生产中所扮演的实际角色，它将展示文化人类学与社会人类学（以及文化和社会历史）之间的对立达到何种程度，如同许多人类学家、历史学家所声称或简单接受的那样，在这种对立下，社会科学力图分析理解社会历史现实的方法并不完备且有失偏颇。投身于个人之间、群体之间的关系研究，却未有认真考虑这些个体用以表现他们关系和位置的路径；或者仅仅投入到这些表征与象征的研究中，却不分析它们在生产个体之间、特定群体之间的具体关系中的角色，这种对立只能面对末路的结局，并带来技术专家之间关于伪问题的毫无建树的不休争论。[1]

非常简单，无论何种社会关系，对于那些生产和复制它的人来说，除非具有一个或数个意义，否则就无法产生或被复制。因此，在一个以婚姻为合法性关系的前提的社会中，一对男女如果不知道"结婚"真正指的是什么，婚姻便是不可能的。个体或群体无论何时加入到何种社会关系之中，这种社会关系就不仅仅是在他们之间，而是内嵌于他们的生活。于是这种关系的一部分就成为其生产者或者服从者的意识的形式和内容，这些意识的形式

---

[1] 参看格尔茨《与克利福德·格尔茨的一次访谈》（An Interview with Clifford Geertz）："我们思考象征人类学的方式大都循着文化/社会结构的方向。无论如何定义文化，我们希望将文化带回它原来的图景之中。"（第 605 页）。

构成了这种社会关系的概念或精神的部分。[1] 当然，某些（并非所有）象征可以超越生产它们的历史语境和使用它们的社会而存在下来，保留着自己原初的寓意或者在时间的流逝中呈现出新的意义。基督教的洗礼仪式就是一个典型的例证。对于基督徒来说，洗礼是一件圣仪，是当一个孩子或者成人成为信仰耶稣基督的共同体的一员时所经历的生命关键时刻。然而如今可见的是，充塞着 20 亿基督徒的 21 世纪的世界，与耶稣时代作为罗马帝国之一省的古老巴勒斯坦毫无共同之处。但是关于死而复生以拯救人类的上帝的表征对于其信徒来说仍然具有意义，即使这意义已与最初的基督徒所信奉的截然不同。

因而有必要强调，象征只有在为一个或数个社会的部分或全体成员保留意义的情况下才可存续并依然具有社会有效性。尽管列维－斯特劳斯声称象征之于想象与现实的优先地位，[2]却正是共享的想象性元素，在或长或短的时期内，保持了象征的活力。但若将两者放置一处考虑，想象和象征**并未穷尽**人类在其存在之中生产复制的社会现实的内容。无论其想象性的、概念性的内容和象征的维度为何，社会关系在对自身是否是既非简单想象性的

---

① Godelier, *The Mental and the Material*, pp. 152 – 153。在该书第三章，我讨论了思维的四个主要功能：（1）将外在于和内在于人类的事实，包括思维本身，在思维中显现（表现）出来；（2）因而解释这些显现的事物，给予其一个或几个意义；（3）组织起人类彼此之间以及与自然环境之间的关系；（4）并使这些关系合法化。我已然阐明所有卷入这多样社会事实建构的所有事物，直接或间接依靠思维——这一社会事实的"精神"或"概念"（idéel）部分——的四种功能的运作。

② 参看列维－斯特劳斯（Lévi - Strauss），《莫斯著作导读》【"Introduction à l'oeuvre de Mauss"（"Introduction to the Work of Marcel Mauss"）】："符号比它们所象征的事物更为真实，能指先于并决定了所指。"（第 37 页）这种论断是列维－斯特劳斯毫无根据的冥思的结果，即"人类在其源头放置了一个总体能指（signifier - totality）……一种从事物中分离出来的意义的剩余与象征性思维的法则合乎一致"（第 62 页）。该叙述将不可避免地导致主体的消失，如同他在《生与熟》（*Le Cru et le cuit*）里所清楚表明的："我因而要说明不是人们如何在神话中思考，而是神话在没有被充分认作事实的情况下如何在人类的心灵中思考它们自身"（第 12 页）。参看我在《礼物之谜》（*L'Enigme du don*）中的批评，第 39—44 页。

也非纯粹象征性的问题中建构起来。这是明显的，每个社会都提供了自身不同的解答，这些答案可能会也可能不会汇聚，这取决于它们所处的空间和时间。这里有一些利害攸关的论题：在一个社会中，谁可以与祖先交流，是精灵还是神灵？他们为何这么做以及怎么做？谁拥有对维持社会成员物质生活条件的土地和其他物质资源的权力？这是怎样被决定的？为什么这样决定？谁可以将权威施于他人？这是怎样被完成的？为什么？等等。

社会科学的存在条件是什么？

对这些问题的答案可以在不同社会的制度和象征实践中被感知到，并被群体和个人贯彻执行；人类学家、历史学家以及其他社会科学家试图分析和理解的也正是这些制度和实践。若他们的分析在本质上不是"科学的"，就必须在经验性的条件下证实——不仅仅是人类学家和历史学家的经验，还包括生活于社会中的任何一个人的经验，他们无以逃脱地要以对自己和他人有意义的方式与他人互相作用：

1. 社会和历史的他性从不是绝对的，经常是相对的，因而在一定的条件下是可译的、可理解的。①

2. 无论人类为了解释并改变他们自己和周围世界而创造了

---

①　罗杰·基辛（Roger Keesing）在《人类学作为解释的探寻》（"Anthropology as Interpretive Quest"）和《文化重访理论》（"Theories of Culture Revisited"）两文中表达了相似的观念。毕来德（Jean - François Billeter），也许是中国最伟大同时也最难阐释因而也难于翻译的思想家——庄子的翻译者，展示了同样的拒绝——非西方社会作为绝对西方的他者拥有独特性。他表明，在具体的语境中，为了使"道"可以为西方思维所理解，它应当以五种不同的方式翻译，而大多数一元论者将之简单地丢弃，而将"道"保留在引号里。参看毕来德，《反对于连》（Contre François Jullien），第82—84页。

什么，无论是大乘佛教、土著人的黄金时代或者欧洲人的马克思主义，都可以被他者理解，而并不一定要信奉这些原则和戒律并迅速把它们投入实践。

来自我们作为社会科学家或者社会成员的经验，肯定这两个条件的存在，否定了那种坚持认为不同文化之间基本不可沟通的论断。这显然并非暗指关于他者的他性知识只是社会科学家的视野。如果没有知晓他人的可能，日常生活也将是不可能的，他性的概念同样是艺术家、小说家、诗人、音乐家以及画家等所探究的领域。哈姆雷特、俄狄浦斯和那些被莎士比亚、索福克勒斯以及其他知名度略低的作家塑造的想象性人物，都在向我们"讲述"他者，并教给我们一些关于自身的事情。艺术家和社会科学家观点的不同之处在于，没有人可以重访哈姆雷特这个人物（除了对剧作家文本的阐释之外），或者就他的角色再补充点什么，或是对于莎士比亚决定的哈姆雷特命运提出批评。然而，马林诺夫斯基关于库拉（特罗布里恩德群岛上的传奇交换圈）的分析被半个世纪之后再次进行的调查所批评、修正和扩展。这些调查不仅仅在特罗布里恩德群岛（安妮特·韦纳［Anette Weiner］）展开，还包括嘎哇岛（Gawa）（南希·芒恩［Nancy Munn］），穆余（Muyuw）（弗雷德里克·戴蒙［Fred Damon］）以及马西姆（Massim）的其他地方。[1]

简言之，在一个被苏联和殖民帝国的消失所重塑的世界中——一个经济全球化而政治分裂的世界，将近200个新老民族国家之间分享着并不平等的权力，在其内部成千上万的本土社会坚守着自己的身份，因而这个世界的内部冲突不断——我们必须

---

[1]　参看第39页注释[1]中列出的参考文献，在马林诺夫斯基离开新几内亚——库拉曾经存在并继续演进的地方——之后60年，人类学家重访此地所做的研究。

仰赖社会科学的知识，现时更胜以往。在这之中人类学占据了一个特殊的位置，因为它有着特殊的起源。人类学试图去发现、理解、帮助他人理解这片土地上共生共存的社会和共同体之间相异的思考和行为方式，并建构他们共同的生活。在这门学科诞生之初的那些问题至今仍萦绕耳际：我们如何理解并非我们自己创造的事物，那些从来没有成为我们自己文化的一部分的，从未构成我们自身思考和生活方式的事物？是什么样的方式和概念使它们成为可能？关于这些问题的答案是重要的，因为对他人的了解对我们自己也同样适用。小乘佛教或许不是我们文化和自身经验的一部分，假如我们是穆斯林或者基督徒的话。巴黎郊区黑人社区的思维方式也不为巴黎的中产阶级所理解，但是理解这些差异在一个嵌入在全球化的世界中绝非毫无分量。

打破"本我"的镜像，建构新的
异己的自我、认知的自我

　　如何理解那些从来不是我们文化和社会的一部分的事物？这一问题不仅仅是对西方人类学家提出，①也是对所有民族学家提出的，无论他们出生或者受训于何地，无论他们来自东方还是西方、北非还是中亚。所有人类学家的目标都是一样：隐藏在官方的科学话语之下，生产一种绝非由自己文化和政治臆断所投射的知识。因为承担着伦理和政治的责任，我们必须自问应该怎样去生产"理性"的片段、非意识形态的、关于是什么使得他人成为"他者的"知识，这种知识关注、挑战并生产着自我认同，并与他人在扮演他者角色过程中的个体认同形成对照。

　　长久以来，我们已然知晓这个问题的答案，虽然难于将它投

---

① 　Godelier, "L'Occident—miroir brisé" and "Mirror, Mirror on the Wall".

入实践之中。如同准备探究过往社会的历史学家，人类学家也必须努力打破"本我的镜像"，或者最低限度地，抵抗用这面镜子去解读其所浸淫的社会的成员行为和语言的诱惑。什么是"本我"（Self）？它是大量"自我"（Egos）的统一体，这些自我构成了一个社会个体，终其一生都在变化。一位人类学家必须在其社会自我和隐秘自我中锻造一个新的、认知的自我。社会自我可以依靠出生而继承（例如一个人在印度的种姓体制中，是婆罗门种姓的儿子或者女儿），或者在人一生中渐渐形成。隐秘自我则自出生始，在与他人或痛苦或快乐的遭遇之中锻造，形成贯穿一生独特的无法抹去的印记。这个自我包括了欲望、痛苦和欢乐，这些经历塑造了其情感以及与他人沟通的方式。社会自我和隐秘自我无法分离地相互缠绕在一起，人类学家在这类自我上与他人无异。

正是认知的自我将人类学家与他人区别开来，驱使他们去完成作为自己目标的"知识的使命"。这是最为首要的智识的自我，在诸如大学这样的机构中获得。在人类学的发展过程中，正是大学历史性地将人类学家放置在这门学科发展中一个准确的位置上，放置在了机构、出版物、报酬赋予他们权力、社会地位和物质利益的社会场域之中。在着手田野调查之前，人类学家智识的自我即以由带有其时代印记的精神性要素形成，例如那些流行的概念、理论、读物、讨论和论战。因此他可能是一个结构主义者，一个马克思主义者，一位后结构主义学家，或者后现代主义者，这取决于他所受教育的时代。但是撇开这些年代和这些知识分子的所学，相对于其他那些使他们如其所是的自我，人类学家首先要做的就是对智识的自我"去中心化"。

另外，鉴于自身社会看待他人和他人社会的方式，人类学家还必须对自己"去中心化"，对这些观察和理解他人思考和行为方式的观点保持批判的警觉。这就是摩尔根在其早年所做的，即他发现塞内卡人（Seneca）的亲属制度遵循了一种与其自身社会认知规则不同的逻辑——采用母系继嗣、婚后女方居住的原则，并使用同一词汇称呼父亲和父亲的兄弟。

"参与"观察：幻想与现实

人类学家学习概念和方法，并且当这些概念和方法不能解释观察到的事实时，准备好丢弃或者修正它们。但是，即使是这样做也还不够。它们必须在田野中以"参与观察"的方式被检验。**但是究竟什么是应当被观察和参与的，以及参与观察应进行到何种程度？**

让我们简要触及一些围绕着人类学家职业的神话和混淆，这甚至比人类学家撰写一本书或者拍摄一部电影来交流他或她的田野收获所产生的问题更为棘手。在"书写"① 一个社会和文化之前，人类学家必须首先观察具体情形中的相互作用来揭开社会的复杂性，从参与其中的个体和群体那里了解他们如何表现他们关系的本质，以及由这些关系所生产的空间、利害关系和意义。

要发现这些，除了赢得一小部分人作为"报道人"并与他们在火堆边攀谈数月之外，人类学家不得不做得更多。他们得潜心数月，大量调查并系统研究对象群体的社会生活的众多侧面：他们的物质生产活动和仪式活动、权力的样式、冲突的根源，如此等等。这些研究将揭示人们是否所说如其所做，所做如其所说。数年内多次进行的系统调查锻造了人类学家洞察事物的能力，这种收获他或她绝不可能在一次短暂的停留或者少数的"取样"中得到。② 民族学的调查绝非排除或者边缘化逐渐了解个体的方

---

① Clifford and Marcus, eds., *Writing Culture*.
② Sanjek, ed., *Fieldnotes*.

法，而是通常由观察个体与群体间的在一个不断发展的基础上展开的互动开始，每次反馈都是关于他们行动背后和关系本质逻辑的更为精确的知识。

但是在何种方式上观察真正地"参与"到他者的生活？参与并非指与因纽特人（Inuit）一起狩猎，也非仅仅指学会语言以便理解仪式的颂词。这是否意味着人类学家必须完全"像他人一样行动"——例如，与他们所研究的社会中的人们结婚生子，参与到生活中的所有细节，才能更好地理解人们所遵循的规则、追求的目标以及结婚时所运用的策略？答案是否定的。

在经历一段时间以及认真的反思之后，人类学家能够在理解上达到一定的高度，在精神上分享其对象人群的思考和行为方式。但当涉及使用这些信息时，在人类学家与他们所共同生活的人之间存在一个基本的差别。对于报道人和处于人类学家观察之中的其他社会成员的日复一日的生活来说，神话、仪式、继嗣和婚姻规则、狩猎活动以及其他种类的知识是生产和再生产**他们的**社会所必需的。但是对于人类学家来说，他们辛苦工作获得的知识总是不完善的，仅仅可能而非确定为真，也不能对他们所浸淫其中的社会有所贡献，维持其存在。这些信息帮助人类学家理解他人，却不是像他人一样行动和反应。因而这种参与只能使他们在自己的社会中将自己塑造成为人类学家。

因此，人类学家关于那些曾经共同生活过的"他者"的意识不会与关于自己的意识和知识重合。这并非意味着人类学的知识是纯粹"错误"的，或者是一系列与报道人合谋的"虚构"，[1]而毋宁是告诉了我们一些作为人类学家的"田野"之地的事情——那个不仅是难于建构也是难于维持的、人类学家选择去体验的，并将他们同时置于自身社会之外以及之内的地方。这个地

---

① Marcus, *Ethnography Through Thick and Thin*, p. 110.

方既是具体的也是抽象的：**具体的**是因为田野调查都是在一个特定的地区（例如新几内亚高地）和一段固定的时间内（例如，开始于某个国家独立之前，继续于它形成民族之后）进行；所谓**抽象的**是因为在往来于这块土地之前，人类学家的生活与当地的人们是如此不同，在他们离开之后人们仍将继续生活在那儿，而人类学家在田野旅程的间隙回到自己社会的生活也如此经验悬殊。人类学家所占据的地方反映了两个社会和文化之间双重的距离和一种微妙的平衡，也使得田野调查成为一个男人或女人可能拥有的与他人以及与自身的关系的原发性独特体验。

为了比较而理解，为了理解而比较

还有另外一些人类学家必须去做的事情，这使田野之地的人们与人类学家自身社会的人们产生了更大的距离。这时候，一位民族志作者必须坐下来比较其对象群体与相邻民族的，或者与虽没有地理或历史的联系却有着相同体系的群体的组织方式和运行规则（例如亲属制度）。这种智力的过程是必不可少的，因为对处于不同空间（人类学、社会学所从事的领域）和不同年代（考古学、历史学所从事的领域）的社会的比较，是社会科学的真正根基。但是这种比较是否有任何具体的用处，或者对于人类学家所研究的社会成员有何意味？关于实际的用途，我们必须自问，是否就在于使得巴布亚新几内亚的巴祜亚人知晓，他们的亲属称谓与土生土长的易洛魁人有着相同的结构，并进一步向他们解释易洛魁通过女性来追溯孩子的血统而巴祜亚却是通过男人？答案很明显：他们或许会感兴趣，但严格来说，这是"无用"的。这种知识对于他们改变思维方式或者维持他们具体生活毫无帮助。但是事实是比较这类社会和结果对于巴祜亚人来说虽无立竿见影之效，却不是无用的或者无意义的。

虽然这类信息对于如巴祜亚人的日常生活来说用途甚微，对于社会科学家来说却绝非小事，他们的研究成果总会直接或间接，当下或未来被应用于分析，并最终帮助社会成员解决所遭遇的具体问题。正是这类基础研究，非以立刻显效的应用为义务的研究使得社会科学成为科学。

如果没有比较研究，人类学和其他社会科学也就不会经历批评性的解构并将达至更为严谨的重构。这就是我在比较大洋洲、非洲、亚洲和美洲的 20 多个社会时怀有的目标，带给我极大惊喜的是从中得出的关于亲属关系并不是这些社会赖以存在的共同基础的结论。这个发现推翻了一条"不证自明的真理"——人类学的公理——那就是存在"亲属关系基础型社会"，① 这为研究被我们称之为的"政治—宗教"关系开辟了道路。

人类学比较研究因而不仅是必须的而且是可能的，因为他者的社会他性总是相对的，从不是绝对的；一种文化所发明的赋予其社会存在以意义的事物对于他者来说是可以理解的，即使他们并不准备采纳那些思考和行为方式；而且由于人类的所有文化建构——我们的和他人的——是如此不同，每个社会都会殊途同归地自问那些相互关联的根本性的问题的答案，例如人、出生、生存和死亡各自意味着什么，或者何种形式的权力是合法的。

然而，认识到这些有关存在的问题具有的普遍特征绝非暗指所有的社会都会以同样的方式来询问或者回答。事实上，神话、宗教和哲学的多样性及其导致的思维和行为的各种形式都表示实

----

① 这种思维方式的一个典型例子也发现于乔治·彼得·默多克的著作中，默多克于 1949 年（列维－斯特劳斯同年出版了《亲属关系的基本结构》［*Elementary Structures of Kinship*］）出版了《社会结构》（*Social Structure*）一书，这本书主要研究家庭和亲属制度的不同类型。书的开头指出"核心家庭"是任何亲属集团的基本单位，亲属结构也是社会的基本结构。

际情况恰恰相反。

　　这些问题和答案的共同之处并非在于人们所说的，即使很多人说了十分相似的内容，而在于人们意图去做的。行动的目标赋予现实以意义——现实是关于人类出生、死亡、与自然力量较量、屈从于或使他人臣服于各种权威与暴力的事实。这是所有人类共同遭遇的，无论他们身在何处、生于何时——并因而塑造了人类之间、人与环境之间关系的基本框架。正是这些永恒的无从逃脱的现实构成了所有存在论问题的核心，它们超越了时间和地点的差异。

　　如果社会科学中的"相对主义"意味着认识到关于那些问题的具体含义，以及不同社会在不同时代给出的答案起源于截然不同的文化世界，那么我们将难以看到人类学家和其他社会科学家可能对"相对主义"有何建树。但是如果我们将相对主义进一步深入并且断言这些社会和精神的世界彻底不同，且彼此异质、简直不可比较，除了那些塑造它们的并生活于其中的人之外，他人难以接近，那么我们就拒绝或者摧毁了社会科学的必要前提。

　　正是通过社会科学，我是指那些反思性思维的大量形式，驱使我们分析和理解人类社会类型的本质和功能，以及这种社会生活形态所引导的思考、行为和感受的方式。这是一个困难的过程，它的实践者必须把自己放置在括号之中，为了排除那些自出生时起就引导他们的社会和文化假设而谨慎地对自己去中心化。可以确信的是，悬置判断是必需的，但是这对于理解赋予了他者社会独特性的根本原因和逻辑还不足够。我们还必须进行系统研究以估量个体在他们一生所遭遇的多种多样的环境中如何行动，例如根据性别、年龄和地位的因素进行分析，并因而发现他们是否行如所言或者言说其实，尤其是在相似的环境之中进行比较。对自己的文化假设采取一定的批评的距离，保证了研究的结果不会纯粹是观察者偏见的主观投射，或者教条式的断言，而是曝露于批评之下，经历了检验的结论。

让我们对这些存在论的关注给予最后一点评论。问题以及答案由具体的个人提出，而非社会（因为一个社会——尽管涂尔干这样认为——不是主体，而是有思考能力的超主体）。特定人群运用他们共享的文化，根据他们各自的天赋表达、转述这类关注或者对其改头换面。虽然我们将永远无从知晓创造了非洲、亚洲、大洋洲和美洲大陆那些美妙神话的人，然而我们清楚地知道佛陀、基督以及穆罕默德利用已经建立的宗教信仰，分别破除了印度教、犹太传统和贝都因部落（Bedouin）的前伊斯兰教的意识形态。

但是为了使这些由个体精心表述的问题和答案看起来更为明确并且亘古不变，扩展影响力和聚集信徒比天才或者真理更为重要。不同于一个数学定理或者物理证明，神话、宗教以及哲学的成功或者传播来源于它们赋予个体生命以意义的能力，人们信仰这个意义并每天实践之、确认之。分析权力、集体和个体信仰的结果是一项艰巨的任务，我们将在第二、三、四以及第六章中讨论这个领域。

人类学家科学的、政治的和伦理的责任

在田野调查和研究之后，人类学家终于来到这个时刻，他或她必须精心详述并出版其通过参与观察或者从其他公共的、私人的档案资料、旅行家的记述和同事的工作中收集到的材料。民族志作者必须描绘事实、事件、制度、报道材料和人们的观念，并加以术语分析。这些词汇赋予他或她解释事实、引经据典、记录事件发生的语境及其主角的身份，如此等等的权利。

　　这个阶段的问题不仅在于写作。质疑修辞伎俩的选择在过去常常激起读者的兴趣并使他们相信解释的"真实性"。问题同时是认识论的以及伦理的——**认识论的**是因为人类学家必须为他们的解释提供经验的和理论的证据，而**伦理的**是因为他们有责任与他们所共同生活的合作的人们讨论他们的结论，必须清楚基于研究出版一本专著或者生产一部电影所潜伏的后果。这种伦理的关注不仅适用田野社会，对于人类学家自此返回的地方也同样有效，这些出版物传播的不仅仅是人类学家为他或她自己创造的形象，同样还有关于其描述群体的有形的、不那么显见或者隐藏着的社会运作的知识（例如，仪式的秘密在刚成年的巴祜亚人迈入人生的下一个阶段时，逐步地被揭示出来）。[①]

　　人类学家的认知自我因而不仅仅是智识的自我，还是**伦理的**和**政治的**自我——伦理的是因为人类学家必须遵从职业行为的规则；政治的是因为他们必须清楚地明了工作于其中的历史语境，不仅仅是其研究的社会与自身社会之间的利益关系、利害关系、权力关系、矛盾以及其他形式的冲突，还包括这两种社会之间的关系（尤其是当人类学家来自于一个西方殖民政权，而其研究的恰是其国家的前殖民地）。如果人类学家对这个社会的历史一无所知，或者毫无兴趣做进一步的了解，他或她便无法承担其职业的、伦理的和政治的责任。

　　带着这些要点，让我们转向写作的问题。当书写他者时，人类学家所拥有的那些技能都是可取的，这些技能可使描述愈加清晰、分析更显严谨，并激起读者对作品中人物的思考和行为方式的共鸣。但这些文学特质和修辞手段并未使一个民族志文本变成某种类似于文学的东西而屈从于读者的各种解释（或者如同索福克勒斯和莎士比亚悲剧中的旁观者）。弗思的《我们，第科皮

---

① 　Geertz, *Works and Lives*.

亚人》（We the Tikopia）以及马林诺夫斯基的《西太平洋的航海者》都是地道的民族志，并非小说。它们不能被视为文学作品的原因有二。其一，不同于那些剧作家构思的如同麦克白和俄狄浦斯的文学人物，库拉在马林诺夫斯基到来之前就在基里维纳（Kiriwina）真实地存在着，在他死后继续存在，如今仍继续演变着。其二，索福克勒斯和莎士比亚作品中的世界尽管引人入胜，却是作者想象的产物。如同我们已经指出的，修改或者续写而不是模仿莎士比亚作品的想法都是荒唐的，对于库拉来说却不是这样，在马林诺夫斯基之后，众多民族志作者如弗雷德里克·戴蒙、南希·芒恩、安妮特·韦纳和杰里·利奇（Jerry Leach）在数十年的时间里相继书写了这一人类学的非凡范例。① 他们的研究并未使马林诺夫斯基的撰述过时，相反，这些研究突出了马林诺夫斯基曾一掠而过的两个特罗布里恩德概念——奇咚（kitoum），即"宝物"和可达（keda），即库拉之"路"——的重要性而充实了前人的研究。他们同样探究了马林诺夫斯基所掩盖的主题（例如女人在葬礼仪式中，在达拉［dala 即特罗布里恩德岛民对女性血液的称呼］或者母系氏族的繁衍中扮演的角色）或者完全遗漏的事实（例如在马西姆群岛上，所有的世系都可以参与到库拉之中，而不仅仅是基里维纳的主要世系；而弗雷德里克·戴蒙的研究表明，甚至穆余的女人也可以通过她们的兄弟参与到库拉之中；一些考古学家发掘到的证据显示，岛屿间库拉形式的交换在欧洲人到达这片南方海域之前的数千年即已存在）。这些民族志记述展示了库拉直至今天仍然是一个前沿课题，矛盾的是，在这种竞争性的项链臂环交换中，最成功的人是

---

① Malinowski, *Argonauts of the Western Pacific*; Leach and Leach, eds., *The Kula*; Munn, *The Fame of Gawa*; Weiner, *Women of Value*, *Men of Renown* and *Inalienable Posseions*.

比利，一个"白人"。①

　　库拉的例子向怀疑论者和诋毁者展示了人类学是名副其实的科学，原因有二。第一，人类学家观察到的现实并非是与信息报道人合谋的虚构。田野调查者往来更替，这些现象却不因此消失（西伯利亚萨满教最近正以新的形式全面复苏）。第二，同任何主动将自己的概念、方法和解释献身于一种批评性的解构之中的学科一样，人类学知识由科学的两条经典道路塑造和丰富：对新事实的发现和新范式的创造。

　　因而，将民族志的历史还原到仅仅是由西方知识分子为了使对非西方世界统治的合法化所发明的关于他者的一系列幻想的、轻蔑的表述，是错误且富于煽动性的。这对那些与人类学家合作从而逐渐了解自身的非西方的报道人来说同样是一种侮辱。这种观念将民族学者投射为天真的（或者更糟）、愤世嫉俗的、利用报酬操纵报道者获得他们想要的谎言的形象（这在田野中绝少发生）。如果我们一定要去对人类学的田野研究做出评断，我们会同意弗思在 2001 年总结的："民族志和社会人类学于我来说，是外来的西方人和本土贡献者的共同创造。"②

　　弗思是在其 100 岁的高龄时说出如上这番话，几个月后他便离世。他曾在斐济被授予纳雅卡罗奖章（Nayacalou Medal），这个荣誉被颁发给那些为"太平洋群岛居民的生活知识"做出巨大贡献的人。尽管弗思从未提出如结构主义或马克思主义之类的"大理论"，但他关于自己在第科皮亚和马来西亚所做研究的殖民背景的见解可谓入木三分。因此，他留给我们的遗产绝不是盲目的煽动。③

---

①　Damon, "Representation and Experience in Kula and Western Exchange Spheres".

②　Firth, "The Creative Contribution of Indigenous People to their Enthnography", p. 245.

③　Firth, "The Skeptical Anthropologist?"

人类学不再属于其诞生的西方

　　如同我们所见，人类学，既未品尝死亡的剧痛也不会行将消失。毋宁说，它处于危机之中，这是一个表示这门学科在应对新的全球环境中正重构自身的积极信号①。我在结论之前愿意再次谈谈这种变化。我们经历了那些塑造第二次世界大战之后世界样貌的事件以及英国、法国、荷兰、葡萄牙等殖民帝国在 1950—1970 年的衰落，这些变化加速了 20 世纪 80 年代末苏联及其欧洲盟友的解体（在中亚和远东，这个过程正在发生，中国和越南的经济正日益卷入到世界资本主义体系中）。20 世纪 80 年代同样见证了结构主义和马克思主义饱受批评以及后现代"新民族志"的兴起。

　　这些重要变化使得西方与非西方的关系被深刻改写，那些人类学家曾工作过并将继续研究的成百上千的本土社会之间/之内的关系也被带入新的图景之中。殖民体系终结的另一端是新兴独立国家的兴起，其社会结构和疆土都被殖民权力所塑造。这些人为构造的国家为了生存不得不扎根于再发明的文化传统之中成长为民族国家、吸纳边缘化的群体、反对那些至今仍然服务于前宗主国利益的集团（这个过程唤起了关于 18、19 世纪一些国家的争取独立的斗争的历史，产生了大量截然不同于西方的社会，以及斥责西方以"文明化"为借口进行殖民的领袖）。

　　"真正"的社会主义的消失愈发巩固了西方的统治，②"社会

---

　　①　这就是由阅读以下评估性文章而得到的启示：1984：Sherry B. Ortner（"Theories in Anthropology since the Sixties"）；1994 – 1997：Bruce Knauft,（"Pushing Anthropology Past the Post", *Genealogies for the Present in Cultural Anthropology* and "Theoretical Currents in Late Modern Cultural Anthropology"）；1999：Henrietta L. Moore,（*Anthropological Theory Today*）。

　　②　Verdery, *What Is Socialism and What Comes Next?*

主义"在其开端是一个西方观念，代表了西方思想家对西方社会的强烈批评。在 19 世纪的欧洲，伴随着工业商品生产在社会经济中取得统治性的地位，马克思和恩格斯强烈谴责这种生产对工人阶级和其他群体的剥削。他们斥责起源于矿产和工业的城市造成劳工阶级困苦的生活境况，强调新兴的资产阶级接替了曾经统治欧洲上千年、如今正在消失的（或灭亡的）贵族成为国家的统治者。当西方国家意图征服世界并成为殖民帝国之时，马克思和恩格斯宣告人民是自己的主人。但是在布尔什维克革命之后的"社会主义"并未完成上述使命。它在军事体制之外用庞大的毫无效率的官僚体系替代市场经济，以一党独裁和核心统治集团凌驾于社会之上。

总之，当柏林墙于 1989 年倒下，西方的一些知识分子，如弗朗西斯·福山（Francis Fukuyama），声称"历史终结了"，①伴随着的是不可抗拒的全球化浪潮，资本主义体系和西方议会制民主将取得绝对的统治。被我们宣称为"自然和普世"的"人权"在全球范围内成为卓越的事业，伴随着西方的"真文明"强加于殖民国家，人权取代或者附加在基督教上（不同的国家情况不同）被描绘成唯一的"真"宗教。

但是事情并未向一些人希望的方向前进。可以确定的是，资本主义已成为统治世界经济的首要的和唯一的体系，以至于没有一个国家或者本土社会，无论大小，可以逃脱日益被整合到市场经济之中的命运而独善其身。与此伴随着的是西方现代价值观的渗入——个人主义、消费主义、社会关系和交换的货币化，及其与众多非西方社会鲜活的本土价值观、传统的思考方式和生活方式的深刻碰撞。

这正是 9·11 事件发生的背景，阿富汗战争、伊拉克战争以

---

① 参看第 9 页注释①关于弗朗西斯·福山的说明。

及美国占领产生的即时后果。对世贸双子座和五角大楼的袭击，以及接着发生在西班牙、英国和沙特阿拉伯的恐怖活动，被其发起者认为是合法的抵抗，是给予西方威权以及被认为是腐败的、背信弃义的西方盟友强加给伊斯兰世界的暴力、羞辱和剥削的暴力回应。

总而言之，"历史的终结"是短命的（始自 1989 年 10 月柏林墙倒下，终结于 2001 年纽约的 9 月）。自此，世界再一次发现自己分裂为两个力量，那些声称正义的以及被其视为"邪恶轴心"的国家。这种指控是双向的，伊斯兰原教旨主义者意图将真正的教义强加给其余国家，他们认为西方已然道德败坏：不仅掠夺他人的财富，还傲慢地将自己的价值观强加于他人。这种价值观导致了西方女性主义兴起以及对男性的蔑视，将同性恋视为正常，拒绝在日常生活中承认上帝，并讽刺地以"人权"干涉他人生活（特别是对那些拥有丰富战略资源的国家，西方及其盟友以此资源扩张资本、巩固经济和军事的力量）。在激进的伊斯兰世界和犹太——基督世界之间公开的冲突之下，这种压力尤为显著。在中国，推翻"传统"、"封建"和"资产阶级"三座大山的毛泽东时代之后，向资本主义市场的开放导致了新儒家思想的紧张，这种观念同样批评并寻求对西方舶来价值观和哲学的超越。①

自从 2001 年以来，有两个并生的趋势站稳了脚跟并开始蔓延。其一是资本主义经济体系的整合；其二是政治文化身份的分裂并多样化。在试图解释世界的复杂和矛盾时，社会科学家将与

① 参看新儒学哲学家牟宗三的著作《中国哲学的特质》，其中由若埃尔·托拉瓦尔（Joël Thoraval）撰写了关于当代中国新儒家的长篇导言（第 1—65 页）。同时参看以"今天是否仍然存在中国哲学？"（Is There Still a Chinese Philosophy Today?）为主题的特刊 *Revue Extrême* Orient——*Extrême Occident*，尤其是其中托拉瓦尔的文章《现代哲学话语中新儒家思想的变形》（Sur la transformation de la pensée néo - confucéenne en discourse philosophique moderne），第 91 - 118 页。

这些力量遭遇。他们呼唤一种反思的人类学，一种对自己的分析能力及其局限怀有自知之明的、务实的并非折中的、采用有效的并非时髦的工具的，并富怀政治和伦理责任担当的人类学。

这就是我们意欲重构的人类学，即，使它以更为严谨、更富于成效的分析、更加谦逊的态度和关于自己与其他社会科学共生共存的清醒意识继续着解构的过程。

今日之人类学不再与其诞生之地的西方须臾不可分离，人类学家已然超越了那种将自己的社会和世界作为衡量人类进步的标尺和明镜的偏见。[①] 悬置判断、精心地对其价值观和关于自我和他人的表征去中心化，这对于散落在从印度、日本、韩国、中国台湾到南非、印度尼西亚、斯里兰卡、巴西、墨西哥和秘鲁等世界各个角落的人类学家来说是义不容辞的责任。他们不断增长的数字既是人类学命运攸关的证明，也是关于其前景的吉兆。这门学科兴起于与那些传教士、士兵、商人、探险家东拼西凑的民族志的分野，所以去中心化的过程在这个更大的世界里将日益重要。我们只需看看中国，那些未像汉族一样"文明化"的被称为"少数"的民族，他们可以生三个孩子或者接受援助以便发展经济。再如印度，部落和最低阶层的种姓仍然被认为是"落后阶级"，甚至这个群体的成员要求这种身份是为了获得在印度公共服务机构和大学里的职位的指标。我们必须明白什么应当被改变。

人类学是一个片段，是一个关于自身和他人的"理性"知识的发展过程。它为那些不相信或不再相信他们的思想和工作需要世俗力量或者神圣力量批准的人们自由演练。理解他人的信仰而不是被迫分享它们，尊重他人的观点而不是打断他们的

---

① Godelier, "L'Anthropologie sociale est – elle indissolublement liée à l'Occident, sa terre natale?"

批评，通过共同生活和聆听而了解他人，这样做就会获得对自己的更好理解——这曾是、正是，并将是人类学科学的、伦理的和政治的核心。昨天是，今天是，明天亦是，无论在西方之内还是之外。

第一章　保留之物、赠与之物、 出售之物与传家宝[*]

　　本章旨在探究出售之物、赠与之物以及既不出售也不赠与的保留与传家之物的区别。当然，物本身并不具有这些区别。最初，一件物品可能被作为商品购入，此后进入礼物交换的循环，最终被作为一件神圣的氏族宝物而获得收藏。由此，在一段时间里，它退出了商业的或非商业的任何形式的流通。米歇尔·帕诺夫（Michel Panoff）在对南新不列颠芒葛人（Maenge）的贝壳研究中令人满意地展示了这一点。[①]

　　为了探讨这个主题，我的参照物必须是该主题研究史上的一个伟大里程碑：马塞尔·莫斯（Marcel Mauss）出版于1924年的不可或缺的文本《论礼物》。[②] 在勾勒该著写作的历史语境之

　　[*] 2002年4月，美国经济人类学学会（American Association of Economic Anthropology）在多伦多举办了一次会议，我做了主题发言，概述了我的著作 *L'Enigme du don*（*The Enigma of the Gift*）中的主要观点。本章是那次主题发言的扩展。该学会邀请我参会发言，是因为我是以教授经济人类学而开始自己学术生涯的。那时，经济人类学在法国还是一个尚不为人所知的领域（除了克劳德·梅拉苏［Claude Meillassoux］的 *Anthropologie économique des Gouro*）。1974年，我出版了一本文选，名为 *Un domaine contesté：l'anthropologie économique*。1991年，我编辑了一本书，名为 *Transitions et subordinations au capitalisme*。

　　① Panoff, "*Objets précieux et moyens de paiement chez les Maenge de Nouvelle - Bretagne*"。芒葛人保存或流通贝壳戒指（*page*）。它是由 *Tridacna gigas* 的贝壳雕刻而成。
　　② Mauss, "*Essai sur le don*"（*The Gift*）。

前，我先讨论那些引领我折身分析这些难题的民族志事实。

巴祜亚（Baruya）社会为我提供了此类例子。它依然实行礼物交换，比如交换女人，但却不再有夸富宴（potlatch）（夸扣特尔［Kwakiutl］和特林吉特［Tlingit］等土著美洲社会实行的竞争性交换）。巴祜亚人也生产一种"商品货币"（commodity-currency）——盐。他们用它从邻近部落换取工具、武器、羽毛制品和自己不生产的其他物品。但在巴祜亚社会内部，盐从未被作为货币（money）使用，而是以礼物的形式流通。不仅如此，有一些神圣之物——**槐玛特涅**（Kwaimatnie），巴祜亚人对其极度尊敬。它们被用于男孩儿的启蒙仪式并作为神赐的礼物呈献给他们的祖先。这些礼物绝不可赠与人类。

（就像罗伯特·库特纳（Robert Kuttner）的书名所指出的那样①）"金钱万能"的观念正迅速地获得全世界的认可。在这个时代，我们需要借助历史和人类学的教海重新审查市场社会里非商业关系所处的位置，并设法判定社会必需的某些实物（realities）是否超越并将持续超越于市场之外。

然而，对莫斯的再阅读绝不是回到莫斯，因为他本人及其后继者对其书中记录的许多事实并未进行分析，他本人提出的许多问题至今也没有答案。或许此时，有益的事是回想莫斯写作《论礼物》时的大背景。那时，第一次世界大战刚刚结束，莫斯半数的朋友丧生其中。他是社会主义者，支持让·饶勒斯（Jean Jaurès）。此人是欧洲社会主义运动的一位领袖，因反战而遭刺杀。莫斯当时已是声望卓著的学者，为当红的报纸《人道报》（L'Humanité）每周写一个专栏。作为一个社会主义者，他还在战后访问了苏联，但却他怀着对布尔什维主义的敌意返回法国。那时，共产主义者正在建筑他们的权力结构。他的敌意源于，其

---

① Kuttner, *Everything for Sale*.

一，布尔什维克试图创造一种撇开市场的经济；其二，他们有条不紊地使用暴力来变革社会。① 但是，莫斯在其论著中也严厉地批评了自由主义，他不希望社会被日渐囚禁于他所称的"商人、银行家和资本家的冷酷算计"中。1921 年，也就是人民阵线（Front Populaire）在法国所向披靡的 15 年前，他起草了一份"社会民主纲领"，要求国家为工人提供物质援助和社会保护。同时，他也呼吁权贵们表示出一种自利的慷慨，那种美拉尼西亚的首领和夸扣特尔的贵族以及古欧洲的凯尔特贵族和日耳曼贵族都展示过的慷慨。此外，他还注意到，基督教诞生数个世纪之后，救济依然是"对被救济者的伤害"。可见，我们所处的全球资本主义经济时代与那个曾激发了莫斯灵感的时代具有明显的连续性。

于莫斯而言，礼物馈赠意味着什么？它是一种在赠与者与接受者之间创造双重关系的行为。赠人以物就是与人分享自己所禀赋的自由意志。被强求的赠物不是礼物。一件自愿赠与的礼物在拉近赠与者与接受者距离的同时，也使得接受者陷入债务。馈赠有一箭双雕的功效。它使得双方的距离既近又远。在赠与者与接受者之间出现了不对称和等级差别。因此，莫斯一开始就设定了分析准则：不能孤立地研究礼物馈赠。三个相互关联的义务（obligations）——馈赠的义务、收礼的义务和回礼的义务——导致了诸多个体和群体之间的一组关系，馈赠只是其中之一。

正是由于莫斯将馈赠礼物视为一系列行为的发端，并且必须从整体上分析这些行为的结构，他才被克劳德·列维－斯特劳斯（Claude Lévi－Strauss）奉为结构主义的先驱和前辈而享有盛名。但他却仅仅是一位先驱。在列维－斯特劳斯看来，莫斯在其论著中不幸地忽视了其最初确立的方法论准则，并将一位毛利人

---

① 　关于莫斯的生平，参见马塞尔·富尼耶（Marcel Fournier）不可或缺的文本 *Marcel Mauss*，以及他的两篇文章 "Marcel Mauss, l'ethonlogue et la politique" 和 "Bolchevisme et socialisme selon Marcel Mauss"。

（Maori）老先生塔玛提·拉纳皮里（Tamati Ranapiri）对义务特有的本土说明误认为是对义务的普遍性科学说明。拉纳皮里曾对人类学家贝斯特（Elsdon Best）解释过毛利人的信仰：存在于赠物之中的灵（spirit *hau*）迫使接受者偿还同样的物品或其等价物。① 究其根本，列维 – 斯特劳斯总结到：莫斯为微妙而复杂的土著意识形态所"迷惑"，而人类学家坠入这样的陷阱，也并非首次。②

莫斯的推理的确有缺陷，而列维 – 斯特劳斯不失时机地抓住了它，并提出不同的说明。他将霍（hau）或玛纳（mana）阐释为"纯然的能指"（sifnifiers in their pure state）或"变幻的能指"（floating signifiers），因为它们"空无意义"（empty of meaning）。在列维 – 斯特劳斯看来，每当人类的大脑遇到无法解释的事物，它就会编造空无意义的概念。这些概念揭示不了不解之物的任何属性，但它们却直接地显示了心灵的无意识结构，同时也证实了社会的符号起源。简言之，列维 – 斯特劳斯注意到，霍、玛纳和玛尼托（manitou）这些概念显明了语言的首要地位，更进一步地说，是凌驾于想象与实在（the real）之上的符号的首要性（primacy of the symbolic）。在他看来，较之于符号所指称的实在，符号本身更加真实。③

对此，我将证明，如果必须确认哪个堪居首位，那么是想象而不是符号更胜一筹。因为圣物和宝物是最初和最重要的信仰物。信仰物在成为符号以前，其性质首先是想象的。这些信仰关涉的是权力和财富的本质与来源，它们总是带有某种程度的想象。贝壳无论是用来交换妇女，还是用作武士的死亡赔偿，它都是人类的象征性替代物：一条人命和一般生命的想象性等价物。

---

① Best, *Forest Lore of the Maori*, p. 439.

② Lévi – Strauss, *Introduction à l'oeuvre de Mauss*, p. xxxviii.

③ Ibid, p. xxxii.

　　然而，莫斯理论的瑕疵究竟在哪里呢？让我们返回到他的推理。为了说明赠礼与收礼这前两个义务，莫斯提出了社会学的解释。由于馈赠产生义务，所以人们有义务赠与；由于拒收礼物意味着制造与赠与者的冲突，所以人们有义务收礼。然而，当面对回礼这第三个义务时，莫斯给出了不同类型的说明。该说明主要基于意识形态和神秘的宗教信仰。他认为，驱使收礼者回礼的是一种力量：赠物中"灵"（spirit）的活动使得赠物返回到它最初的主人那里。[①] 进一步的阅读表明，莫斯似乎认为赠物中存在的灵不是一个，而是两个。赠物的最初拥有者赋予该物第一个灵，而物自身似乎也有一个魂（soul），这是第二个灵，它像一个人一样拥有施诸他人的力量。[②] 总之，为了支持毛利人（Maori）的这些信仰，莫斯似乎极力主张被赠之物并未被彻底让渡，它依旧隶属于其最初的主人。因此，被赠之物既不可让与又远离主人。这种双重性如何解释？

　　列维–斯特劳斯诉诸心灵的无意识结构，而莫斯则求助于社会的宗教性表征。或许这都算不上什么解释，真正的解释植根于事实：被赠之物同时被赋予了两个法律原则——所有权的不可分割与使用权的可让渡。我们将看到，这是特罗布里恩德岛人在说明其仪式性交换——著名的库拉（kula）——的运作方式时提出的解释。莫斯曾将美拉尼西亚的库拉作为美洲印第安人夸富宴（potlatch）的对等物进行分析。但是，由于马林诺夫斯基没有发现这种对库拉运作机制的解释，莫斯也就对此一无所知。我们将这一发现归功于弗雷德里克·戴蒙（Fred Damon）、南希·芒恩（Nancy Munn）和安妮特·韦纳（Annette Weiner）等人。自20世纪60年代开始，他们先后在马西姆（Massim）的伍德拉克岛

---

　　① 《居于被赠之物中的何种力量促使礼物的接受者将其返还?》Mauss, *Essai sur le don*, p. 148（*The Gift*, p. 2）.

　　② Mauss, *Essai sur le don*, pp. 160 and 162n2（*The Gift*, pp. 12 and 92n38）.

（Woodlark）和其他岛屿进行田野调查，记录了将一系列的岛屿和社会连接起来的交易路线——库拉圈——的不同部分。

　　在此，我要重申，莫斯对某些形式的礼物交换并无兴趣。他主要关注的是其所谓的"总体呈献"（total prestations），那种发生在整个群体之间或代表了整个群体的个人之间的交换。他对发生在朋友之间的礼物赠送没有兴趣，对一个神用以拯救人类的（想象的）礼物也毫不关心。他所感兴趣的是对社会关系的生产与再生产具有社会必要性的礼物。这些社会关系包括亲属关系、仪式性关系和权力关系，简言之，即个体和群体得以存在的社会条件。莫斯以氏族（clans）间的妇女互赠、一个半族为了另一个半族的福利而举行仪式（rites）等作为"总体呈献"的实例。他用"总体呈献"一词来指称两种不同的东西，而研究者通常又忽视了它们之间的差别。要么，礼物馈赠有经济的、政治的、宗教的和艺术的等**多个维度**（multiple dimensions），因而该行为本身便包含了整个社会的诸多方面；要么，通过产生持续不断地回礼（counter - gifts），礼物馈赠使得众多群体和个体的财富与能量产生流动，带领整个社会进入运动状态，进而建构整个社会再生产所必需的机制和时机。①

　　然而，我们忘记了莫斯曾强调过的：存在两种类型的总体呈献，即他所谓的"非竞争性"总体呈献和"竞争性"（agonistic）总体呈献（agonistic 一词源于希腊语 αγων，意为战斗）。每种类型都有自己的运作逻辑。但是，在其论著中，莫斯几乎对非竞争性呈献的运作逻辑不置一词，而是专门分析了竞争性礼物交换，并用借自切努克（Chinook）语的词汇**夸富宴**（potlatch）来通称此类总体呈献。②

---

①　Mauss, *Essai sur le don*, p. 275（pp. 79 - 80）。
②　Ibid, p. 153（p. 6）。

非常明显，莫斯对非竞争性礼物馈赠不感兴趣。然而，（有些事情往往如雪泥鸿爪）他明确指出过非竞争性礼物交换是其分析竞争性礼物的出发点。只是，他的这个关于出发点的论述不是出现在《论礼物》一书中，而是 1947 年的《民族志手册》（*Manuel d'ethnographie*）。其中，他引用了出现在二元社会两个半族（moieties）里的几个例子，它们是诸群体和个体之间的物品交换、仪式交换和名字交换，等等。他罗列了澳大利亚和北美洲几个部落的名字，但却没有探讨其礼物交换的独特逻辑。在新几内亚做田野期间，我有幸对构成巴祜亚社会的若干世系（line-ages）和氏族（clans）之间的妇女交换做过观察，我将试图填补这个空白。①

基本的交换规则是简单的：一个世系给另一个世系一个女人。一个男人收到另一个男人的真正的姐妹或分类上的姐妹，他反过来再把自己真正的或分类上的姐妹送回去。总体而言，每次出现的亏欠都应该可以在这些相互的妇女交换中取消。但事实并非如此。当一个世系给予另一世系一个女人后，它产生了一份债务，并且它在与对方世系的关系中处于优势地位。然而，在它从对方世系那里接受了一个女人后，它又处于负债状态和劣势地位。在这些相互的交换结束时，每个世系都作为给予者而为上级，同时作为接受者而为下级。由于每个世系相对于另一个世系都同时处于优势地位和劣势地位，因此双方再次处于同一地位。这样，回礼并未把赠礼所带来的债务一笔勾销，而是创生了抵消前期债务的新债务。根据这个逻辑，礼物交换不断地培育义务和债务，因而确保了服务、互助和稳固的相互义务的连续不断。绝无可能一下子取消或清除债务，它会随着时间渐渐消失。

这些例子表明，回礼并不等同于清偿债务，西方思维

---

① Godelier, *L'Enigme du don*, pp. 59–62（*The Enigma of the Gift*, pp. 41–43）.

(Western mind) 很难把握这个区别。它们还表明，对于一个男人而言，收一送二将是极其荒谬的。这种非竞争性的（non‑agonistic）、对等的礼物交换的最终结果是，人（女人和孩子）、物品、劳力和服务等资源在构成该社会的群体中得以相对均等地再分配。根据这个逻辑，一个女人等于另一个女人、一个武士的死亡可由另一个武士的死亡来补偿，诸如此类。交换物与被交换物之间以及物质财富和人（活的或死的）之间的等价范围是有限制的。以积聚财富来获取女人，或用女人来积累财富都是没用的。积累财富和女人既不光耀一个人的名声，也不增加他的影响力和权力。这就是为什么此种类型的礼物馈赠经常与伟人社会（Great Man societies）相连，而在新几内亚的大人物社会（Big Man societies）并不多见。① 正如安德鲁·斯特拉森（Andrew Strathern）②、达里尔·费尔（Daryl Feil）③ 以及其他学者的著作所告诉我们的，在大人物社会里，大人物（Big Man）及其群体的名声有赖于他们在摩卡咖啡和茶叶的竞争性仪式性交换中的持续成功。

与之相比，夸富宴（以及普通的竞争性礼物交换）的运作逻辑完全不同。莫斯强调，夸富宴是名副其实的"财富之战"，其中的竞争精神远胜于慷慨，其目的是赢得或保持（keeping）头衔、级别和权力。正如莫斯所观察到的，我们正面对着另一种类型的"由礼物馈赠支配的经济与道德准则"。借用弗朗兹·博厄斯（Franz Boas）④ 以及苏联的和加拿大的作者的描写，莫斯

---

① Godelier and Strathern, eds. , *Big Men and Great Men.*

② Andrew Strathern, *The Rope of Moka.*

③ Feil, *Ways of Exchange.*

④ Boas, *The Social Organization and the Secret Societies of the Kwakiutl Indians*; Boas and Hunt, *Ethnology of the Kwakiutl.*

阐明，西北海岸的印第安人（Northwest Coast Indians）之所以举行夸富宴，其目的是在众人面前将对一个头衔的占有或一个头衔的传递合法化。[1] 因而，夸富宴是一场权力演习。它要求积累大量的宝物和维持生计的物品，以便于在仪式性宴请（ceremonial feasting）和仪式性竞争（ceremonial competition）的再分配中挥霍一空，或者干脆夸耀地毁坏它们。最初，几个相对的氏族和他们的首领竞争一个头衔，但最终仅有一个赢家。获胜也仅仅是暂时的，因为一旦赢者获得头衔，另外一个氏族将用更大的夸富宴向他发起挑战。在此，我们知道非竞争性礼物交换最终会将社会群体再生产所必需的资源在卷入其中的诸多群体中相对均等地分配，但我们并没有发现非竞争性礼物交换的逻辑。

而夸富宴产生的债务可以因回礼——与对等的礼物交换不同的回礼——而抵消，因为当一个人回赠更多，债便被取消。而且，对于一个氏族来说最理想的是，它赠与甚多以致无人能够回赠。如此，它便傲然独立，无可匹敌。[2] 我们再次发现，债是礼物交换逻辑中的一个基本成分，并且以礼物来征服对手甚至是夸富宴的主要目标。但是，由于债不仅因更大的回礼而被取消，同时又产生新的债，这便产生了持续增加的赠礼与回礼。这个贪多无厌的运动将整个社会引入到了节节攀比的境地。

这是莫斯对夸富宴所作分析的梗概。然而，其著作中的某些事实，他并没有研究，他的后继者也忽略了。例如，他的一条注释表明他注意到，最好的夸扣特尔铜（coppers），类似于他们最伟大的头衔，"无论如何都完整地保留在氏族和部落中"[3]，并且永不进入夸富宴。它们被视为氏族宝物而获得保存，而占很大

---

① Mauss, *Essai sur le don*, pp. 209 – 10（The Gift, pp. 39 – 40）.

② Ibid, p. 212n2（"L'idéal serait de donner un potlatch et qu'il ne fut pas rendu"）（p. 114n143）.

③ Ibid, p. 224n1（p. 134n245）.

比例的其他的铜则在夸富宴中流通，它们的价值较小，并且看上去"是前一类的附属物"。① 在所有讨论过《论礼物》这个文本的人中，只有安妮特·韦纳（Annette Weiner）在她的著作《不可剥夺的财产》（*Inalienable Possessions*）一书中注意到了这些发现的重要性。这一点，其他人都不认为是一个问题，而它事实上却改变了关于赠与之物与出售之物的整体图景，这是因为关于物的另一个范畴介入其中，那些物既不被出售也不被赠与而必须被保留，这是不可剥夺的财产的领域。②

在分析这个范畴之前，暂且让我们折回到莫斯的关于物有其灵的理论。它预先假定人与物（things and persons）之间不存在明确的区分。在莫斯看来，这种信仰是许多非西方社会的社会世界和精神世界的特征，也是理解古希腊和古罗马法律体系（Greek and Roman legal systems）乃至古代中国和古印度法律的关键。它的确没有在适用于人的法律与适用于物的法律之间做出区分。一如我们所看到的，莫斯正试图理解为什么一件被赠之物必须被返还给赠与者，或者激起礼物往来。1921 年，在称赞马林诺夫斯基民族志材料③的丰富之余，莫斯对其未能足够关注库拉中的礼物及回礼而表示惋惜："在社会学的意义上，显而易见，它又是物、价值、合约与人的混合物。可惜的是，我们对规范这些交易的法律规则缺乏认识。它要么是马林诺夫斯基的报道人（informants）基里维纳人（Kiriwina）并不完美地创制的一种无意识的规则；要么，如果特罗布里恩德人很清楚这个规则，那么这应是一项新研究的主题。我们仅仅掌握细枝末节。"④

① Mauss, *Essai sur le don*.

② Weiner, *Inalienable Possessions* and "Inalienable Wealth."

③ Malinowski, "The Primitive Economy of the Trobriand Islanders" and *Argonauts of the Western Pacific*.

④ Mauss, "*Essai sur le don*", p. 184 (The Gift, p. 26).

　　由于莫斯提到了特罗布里恩德人错杂的范畴，我们不能确定，他真的相信他们对物有清晰的认识，但是，他的这个提法却具有预言性。20 世纪 70 年代，弗雷德里克·戴蒙（Frederick Damon）、南希·芒恩（Nancy Munn）、安妮特·韦纳（Annette Weiner）、杰里·利奇（Jerry Leach）、约翰·利普（John Liep）和其他在库拉圈的 10 多个社会里从事田野工作的人类学家们所开展的新的研究获得了答案。[①]

　　为理解马林诺夫斯基身后半个世纪里关于库拉的新发现的重要性，我们要对库拉循环的路径做个简介。其实，人们流传一个贝壳（shell）臂章，并期望在交换中获得一件相同级别的贝壳项链。反之亦然。注意，在这个游戏中，被赠之物绝不能为同样的物品或同类物品所取代。因此，我们不能断定，在库拉交换这个案例中，物中之灵驱使着礼物的接受者将所收之物回赠给它最初的主人。对莫斯来说，这些材料多少有些令人失望，他写道："vaygu'a（比如，库拉循环中的宝物）循环方向的任何神话的或其他的原因，马林诺夫斯基都没有发现。探索这些原因应该是非常重要的工作，因为如果有某些因素确定这些物品的流向，以致它们趋向于返回到出发点……这便出人意料地相同于……毛利人的霍（hau）。"[②]

　　很不幸，这未被发现。马林诺夫斯基忽略了两个关键的本土概念——**奇咚**（kitoum）和**可达**（keda），而它们却可阐明库拉交换并解释为什么即使在某物被赠与之后，其主人似乎依然保留在它之中。**奇咚**是一个世系甚或一个个体所拥有的宝物，比如独木舟、抛光的贝壳、石质的斧片诸如此类，其拥有者可以为了特

---

　　① Damon, "Representation and Experience in Kula and Western Exchange Spheres" and "The Problem of the Kula on Woodlark Island"; Munn, *The Fame of Gawa*; Leach and Leach, eds. , *The Kula*; Liep, *The Workshop of the Kula*; Persson, *Sagali and the Kula*.

　　② Mauss, *Essai sur le don*, p. 179（*The Gift*, p. 102n32）.

定目的、在多种场合使用它们。因杀死仇敌而产生的偿命钱，或是为获得妻子而付出的聘礼，皆可用它们来支付；也可用它们来交换一艘更大的独木舟，或卖给美国游客，诸如此类。但是，它们也可踏上库拉交换的路途——**可达**。一旦一串项链被送上了库拉之路、离开其主人并为第一个接受者所拥有，那么它就成了一件 vaygu'a，也即一件只能用于库拉交换的物品。它依然属于其最初的拥有者。他可以要求当下的占有者归还项链，并将该项链撤出库拉。这实际上并未发生，但是这种理论上的可能性却明确地显示了拥有者和最初的赠与者与被赠之物的关系。在赠与之际，赠与者出让的并非所有权，而是其**用该物换取其他礼物**的权利。因此，该物流经的每一个人都不会将其用作奇咚（kitoum）和作为抵命钱或聘礼等诸如此类的目的。可是被赠之物从未返回到它最初的主人手中，因为返回到他那里的不是一串项链，而总是一个相同级别的臂章。它的拥有者出让了这个臂章，并试图通过它来换取一串项链。同项链一样成为了 vaygu'a 的臂章，它逆着项链流动的方向经过每一个中间人，直至回到项链主人手中。他将其作为奇咚而据为己有，臂章因此而退出特定的交换路径（keda）。

　　因此，事实上，有一条法律的规则可以解释为何宝物在礼物循环中既可以被转让，又依然是其最初拥有者的不可剥夺的财产。但是，为什么这条规则只适用于宝物，而不适用于与宝物具有相同性质的诸如稀有贝壳或古老的铜之类的圣物？然而，像圣物一样，宝物被赋予了一种想象的价值，这个价值区别于寻找或加工它们的劳动力价值或它们的相对稀缺性价值。这种想象的价值反映了一个事实：它们可用于换取一条生命，它们与人类等价。显然，是我们跨越莫斯未曾跨越的边界的时候了。

　　但在举步之前，我将提出莫斯未曾提出的如下假设，以结束我关于夸富宴和其他形式的竞争性礼物交换的分析：只要社会学的和意识形态的两个条件出现并结合，那么竞争性交换的这些形式就会历史地出现。① 首先，婚姻必需不主要基于直接的妇女交换，这必然导致普遍使用聘礼（以财富换女人）；其次，作为一个社会之特征的某些权力地位和声望以及该社会政治宗教领域里的某些部分必须可以借助财富的再分配而获取，该社会的诸多群体和个体积累财富并以仪式性礼物交换的形式在财富再分配的竞争中获取这些地位。若一个社会兼有这两种类型的社会关系，那么促使夸富宴实践得以产生的条件已然足备。此外，夸富宴社会的数量并不像莫斯以为的那样庞大。他将夸富宴社会视为一种广泛存在的转型期经济体系，它们处在市场社会和实行非竞争性礼物交换的初级社会之间。可以肯定，我们现在了解的实行仪式性礼物交换的社会要比莫斯知道的多得多，尽管在新几内亚、亚洲和其他地方都有新发现，但是该类型社会依然为数不多，其数量远不能与实行非竞争性赠礼与回礼的社会相提并论。

　　这样，我们逼近了诸如圣物之类的东西，它们绝不能被出售或赠与，而必须被保留。圣物经常以礼物的面貌出现，但是那些理应呈献给众神或精灵的礼物又赠给了人们的祖先，那么他们在世的子孙们必须安全地保存这些圣物，绝不能出售或赠人。其结果是，这些圣物被视为群体和个体的同一性的基本组成部分而获得珍藏。这些群体和个体可以为了自身的利益或为了全社会其他成员的利益而使用它们，同样，他们也能用它们制造伤害。因而，圣物是处于社会之中的力量的源泉，也是超越于社会之力量的源泉。与宝物不同，圣物是一种不可转让的且未被转让的存在物。

　　我在新几内亚的田野工作为我提供了大量观察使用圣物的机

---

　　①　Godelier, "Quelle est la place des sociétés à Potlatch dans l'histoire?", *L'Enigme du don*, pp. 212 –21（*The Enigma of the Gift*, pp. 153 –61）.

会。在巴祜亚，为数不少的氏族都拥有槐玛特涅（kwaimat-
nie）。① 它是一束东西，由于被多条太阳颜色的红树皮包裹着，
无法看见里面的物品。巴祜亚人自称是"太阳的子孙"。槐玛特
涅（kwaimatnie）一词源于 kwala，"人"的意思，和 nimatnie，
即"促发生长"。槐玛特涅被保存在男孩启蒙仪式导师房子里的
隐秘地方。这些男人代表其氏族负责不同阶段的启蒙仪式，该仪
式往往持续 10 多年，至男孩结婚时方才结束。9 岁左右的时候，
男孩们被剥离出他们的母亲和女人的世界，并被隔离在村子高处
的男人之家（Men's House）。在那里，他们会认识多种圣物：笛
子、牛吼器和槐玛特涅。此后，他们了解到，笛子最初为女人所
拥有，而男人的祖先窃取了它们。这些笛子曾经容纳并依然容纳
着女人的生育能力，男人是否参与并不重要。② 槐玛特涅之中包
含了什么呢？有一天，我荣幸地看到了。一位启蒙仪式导师把槐
玛特涅打开展示给我看。在揭开树皮条之后，我看到了一块黑色
的石头和一片尖锐的鹰（太阳鸟）骨。这个男人什么也没说。
但是，凭借自己了解，我知道巴祜亚人认为这块石头包含了金星
的能量（powers of Venus）。在他们看来，金星是一位巴祜亚女
子变成的，她曾被他们"黄金时代"（Dreamtime）的祖先们献
祭给大蟒蛇和雷雨神，以平息它们的愤怒。至于牛吼器，据说是
森林精灵**伊马卡**（Yimaka）从前送给巴祜亚人祖先的。他们认
为牛吼器中包含着死亡的力量，即杀死猎物或武士仇敌的力量。

这样，圣物是特定氏族的独占物，只有氏族中的少数男人可
以触摸和使用它们。这些圣物将**两种**类型的力量合为一体。其一
是**女性**力量、生的力量，这种力量已为男人所征用；其二是**男性**
力量、直接从森林精灵那里接受的死的力量。但在巴祜亚人看

---

① Godelier, *La Production des Grands Hommes*, pp. 155 – 56;（*The Making of Great Men*, pp. 95 – 96）.

② Ibid, pp. 117 – 18（p. 70）.

来，女人依然拥有被男人夺去了的力量，纵然她们不再能够使用这些力量。这就是为什么男人必须诉诸暴力以便将男孩与女人的世界分开，并将男人从女人那里窃取的力量的秘密传授给他们。通过讲述最初的女性如何不运用她们的力量来造福社会，巴祜亚男人为他们窃取女性力量的行为进行辩护。比如，她们杀死了过多的猎物，并造成了多种混乱。男人们不得不出面干预，并剥夺女人的力量以便社会和宇宙重归秩序。

本质上讲，一件圣物是一件实物，它表征着不可描绘的东西。它将物的起源归于男人，并证实取代了原初时代的宇宙与社会秩序的合法性。一件圣物未必是漂亮的。"真十字架"（True Cross）的残片并不美丽，它超越了美丽。它是庄严崇高的。① 一件圣物将人带到了掌握着世界无形秩序的力量面前。对那些掌握并展示圣物的人而言，圣物不是符号。它们作为真实在场的力（forces）而被体验和思考，它们是力量（powers）的源泉。

注意到这一点很重要，在今人神话中的祖先被赠与特定物品的故事中，这些先人似乎既强于又弱于他们的子孙。由于他们有能力随时**直接**与众神沟通，并接受众神的馈赠，因此，他们强于后人；由于那些最初的人们对今人得自众神的知识——打猎、垦殖、婚姻、教育孩子——一无所知，所以他们弱于后人。因此，圣物是想象性要素和象征性要素的"物质性"结合，这些要素本存在于构成真实社会的诸多关系之中。想象性要素和象征性要素所含有的利益总会带来真实的社会影响。譬如，在以神话之名举行了仪式之后，巴祜亚女人们的土地所有权、武器的使用权和接触众神的权利不是象征性地或想象性地而是真实地被夺去了，不仅如此，她们还被剥夺了使用自己身体和欲望的权利。

① 关于美丽与庄严崇高的区别，参见 Burke, *on Taste*；Hegel, *Aesthetics*；Longin, *Du sublime*。

基于此点，有人可能会假设，从社会学和编年学的意义上，肯定是对圣物、仪式以及对获取控制宇宙与社会之力量的其他想象性方法的垄断在先，而对社会存在与财富生产之物质条件的多种形式的垄断在后。那些财富就是土地及其资源、个体和他们的劳力。在此，有人可能会引用澳洲原住民的仪式——图林加（tjuringas）——为例，该仪式以增加生物物种与强化被启蒙的男子对圣物的垄断为目的。

我并不是说，宗教是自新石器时代以来在全球许多地方出现的种姓或阶级关系的来源。但是，在我看来，在某些地方，一些特定的社会群体及其代表们开始崛起并凌驾于其他群体之上，进而凭借一个不同的源起在这个新社会里寻求合法地位，此时，宗教已经提供了表达并合法化新的权力形式的既成模式。印加人不就声称自己是太阳之子吗？而法老不也自视为与凡人共居的神吗？

为了更好地辨识圣物的本质，我们需要更进一步以便认识到，圣物是对费解的社会生产与再生产之必要性的终极证明。创造了圣物的男人们既在又不在圣物之中。他们在场，但却以掩饰了如下事实的形式在场：男人自身就起源于他们崇拜的并统治着他们的力量。男人与圣物的关系同男人与金钱的关系毫无二致。当金钱作为资本并发挥钱生钱的功能时，它似乎无需助手便可自我繁殖、脱离于生产了它的人们而独立地自我增殖。

然而，即使在高度发达的"一切皆可出售"的资本主义社会，这也并不真确。让我们来考察一个西方民主国家的宪法。的确，在民主社会里，贿选的事可能发生并经常发生，但却不可能闯进一家超市去购买一部宪法。民主制度意味着，无论贫富、无论社会性别与地位，每个人皆可平等地共享政治主权。毫无疑问，民主的宪法不是一套上帝赠与的戒律。它是一套人们自持的规范，他们依此自律并组织他们的生活。民主的宪法是公共福祉，它并非市场关系的产物，而是政治关系和协商的结果。因是之故，民主国家里任何个人的政治权力都是不可剥夺的私有物。

让我们再向前跨出一步。市场的膨胀有其边界，其中有些是绝对的边界。譬如，人们无法想象，未出生的孩子如何与其父母签一个出生与否的契约？这个想法纯属无稽，但此一荒谬性表明人类的第一份协议——出生——并非当事双方"协商"的结果。自此开始，生命被确定为一件礼物和一份债务，处处皆然。

作为结论，我将提出一种关于人类社会的生产与存在条件的普遍假说。就像我曾强调的，与其他灵长类和社会动物一样，人类不仅生活于社会之中，还生产社会以期自存。在我看来，为了生产社会，人们必须将三种活动与三种原则加以结合。必然有一些东西被赠与，有一些东西被出售或交换，而另一些东西必须被保存。在欧美社会，买卖成为了主要活动。出售意味着把人与物彻底分离。馈赠（giving）意味着赠礼者的某些东西保留在了被赠之物中。保存（keeping）意味着人与物不相分离，因为在这个结合中留存着必须传承的历史身份，至少直到这种历史身份不再被再生产的时候。正是由于存在着三种不同的活动——出售（selling）、馈赠（giving）和为了传承而保存（keeping‐to‐transmit），在这些情况下，物品分别呈现出不同的面貌：可让与的和被转让的（商品），不可让与的和被转让的（礼物），以及不可让与的和未被转让的（圣物、民主制宪法），等等。

今天，全球经济席卷了巴祜亚之类的社会以及法国之类的社会。它不再是局部的全球性，不再仅仅是欧洲人到来之前的新几内亚两三个山谷之内的事。现在，它是全球的全球性。现在，地方经济已为单一的体系、市场经济的最高形式——资本主义制度所囊括。但是，这并不意味着所有的地方文化和社会组织形式都将必然演化为欧美生活方式和思考方式的苍白翻版。并非所有的东西皆可出售，自古皆然。身份认同将会自我变身并继续存在。在我看来，与其宣称已穷尽了地方社会的复杂性，不如探索地方与全球之间的新链接。开拓经济人类学新重心的时刻已经来到了。

第二章　家庭或亲属关系不是社会的基础*

本章标题或许令人吃惊，甚至震惊。因为它明确挑战了人类学的一个主要公理，也即，在社会分化出种姓、等级或阶级的新石器时代末期之前，在集权国家出现之前，由亲属关系联结诸多个体而成的群体构成了人类社会。即使在今天，这个关于过去的幻觉依然深入人心。因为，我们依然能够发现，几乎在每一个洲都有一些为国家所统治的社会，其内部组织并不基于种姓、等级或阶级。亚马逊的来诺玛米人（Yanomami）就是如此。[①]

新几内亚的巴祜亚人也是个实例。1967—1988 年，我曾和他们一起生活和工作过。巴祜亚人是在 1951 年被一位年轻的澳大利亚巡查员吉姆·辛克莱（Jim Sinclair）"发现"的。当时，在他巡查区内的一些群体里，有一群人因生产盐棒并以其为货币而享有盛名。为了寻找他们，他组织了一次考察。[②] 他已经大致确定了他们的位置，并称其为"巴提亚"（Batia）。其实，巴提亚就是巴祜亚。他们与其邻人说着相同的语言，该语言是在新几

---

　　* 本章是佩吉·巴伯讲座的第一讲，我在我的著作 *Métamarphoses de la parenté* 第九章的基础上扩充形成了本章。

　　① 关于 Yanomami 的材料，参看 Lizot, *Le Cercle des feux*, 以及 Chagnon, *Yanomamö, the Fierce People*。

　　② Sinclair, *Behind the Ranges*.

内亚岛发现的 1500 种语言之一。现在，新几内亚岛包括巴布亚新几内亚国（前澳大利亚的东部）和伊里安查亚岛（Irian Jaya）（前荷兰的西部，现属印度尼西亚）。在这些地方，比如在波利尼西亚，都没有发现大的酋邦，遑论国家。1960 年，另一支军事考察团来到巴祜亚。这次，他们要建造一个巡查站和一条供小型飞机起降的跑道，以便与当地部落联系。由此，巴祜亚人失去了对其领土和文化的自主控制。随着对巡查站周围人群的考察，这片区域在 1965 年向欧洲人开放。旋即，在一片方圆 5 公里的区域里，语言学夏季学会（the Summer Institute of Linguistics）和路德教团（the Lutheran Mission）建立了它们各自的布道区。同年，该区域被认为"已获安抚"和"对外解禁"。1967 年，一位人类学家也来了，并由此结束了殖民地巡查员与澳洲、欧洲和美洲传教士三缺一的局面。1975 年 12 月，在还没来得及表达希望或领会理念的情况下，巴祜亚人变成了新独立的国家巴布亚新几内亚的公民。该国同时加入了联合国。①

在田野调研期间，我了解到，作为一个领土边界明确的群体（即使其边界不总是为邻人所尊重，但却为他们所知晓），巴祜亚在三四个世纪之前并不存在。我让他们解释自己社会得以产生的历史和社会条件，其回答将我引到了对更具一般性问题的思考。在世界的这个角落，什么是一个社会？如果他们与其相邻社会里的成员共享同一种语言、相同的文化，也即相同的思考方式和社会组织方式，那相邻的社会之间有什么不同？这些社会的社会结构是什么？用以标明此种社会结构的概念——部落是什么意思？对于此类社会的形成和持存，亲属关系和亲属群体起什么作用？

---

①　关于具体的历史背景，参看 Godelier, *La Production des Grands Hommes*（*The Making of Great Men*）。

　　我想，我要分析的一些事实将表明我不得不质疑如下观念：巴祜亚之类的社会建基于亲属关系。至少自摩尔根开始，这个理论在人类学里广为传布，并已穿过人类学而进入整个社会科学领域。此外，我要分析的那些事实也削弱了我曾深信不疑的另一个论题。第二次世界大战后，在马克思主义和其他关注相同问题但未采信马克思革命性结论的学者们的影响下，这个论题被提出：众多个体和群体组成了社会，他们之间的经济关系是任何社会得以建立的基础。这些经济关系是物质财富和生产资料的生产与分配关系，以及社会内部的交换关系和相邻群体之间的交换关系。①

　　今天，我相信，事实不再支持这些理论，而且，它们也不能有效地分析事实。首先，尽管在新几内亚或其他任何地方都存在亲属群体，但是在亲属群体之间产生的包括婚姻交换在内的许多交换关系不足以将这些群体组成社会。其次，尽管此类社会由诸多个体和群体构成，但是他们之间的交换等经济活动从未创生出囊括了**所有**这些个体和群体的物质性依赖关系和社会性依赖关系。在社会成员及其相邻群体的人看来是一个**整体**的社会，其不可能建立在经济活动之上。

　　欧洲人到来之前的巴祜亚，其历史和社会结构支持这些断言。② 巴祜亚人声称，他们的祖先本属于一个名为约格（Yoyue）的部落。他们曾生活在梅尼亚米亚（Menyamya）附近，需要几天时间才能从那里走到巴祜亚人现在居住的环绕马洛维卡山谷（Marawaka Valley）的群山，这里有一个澳大利亚当局于20世纪60年代建立的巡查站。（巴祜亚人说）在举行启蒙仪式之前的某天，一个约格部落的村落里大多数男女深入丛林展开一项大型的

---

　　① Godelier, *Rationalité et irrationalité en économie* and *Horizon, trajets marxistes en anthropologie.*

　　② 在与巴祜亚人重构其历史并细数自部落冲突至今有几代人之后，我得出结论，部落冲突很可能发生在18世纪。

狩猎活动。他们的敌人趁机踏平了村庄，杀死了留在村里的人，毁坏了男人之家（Men's House）。事实上，这次袭击是由约格部落的其他氏族煽动的。这些氏族与其宿敌相勾结，荡平了本部落内与其相忤的氏族。巴祜亚人清楚地记得，他们祖先曾生活在布拉维卡略巴拉芒杜克（Bravegareubaramandeuc）。每当举行启蒙仪式时，巴祜亚部落的启蒙仪式的导师和萨满都会花几天的时间走到祖先村庄的遗址。他们在那里采集神圣的植物，并秘密地送给接受启蒙的人吃。

巴祜亚人说，约格部落 7 个氏族的幸存者逃进丛林、穿越群山，在安杰部落（Andje）找到了栖身之所。那里有一座海拔3300米的死火山耶利亚山（Mount Yelia），安杰部落就生活在火山脚下的马洛维卡山谷（Marawaka Valley）里。该部落一个名叫那德利（Ndelie）的氏族送给了避难者一些土地，并将他们带进自己的村庄。避难者的孩子和安杰部落的孩子一起接受启蒙，并相互交换妇女。由于他们的语言极其相近，巴祜亚人很快就学会了主人的语言。两三代之后，在那德利氏族的怂恿下，约格部落的避难者屠杀了安杰部落，幸存者放弃领地，逃往耶利亚山的另一侧。由此，一个拥有领地的新群体得以形成。这个新群体由避难者的后裔和一些与其联姻的当地氏族组成。一个新部落由此诞生。直到 20 世纪初，它一直在扩张领土，攻占相邻的沃内纳瓦山谷（Wonenara Valley）并撵走那里的居民、吸纳更多的与其交换妇女的世系。这个拥有领土的新群体为自己选了一个"大名／广为人知的名字"（big name）——**巴祜亚**。这本是一个氏族的名字，该氏族今天还保有男孩和年轻武士的启蒙仪式所必需的最重要的圣物。

巴祜亚人与友邻或敌邻说着非常相近的语言。[①] 他们都十分

---

① 　Lloyd, "The Angan Language Family. "

清楚，他们同出一源。用他们的话来说，就是"装束跟我们相
同的那些人"（即相同的徽章）。① 这涉及了一系列明显的标记：
若一个男人头戴黑色鹤鸵羽，这说明他已被启蒙；若一个男人头
饰正中有一根鹰翎，这说明他是萨满。诸如此类。我使用**民族**
（ethnie）一词来指称此类地方群体，他们自知同出一源、语言
相近、共享某些社会组织规则，以及拥有相同的社会宇宙秩序观
念和价值观念。但是，民族群体并不会为其成员提供女人和土
地，而是给予其成员一种特定的身份。这种身份超越了单纯的社
会成员身份，并使拥有此种身份的人成为文化和语言共同体的一
部分。这个共同体要比部落等地方群体更宽泛，因为属于一个部
落只是由于出生或收养。

另外，我用**文化**（culture）一词来指称一套表征、规范和依
附于行为方式与思考方式的价值观念，它们共同自动地组织着社
会生活的不同领域。因此，一种文化最先存在于大脑中，但是，
直到规范、规则、表征和价值观念等精神要素与它们给予其意义
的具体的社会物质实践相连时，文化才真正存在。然而，在巴祜
亚，共享相同的语言和文化并不意味着属于同一个社会。那么，
制造一个"社会"还需要什么？或者更具体地说，巴祜亚人与
其相邻的万特奇亚人（Wantekia）、布拉齐人（Boulakia）、尤瓦
柔纳切人（Yuwarrounatche）和其他群体共享相同的语言和文
化，在这种情况下，还需要什么才能使巴祜亚成为一个与邻人截
然不同的有组织的群体？历史表明，在宣称并独占了一片可供自
身再生产的领土之时，巴祜亚成为了区别于邻人的社会。虽然巴
祜亚人借助暴力获得了领土，并将其代代相传，但正是占有一片
领土以及相同的语言和社会组织规则将一些亲属群体改变成了另
一种东西——包含并超越了亲属群体的社会整体。具体来说，巴

①　Lemonnier, "Mipela wan bilas".

祜亚成为了一个以部落形式出现的拥有自己名字的地方社会。

　　但为什么要宣称并占有一片领土呢？[1]为了确保对一定数量自然资源的长期使用和社会性占有。这些自然资源大致保证了当地群体以及构成该群体的所有氏族和世系皆可持存。换句话说，宣称对部分自然环境的占有都是首先出于自身利益的考虑。可见，为了自身和周围群体，一些群体和个体决定在同一片领土上进行自我再生产，并为自己取了一个囊括本氏族和世系所有个体名字的统一名字。此时，一个占有领土的群体变成了一个**社会**。相对于邻邦，他们是巴祜亚；在巴祜亚内部，他们又分成安达瓦奇氏族（Andavakia）或巴奇氏族（Bakia）。但是，我们必须记住，还有一个名字也叫巴祜亚的氏族。这个氏族保有着启蒙男人所必需的最重要的圣物，它把自己的名字赠给了整个部落。

　　在一个拥有领土的新群体诞生之际，它必须既**整体地自我生产**，又**整体地**向自己**表述自身**和向他者**展示自身**。我们将看到，巴祜亚之类社会自我表述的水准属于我们西方人所谓的政治—宗教关系范畴。它是一套制度和社会关系，它不但不属于亲属关系范畴，而且还包含了亲属关系并迫使其服务于整体的社会再生产。这就是为什么众多个体及其亲属群体在实践中必须如此行动：他们不仅再生产自身，还要在自我再生产的过程中以社会的整体逻辑再生产为他们提供生存条件的社会。

　　现在的问题是，如果语言文化共同体或说民族（ethnie）不为其成员提供土地或配偶，而部落或部落里的亲属群体却为其成员提供土地或配偶，那么，什么是**部落**（tribe）？部落是地方社会，而**不是**共同体。部落由许多亲属群体组成。同样的社会组织规则、相同的语言和思维模式统一着它们，不断的联姻、共同防

---

　　① Godelier, *L'Idéel et le materiel*, chap. 2, pp. 99 – 167：“Territoire et propriété dans quelques sociétés pré – capitalistes”（*The Mental and the Material*, chap. 2, pp. 71 – 121：“Territory and Property in Some Pre – capitalist Societies”）．

护和开采同一片领土上的资源将它们结为一体。即使人们不总是
承认或尊重与邻邦的领土边界，但他们却深知边界的所在。恰恰
是对特定领土的占有既区分了社会，又威胁着社会。因此，不是
亲属关系产生"社会"，而是对自然环境及其中存在物进行主权
控制的共同实践产生了社会。居于自然环境之中的存在物不仅包
括动植物，还包括人类，以及被认为控制着人类生死的死者、精
灵和众神。历史表明，所有属于单一的语言文化共同体或单一民
族的社会，它们都产生在相互的战争杀伐和驱逐、消灭大部分邻
人并侵占其领土之后。

　　在巴祜亚，借助于与亲属关系不同的许多制度，比如男性和
女性的启蒙仪式、年龄组制度和萨满的启蒙仪式，人们锻炼着对
领土及领土内存在物的主权控制能力。萨满保护本群体的人免受
疾病的困扰和来自恶灵或敌对萨满的伤害。总之，根据我们的定
义，一个部落就是一个社会，而一个民族就是一个共同体。二者
都是社会性实在，但它们却处于不同的等级，它们对个体命运或
社会演化的作用也不同。社会通过一个统一的名字、一片领土和
政治—宗教制度及其整体运作来显示自身。正是巴祜亚的历史表
明，亲属关系产生亲属群体，而亲属群体不能独自产生社会。在
一群避难氏族侵占了主人的领地、修筑了他们称之为**提米亚**
（tsimia）的仪式房屋并开始启蒙他们自己的孩子时，他们成为
了一个社会。这就是为什么，若你想知道一个巴祜亚人或其相邻
群体的某人属于哪个部落，你要问"你属于哪个**提米亚**
（tsimiyaya）？"而若你想知道一个人属于哪个亲属群体，你有两
种问法，"你来自哪棵树（yisavaa）？"或者"你和谁一样（na-
vaalyara）？"

　　在深入之前，暂且让我们离开新几内亚，以考察其他一些事
实。这些事实似乎证实我们的理论命题：**共同体**（community）
和**社会**（society）有明确的区分。以色列国是个有说服力的现代

案例。几个世纪以前，流散在外的犹太人分别在欧洲、中近东和北非等社会以及其他一些国家组成了分离的多个共同体。后来，在欧洲民族与国家兴起之际，这些共同体变成了少数派，而不同的国家政权赋予了它们不同的地位。今天，犹太人已经返回了以色列国土，并且在一片自己的领土上建设着自己的社会和国家，而他们也在获取黎巴嫩、叙利亚和埃及等邻邦对其领土边界的认可。另一个引起国际关注的例子是普什图部落。它是一个广泛分布于阿富汗和巴基斯坦的民族。[①] 尽管有人批评甚至拒绝部落和民族这两个概念，说它们是西方殖民者的发明并且与事实毫无关系，[②]但是，在阿富汗和伊拉克燃起的战火却表明：这些概念并非虚构。没有人可以否认，法国和其他前殖民国家为了自己的目的而成功运用了民族差异、部落差异和宗教差异。需知，要运用的东西必是已存在的东西。

现在，让我们转向巴祜亚并关注这个事实：为了向自己与其邻人展现自身，一个社会必须有一个统一的名字。英格兰人称自己的国家为"英格兰"，也即盎格鲁人的土地。盎格鲁人和撒克逊人都是日耳曼人的入侵者，当时，那片岛屿上居住着凯尔特人部落。对巴祜亚社会来说，对统一名字的选择显示了巴祜亚氏族较之其他氏族的政治重要性和仪式重要性。其正当性由一个神话所证实，该神话基本上是巴祜亚部落的政治宪章。来自巴祜亚氏族的一位启蒙仪式导师把这个神话告诉了我，其梗概如下：

古时候，所有人都生活在海边的同一个地方。有一天，他们分裂了。我们的祖先、巴祜亚夸汗达里亚氏族（Kwarrandariar）的祖先名叫杰瓦玛贵（Djivaamakwé）。他

---

① Barth, *Ethnic Groups and Boundaries*.

② 例如，Amselle 与 M'Bokolo 合编的 *Au Coeur de l'ethnie*；而 Luc de Heusch 对该书做了严厉批评，见 "L'Ethnie, les vicissitudes d'un concept"。

跃向天空、沿着一条火红的路飞往布拉维卡略巴拉芒杜克
(Bravegareubaramandeuc)。这条路是黄金时代的灵人专门为
他和槐玛特涅 (Kwaimatnié) 修建的。在他飞走之前，太阳
把这条路送给了他。在他落地之后，灵人向他透露了太阳不
为人知的名字，并要求他把 Baragayé（巴祜亚人严禁捕杀的
一种红翅昆虫）这个名字送给他遇到的人。在布拉维卡略
巴拉芒杜克 (Bravegareubaramandeuc)，杰瓦玛贵遇到了一
些人，并为他们的氏族取了名字。之后，他向他们说明，他
们必须启蒙他们的男孩。他还给每个氏族分派了一些工作，
并让他们建造一个提米亚 (tsimia)、一个举行仪式所需的
大房子。然后，他郑重宣布："我是这个房子的中轴，你们
都比我低，我位居第一。现在，你们所有人都要随着我的
姓：巴祜亚。"在他抬高自己名字并降低别人名字时，其他
人都没有反对。他们只有少许的槐玛特涅 (Kwaimatnié)。
他们对他回应道："我们是你的武士，我们不能让你被敌人
杀害，你不要亲历杀伐。你只需稳坐后方，我们去。"之
后，杰瓦玛贵把伟大武士徽章和萨满徽章放在了他们的头
上。他分辨并标明了哪些人将会成为伟人。此后，战事频
仍，我们逃往马洛维卡山谷。①

这个神话起始于传说（太阳），结束于历史（"我们逃往马洛维
卡山谷"）。其社会功能非常清楚。它以（于我们而言）一种想
象的方式将如下事实合法化：一个氏族在使男孩变作武士的仪式
中的主导作用、男人对女人的普遍统治和约格部落避难氏族的后
裔对原住民的统治。尽管原住民被纳入了巴祜亚部落，但他们在

---

① Godelier, *La Production des Grands Hommes*, pp. 155 – 56 (*The Making of Great
Men*, pp. 95 – 96).

仪式中并不发挥作用。巴祜亚的这个故事与西方的宪法是等价的。但是，我们不要忘了，在基于人权的宪法出现于18世纪晚期的欧洲之前，权力及其制度源于一种神圣的宇宙秩序。法兰西国王曾宣称"君权神授"。

可见，一个社会是一个整体。它必须整体地自我再生产并被视为一个整体，以便将自己呈现为一个整体。为了向个体展示他们的社会，巴祜亚人制造了一个兼具物质性和象征性的实在。象征性的实在就是**提米亚**（*tsimia*）。那是一座大厦，巴祜亚人每三四年修建一次，以便启蒙新一代的年轻男孩并促使已受启蒙的人进入下一个阶段（事实上，巴祜亚启蒙仪式有四个阶段。当青少年达到第三阶段时，他们有权参加战争；在第四个阶段结束之后，他们离开男人之家去娶一个妻子）。

建造**提米亚**（*tsimia*）调动了所有的社会维度以及巴祜亚社会的所有象征。让我们考察一些基本的事实。在修建**提米亚**（*tsimia*）之时，每个初受启蒙的男孩的父亲都带来一根象征着他儿子的长杆子。领头萨满让男人们围着地上的一个圆圈站齐，这便标出了举行启蒙仪式的房屋的轮廓。不是以世系而是以村庄为单位，男人们并肩站在启蒙仪式导师——一个来自巴祜亚夸汗达里亚氏族的男人——指定的标记处，他们在同一时间将手中的木杆栽入地下，喊着口号。他们认为，每个杆子都是一根"骨头"，是仪式房屋庞大骨架的一部分。他们称这个房屋为"巴祜亚的身体"。支撑屋顶的那根中轴柱象征着祖先，他曾收到来自太阳的第一个**槐玛特涅**。数以百计的妇女把扎成捆的茅草送来，以便覆盖在这个大建筑上。茅草被认为是巴祜亚身体的"皮肤"。对巴祜亚人来说，这种建造大厦的集体行动将本部落所有的成年男女都联合了起来。在建造大厦时，世系与氏族之间的区别消失不见了，一个单一的"身体"生成了。这种集体行动再造了巴祜亚社会。通过举行启蒙仪式，他们反复地重建和再合法化构成该社会的两种等级制度：男人对女人的普遍统治和拥有圣物的氏族相对于没有圣物的氏族占有的优势地位。

很明显，实际情况极其复杂。因为它建立在诸多社会关系之上，而其中的几个关系很可能导致冲突。例如，有一些氏族没有**槐玛特涅**，因而在这些氏族成员中也就没有启蒙仪式导师。这些氏族里年迈的人向我坦言，他们的部落吃过一次败仗。在他们的祖先赞成加入巴祜亚之际，他们把自己的**槐玛特涅**埋在了一个隐秘的地方。这些老年人接着说，如果有一天他们的氏族因与巴祜亚的其他氏族发生冲突而不得不离开巴祜亚时，他们就会挖出自己的**槐玛特涅**，并在另一个社会里再次使用它们。这个说法表明，避难氏族与一些当地群体之间的关系引起了内部紧张局势。避难氏族曾侵占了当地的一片领土；而如果这些当地群体加入巴祜亚，他们的生命、土地和狩猎领地都将有所保障，加上这些群体与避难氏族之间的联姻使他们成为盟友，他们便加入了巴祜亚。与之不同，当我向启蒙仪式的导师们询问为什么一些氏族没有**槐玛特涅**，我听到了另一种说辞。他们说，在加入巴祜亚之前，那些人像食火鸡一样生活在丛林里（或者，更确切地说，他们像"食火鸡的粪便"）。① 从这两种解释中，人们能够看出征服者一贯的轻蔑和原住民的隐秘动机。所有这些都潜伏在巴祜亚的联合阵线里，隐藏在巴祜亚人齐聚一堂启蒙他们年轻一代之时。那时，巴祜亚人与其敌人将会休战并暂时搁置世仇。在此期间，巴祜亚人邀请敌人前来称赞巴祜亚最新一代的武士。而在不久的将来，敌人的子孙和巴祜亚最新一代的武士很可能兵戎相见。

因此，亲属关系对一个社会里所有成员都做出了区分，同时，亲属关系也将这些成员结合成整体。巴祜亚人的解释非常清楚，他们说，通过把女人赠给潜在的敌对邻居群体，他们希望其

---

① Godelier, *La Production des Grands Hommes*, pp. 144 – 46（pp. 87 – 89）.

姻亲兄弟们能够在战争中背弃他们自己的部落，并与自己站在一起。在巴祜亚人占领了他们征伐的领土之后，这种背叛保证了背叛者的生命和土地幸免于难。

另一个超越了亲属关系的制度是萨满教。这次，又仅仅是一个氏族——安达瓦奇氏族（Andavakia）持有启蒙萨满所必需的**槐玛特涅**（*kwaimatnie*）。这些萨满，无论男女，他们可以诞生于任何一个氏族，并且拥有特殊的灵力。所有的巴祜亚人都指望萨满为他们提供持续不断的保护，以免遭受敌对部落的萨满或邪恶力量派来的恶灵的伤害。巴祜亚人相信，在每个夜晚，男萨满们的灵（spirits）就会变成许多鹰或其他鸟类，盘旋在周山之巅，保持警戒；女萨满们的灵（spirits）则变成许多青蛙，它们守在环绕或穿过巴祜亚领土的河流的堤岸，占据要道。这两个精灵群体的使命就是看护普通巴祜亚人的灵，以免它们游走到领土边界之外。因为在沉睡中，巴祜亚人的灵会离开身体，四处漫游，而领土之外则充满危险，它们可能会遭受敌方萨满所驱使的恶灵的攻击甚至吞噬。可见，萨满教及其代表者服务于每一个巴祜亚人，不分氏族。

让我们转向最重要的一个事实，巴祜亚人最深的秘密。年轻的处于第一、第二阶段的被启蒙者，他们已被剥离出母亲和女性世界；处在第三、第四阶段的被启蒙者，他们从未与女人发生过性关系。在启蒙仪式过程中，前者要喝下后者的精液。被启蒙者最亲的父方和母方的年轻男性亲属将被排除在外，因为这会构成同性血亲性禁忌。巴祜亚人认为，未受到任何女性污染的男性物质是力量和生命的主要来源。这是因为，巴祜亚人的生育观念表明：新生儿主要是由男人的精液造就的。可见，精液——创造生命的最关键的能量——就这样在男人之家（Men's House）里代代相传。同时，借助认可并超越了亲属关系边界的实践，男性身份及其权力的建构得以完成。

现在，让我们以巴祜亚的亲属制度来检验我的第二个论题。该论题关注的是，经济关系在此类社会形成过程中发挥了什么作用。巴祜亚社会以父系继嗣为特征，婚姻基于直接的妇女交换。交换发生在两个世系之间，并且遵循着两个互补的规则：一个男人绝不能重复他父亲的婚姻（他绝不可从其母亲所属的氏族里获取妻子）和两兄弟绝不能从同一个世系里娶妻。这些禁令导致的结果是，每一个世系总是同时与其他几个世系联姻，而在三四代之后，以前的联姻将被重复。不过，尽管他们的联姻具有多重性和多样性，但是，没有一个世系同时与其他所有世系保持实质性联系。由父系继嗣规则所产生的众多世系和氏族，他们都拥有一定数量的种植园并共享狩猎领地。世系里的男性群体耕耘着这些土地，并为他们的世系提供大部分的物质必需品。在欧洲人到来之前，巴祜亚人也生产盐棒，并以其为货币来换取树皮披肩、弓箭、石锛和天堂鸟的羽毛。总之，他们以盐棒换取生产工具、毁灭工具（武器）和社会再生产的工具（用作启蒙仪式之类目的的羽毛饰品）。然而，在巴祜亚部落内部，盐从未被作为货币使用过。它以礼物的形式在世系成员之间以及联盟之间完成再分配。相比之下，在与邻近部落交换时，盐变成了商品，甚至超越商品而成为货币。①

因此，每个世系生产的盐都有盈余，以便从邻近部落获取自身不生产的东西。每当三四年一次的、持续一周的启蒙仪式到来之际，所有的氏族都要忙着生产充足的食物、甜条、新衣和饰品，以便举行仪式并款待前来参加仪式的数以百计的客人。这些必须剩余的东西可分为两类：一些是家庭和世系再生产所需要的东西，另一些是部落再生产所需要的东西。部落因其统一的制度

---

① Godelier, "*La Monnaie de sel chez les Baruya de Nouvelle - Guinée*" ("*Salt Currency and the Circulation of Commodities among the Baruya of New Guinea*").

而存在。相同的现象存在于许多社会。在因纽特人中，冬季，家族分裂为一些小群体，以便寻找稀有资源；夏季，小群体又聚集在一起，以便联姻和举行献祭动物之类的仪式。因为是它确保了动物在来年依旧返回（因而提供了新的礼物——猎物）。在扎伊尔共和国的姆布提（Mbuti）人举行女性启蒙仪式期间，小群体更加卖力地狩猎和采集森林里的产品，以便连续几周地庆祝。那是大吃大喝、唱歌跳舞的时光，并伴以对森林女神的感谢。①

　　对于巴祜亚人来说，归属于一个亲属群体是拥有土地、获得帮助、享有自己的部分劳动成果并分享他人劳动成果的先决社会条件。用时髦的话说，亲属关系与经济关系具有相同的功能，它调节着巴祜亚社会生活必需品的生产和分配。然而，最要命的是，尽管巴祜亚的个体之间以及世系之间都有交换，但是生产和交换等经济活动**从未**建构起一个物质依赖关系和社会依赖关系的网络，进而将巴祜亚的**所有**氏族同时连接在一起。交换女人使得亲属群体得以再生产，但它却从未将一个氏族与其他**所有**氏族联结起来；同样，他们之间的经济交换也从未将所有人同时联系起来。而在启蒙仪式期间则不同，通过世系的劳动及其产品，每个世系都在仪式框架下致力于所有氏族的再生产。

　　尽管如此，依然可能有人争辩说，在某些地方，亲属关系真的是社会依赖的纽带，它将组成一个社会的所有个体同时绑定在一起。有人可能貌似合理地断言，澳大利亚原住民就是个实例。该社会分为 4 个分支（sections）或 8 个亚分支（subsections），它们支配着婚姻交换。在这个体制里，A 分支的男人必须从 B 分支娶妻；他们所生的孩子属于 C 分支，而他/她的配偶必须来自D 分支。他们的孩子又属于 A 分支。也即，一个人属于其父亲的父亲的分支。但是，该断言存在一些问题。因为，现在我们知

　　① Turnbull, *The Forest People*.

道，分支制度（section system）是一个相对晚近的社会发明。它似乎在 1000 年前出现于澳大利亚西北部，并在 20 世纪初逐渐传播到西澳大利亚沙漠的中部地区。在欧洲人到来前的两个多世纪里，分支集团明显没有支配着亲属关系，而是掌控着增加动植物种类和启蒙男女所必需的仪式。总之，现在我们相信，分支制度是一种确保社会和宇宙再生产的政治—宗教建制，它将男人置于首要地位。[①] 随着这种政治—宗教建制的传播，它在亲属关系之上叠加了社会中心的特征，进而更新了先前存在的达尔文式自我中心的亲属关系结构。[②] 这就是为什么，在任何一个分支里，尽管"己身"与其他许多个体都没有任何通过继嗣或婚姻而产生的真实的系谱关系，但是，他依然称呼这些人为"父亲们"、"母亲们"、"姻亲兄弟们"或"儿子们"和"女儿们"。由于社会被划分为几个分支，这造就了该社会成员之间的普遍依赖关系。而这种依赖关系并非主要为亲属关系服务，而是服务于该社会的整体再生产以及该社会与整体宇宙的关系。因此，该社会对我的论题并不构成挑战。

巴祜亚亲属关系和经济关系并未创生出社会得以建立的基石——普遍的依赖关系。相反，对于原住民而言，他们对生产伟大武士和社会的男性领导者以及男女萨满的诸多活动极其关切，而恰恰是与建构和保持政治—宗教关系相关的社会生活领域创生了所有氏族间的普遍依赖关系。其中，男女萨满的作用在于保护巴祜亚人免受疾病和恶灵的侵害，并在战争中向敌人施咒以协助他们（对此，我不再赘述，因为我们已经看到了创生了普遍性依赖关系的一些领域。当然，对我们来说，这种普遍性依赖关系在某种程度上是纯粹想象的结果，但是，巴祜亚人却深信其真）。

---

① Meggitt, *Understanding Australian Aboriginal Society*.

② Laurent Dousset, "Diffusion of Sections in the Australian Western Desert" and *Assimilating Identities*.

　　我们将引证其他的历史案例，以阐明政治—宗教制度是如何囊括并取代亲属关系的。古罗马的亲属群体是氏族（gentes，其词根与 birth 有关），位于其顶端的是家长（pater familias）。家长掌控着他孩子的生死。在孩子出生之后，他若将孩子举过头顶，这便意味着他接受了这个孩子。否则，孩子将被抛弃。如果生的是男孩，这个动作就标志了一个新公民来到了罗马城邦。[①] 当然，这仅适用于自由人。奴隶虽是城邦的一部分，但却被排除在**罗马人民**（populus romanus）共同体之外。

　　本章的结论显而易见：在所有社会，包括古罗马在内的种姓、等级或阶级等层级社会，政治—宗教关系超越了亲属关系和亲属群体，并将其整合为一个更大的整体。而该整体的再生产又只能如此完成。但是，一旦考虑到经济关系在塑造社会所起的作用时，事情就不再如此简单。这是因为，所有社会皆可归为两个大致明确的范畴：其一，不存在社会劳动分工。任何社会群体都不专门从事任何特定的工作，比如农业或手工业，而是以性别和辈分来分派工作；其二，存在真正的社会劳动分工。某些社会群体并不直接参与生产，而是完全致力于全社会的福祉（比如印度的婆罗门种姓专事献祭仪式、刹帝利武士种姓服务于国王）。后一个范畴引出的问题是，那些不参与其自身存在的物质条件之生产的群体必须依赖其他群体为他们生产。[②] 结果，有些群体必需生产双份的产品，一为他们自身，一为那些不事生产的群体。因此，这些群体不得不有规律地生产超出自我所需的产品，以便其他种姓或阶级可以物质性地持续存在。在此，我们略过巴枯亚社会，因为在此种条件下，支配着物品和服务之生产与分配的社

　　[①]　Yan Thomas, "A Rome, Pères citoyens et cite des pères", "Le 'Ventre', corps maternel, droit paternel", and "Remarques sur la juridiction domestique à Rome".

　　[②]　Mayer, *Caste and Kinship in Central India*; Wiser, *The Hindu Jajmani System*.

会关系将社会加固为一个**整体**。如果农民和工匠阶层有一两年不为其他阶层生产东西，社会统治集团的物质基础连同社会的整体框架都将崩塌。

可见，在巴祜亚之类的社会和以种姓或氏族为基础的社会里，经济的作用存在极大差异。在巴祜亚，一个氏族可以离开一个部落，并加入另一个。若这个部落给予其土地、狩猎领地和保护，那该氏族就能存活，而它的离开并不会威胁到该社会的整体存在。但是，如果农民阶层不再为其他阶层生产，那么社会的整体再生产将处于危机之中。当然，即使没有商业交换，劳动产品的社会再分配也可通过直接扣除或上贡之类的途径来实现。为此，统治阶层虽不必进入劳动过程，但必须掌握土地、劳动力和劳动产品再分配等生产条件。这样，我们已经见证了以往"整体/全球"（global）经济的出现和发展，那时，商业交换并未发挥主导作用。

带着以上要点，我要提出一个略显奇怪的假说。与整体性社会里的经济关系相比，巴祜亚之类社会里的经济关系在某种程度"更狭义"，因为这些经济关系没有将所有个体和所有群体都连接起来。商业交换是一次性发生的，并用以获取本世系不生产的东西，因而它只关涉本世系，而不是整个社会。而当市场经济逐渐囊括了对社会再生产有用的大部分产品和服务时，情况就不同了。在16世纪的欧洲，随着国际贸易的发展和西方的殖民扩张，经济开创了国内国际两个市场以维持自身的成长。[1] 事实上，资本主义生产模式有赖于消除国内贸易壁垒，比如存在于一国之内省际之间的贸易限制。资本主义生产模式的发展要求整个国家都向商品的流通和分配开放。现在，在国民经济大致与国家边界相

---

[1]　关于从封建主义到资本主义转变的更多研究，可参阅 Godelier, ed. , *Transitions et subordinations au capitalisme*; Anderson, *Passages from Antiquity to Feudalism*; Hilton, ed. , *The Transition from Feudalism to Capitalism*。

吻合并为每个社会提供物质基础的时候，又是欧洲正迅速地结束这个过程。这不再是个别现象。现在，所有或者说几乎所有产品都面向全球市场，企业的目标市场已经超越了国界。有人可能得出这样的结论，巴祜亚的经济太过有限，以至于不能支撑整个社会，而今天的跨国经济又太宽泛了，以至于不能成为单个社会的基石。显而易见，今天，与巴祜亚社会相比，地球"西"半部社会里的亲属关系已不再对社会再生产有什么作用；而对处于资本主义世界体系边缘的巴祜亚社会来说，亲属关系曾经而且依然对社会再生产发挥着重要作用。

让我转到最后的也是最根本的一个理论点。一个亲属制度的历史演化总是产生另一个亲属制度。亲属关系是亲属关系之父，它绝不产生任何其他东西，比如它绝不产生总体的政治关系和宗教关系。种姓、等级和阶级等社会组织新形式的出现，以及国家或帝国等政权新形式的崛起，它们都是政治关系和宗教关系演化的产物，而不是亲属关系和亲属制度演化的结果。这并不是说，亲属制度不随着时间改变，而是说，在探寻改变了社会整体构造的社会动力和社会冲突时，我们不应该仰赖亲属关系。

但是，我要重申，人类不仅像其他社会性动物一样生活在社会之中，而且，为了生活，人类还生产着社会。生产新形式的社会并不仅仅意味着适应市场，原因很简单，"并非所有东西皆可出售"。①

---

① Kuttner, *Everything for Sale.*

第三章　男人和女人并非孩子产生的充分条件[*]

　　每一段时间进程中，区分人类社会的不同文化是对所有人面临的、最基本的存在问题作出的回答。对这一根本性问题的关注可归为 5 条主线，它们涉及并涵盖了很多问题点：

　　1. 人类以何种身份对待那些无形存在（invisible）、祖先（ancestor）、灵（spirits）和神（god）？

　　2. 什么是权力和各种社会作用力的表现形式？其代表者是谁？

　　3. 出生、生存与死亡意味着什么？

　　4. 每一个社会中，财富（wealth）和最终表现为货币（currency）的交换以何种方式存在？

　　5. 每个社会如何看待自身所处的自然环境以及人类对环境的作用？

　　每一条主线是一系列人类事件和关系的表述，它提出了每一个社会都必须回答的问题，并允许我们将不同社会、不同时期的人所给出的答案进行比较。而这种比较就是人类学的研究对象。

　　尽管这些主线之一关乎生和死，但在人类个体出生之前，他

---

　　* 佩吉·巴伯系列演讲之二（Page – Barbour Lecture 2）。这一主题在郭德烈的 *Métamorphoses de la parenté* 中获得了进一步延伸。

或她必须被孕育。本章，我们将探究人类社会中关于孩子孕育过程的各类表述。我已经比较了 26 个社会的民族志材料——13 个来自大洋洲（相对于我的田野调查，这些材料并不让人惊讶），2 个来自亚洲，4 个来自北美土著社会（Native North America），3 个来自非洲，2 个来自欧洲。令人惊讶的是，无论孕育的孩子将成为一个普通人、非凡的人、头人或者人中之神，没有一个社会认为一个男性和一个女性是孕育孩子的充分条件。不论其亲属制度或宗教政治结构，每一个社会都是由男性和女性制造胚胎。但是，这个胚胎要发育成一个完整的孩子，则需要借助于某些比人类力量更强大的行动者的干预——祖先、灵或神。以下，我将以举例的方式比较其中 7 个社会的相关概念理论。

我首选的社会是因纽特（Inuit）。20 世纪初，因纽特人仍旧以狩猎和采集为生。他们的亲属制度与英国、法国及其他欧美社会同源，既不是绝对母系也不是绝对父系；人类学家将这一类型的亲属制度命名为"爱斯基摩"。

根据因纽特人的亲属制度，孩子是如何产生的呢？[1]他们认为，男性和女性发生性行为是孩子产生的必要条件。男性的精子形成孩子的骨骼，而女性的血液则变成孩子的肌肉和皮肤。胚胎在女性子宫中成形，孩子长得像父亲或者母亲取决于各自生命力的强弱对比。处于子宫生命阶段，孩子是没有灵魂的胚胎，而非人。孩子的身体发育依赖于母亲摄入父亲通过狩猎供给的肉食。孩子出世时，宇宙的主宰者西拉（Sila）赐予他一个气泡，并随之转化为他的呼吸。只有在这个时候，孩子才成为真正的人。这一口生命之气，将孩子和象征着天地万物的宇宙之气联系了起来，它蕴涵着一个魂魄（soul）；这个魂魄将伴随着身体的成长，

---

[1]　Saladin d'Anglure, Bernard, "'Petit - ventre', l'enfant géant du cosmos Inuit, Ethnographie de l'enfant dans l'Arctique central Inuit".

并在生命终结之时化成一个气泡，最终脱离躯体，前往死者的世界。这个魂魄被赋予了灵智，并具备宇宙之灵西拉的某些特征。于是，一个人类的婴儿就这样诞生了。

但是，这个新生儿还不是一个社会存在（social being）。在所有亲朋邻友出席的某种仪式过程中，当它收到来自父母的一个或几个命名后才能成为一个因纽特人。在这个社会，名字不是标签①，而是他们的魂魄，其中承载着他们先人的身份和生活经历。与分享躯体的生命并伴随其成长的内在魂魄（inner soul）不同，名字的魂魄（name－soul）完全地庇护着孩子，并赋予其所有曾经使用过这个名字的人的身份认同。

那么，什么是名字的魂魄？由谁选择？这些名字通常是母亲怀孕之前或怀孕期间去世的人的名字，他们或者是孩子父母的朋友，或者是双方的近亲；孩子父母希望通过这种再现的方式与他们相伴。②

这些关于孩子的形成及其内在身份之构成的想象性表述解释了因纽特人的行为：根据孩子出生时所受名字的原有者的生物性别，或将一个男孩当作女孩抚养，或将一个女孩当作男孩抚养。这种社会性别和生物性别分离的实践在青春期时结束。处于青春期的孩子被允许以自己本来的生物性别参与繁衍和社会的过程：儿子还原为男孩，而女儿也不再是男孩。

因纽特人的观念表述中隐含的基本理论是什么？

对于因纽特人而言，男人和女人之间的性行为是胚胎产生的必要条件，**但它不是孩子产生的充分条件**。孩子的生身父母

①　Saladin d'Anglure, Bernard, "Nom et parenté chez les Esquimaux Terramint du Nouveau－Québec（Canada）".

②　Saladin d'Anglure, Bernard, "L'Election parentale chez les Inuit".

(genitors) 在胚胎的形成过程中起了截然不同但互为补充的作用，两者以供给物质和塑形的方式为他们的孩子作出贡献。在这个意义上，它确实是"他们"的孩子，并属于"他们的"亲属。但是，这个男人和女人并**没有**赋予孩子生命。

超自然力量——西拉（Sila）将自己的气息（breath）导入孩子的身体，并将之与他刚刚进入并将成长于其中的世界的律动联系起来，进而赋予他魂魄，使之能够从自身的经验中学习；此时，孩子的生命才开始。

随着出生后接受一个或多个名字，孩子与他的一连串同名先人建立了联系，并通过自身的躯体赋予他的亲属及那些先他而逝的人以新的生命和未来。实际上，这些存在于孩子之前并将继续伴随孩子一生的名字魂魄是他或她身份的灵性要件。一个因纽特个体永远不可能是一个绝对的起点；他或她的生命在启程之时便承载了他的或她的个人经历，以及他或她之前所有共名的先人的人生经历。

第二个案例来自我曾经生活和工作多年的新几内亚的巴祜亚社会。巴祜亚社会由父系氏族构成，不存在中央集权，以果园种植和狩猎为生。婚姻通过两个氏族之间直接的女性交换来完成，其政治—宗教结构的主要特征体现为大型男性启蒙仪式；仪式过程中，男孩将逐步摆脱所有女性事物，并通过仪式化的同性性行为获得完完全全的男性化重生。对于巴祜亚人而言，孩子产生的过程开始于男人和女人发生性行为。男性的精液形成胚胎的骨骼、肌肉和血液，而女性的子宫仅仅是胚胎发育的容器。一旦女性出现怀孕的最初迹象，男女双方会增加性行为发生的频率，从而以男性的精液滋养胎儿。也就是说，父亲既是胚胎的制造者，又是其发育所需营养的供给者。然而，在母亲的子宫内，从没有鼻子、嘴巴、手指或脚趾的胚胎发育成婴儿，却不是一对男女能够完成的。太阳神——巴祜亚之父，将完成孩子身体的塑造，并用自己的气息赋予它生命。

出生之时，孩子已经能够呼吸，并拥有一具人类的躯体，但尚未拥有魂魄。当父亲以自己所属世系中某位男性或女性先人的名字给孩子命名时，灵魂（spirit–soul）便随之进入孩子的身体。但与一个刚被命名的因纽特人不同，巴祜亚人的孩子并不拥有名字所代表的先人的人生记忆。这一案例中，男性在孩子身体的形成过程中发挥着更为积极的作用；同时，男性通过给孩子命名，将之与自己的祖先联系起来；巴祜亚人相信，正是这一父系传承的规则构成了他们亲属关系的基础，并使男性之于女性的主宰合法化。这更为明显地体现在必须出生两次的男孩身上：第一次是从母亲的子宫中出生，第二次是在男性启蒙仪式中由男人的身体出生；9 岁或 10 岁时，他们与自己的母亲和女人的世界隔离，仪式性地喂食来自尚未与女人发生性行为的最长年龄组的年轻受礼者的精液。摄取这种未沾染任何女性污秽的物质将导致男孩们的身体彻底男性化。通过这种男性重生，巴祜亚男人赋予自己独立代表整个社会和不借助女性而统治社会的权力（这一点我们在第四章将进一步讨论）。①

――――――――――

　　① 值得注意的是，巴祜亚人关于男人、女人和太阳神在孩子形成过程中扮演的不同角色的表述，在所属同一语系并构成现在被统称为安加（Anga）族群的其他所有社会中都没有发现。例如，安卡威人（Ankave）（过去 20 年里，皮埃尔·勒穆瓦纳［Pierre Lemonnie］和帕斯卡·博纳梅尔［Pascale Bonnemère］研究的一个小社会，它位于安加领土南端的山区，俯瞰红树林沼泽和巴布亚湾，这片土地上生活的人们说着不同的语言、拥有各异的文化）认为，胚胎（fetus）是由男性的精液和女性的血液一次性制造出来的。随后，精液的重要性被削弱，而母亲血液的重要性则增强；同性性行为也不是启蒙仪式（initiation rite）的内容（同样，也不会将男孩和年轻男性从女性世界剥离出来或是将他们隔离很长一段时间）。对安卡威人（Ankave）而言，太阳神的作用似乎也消失了。这些差异促成了与亲属关系本质变化和比巴祜亚社会更为个人主义化的权力形式的存在相关的转型和社会实践。参见 Bonnemère，"Maternal Nuturing Substance and Paternal Spirit" 和 *Le Pandanus rouge*。

青年男子结婚后，便不再允许将自己的精液授予年轻的受礼者。一旦结婚，男性的阴茎进入女性的身体，便被污染了或正在被污染。因为女性的经血作为一种"抗精子"（anti‐sperm）物质会扰乱社会和宇宙的秩序，并削弱男性的力量。男性作为培育者的角色从他结婚开始（甚至在他有孩子之前），因为巴祜亚人认为，被已婚女性摄取的精液在她们哺乳自己的孩子时将转化为乳汁充满她们的乳房。妻子每一次生育之时，丈夫都会为她提供生命物质。由此可知，一个巴祜亚男性，结婚之前把自己的男性生命力分与年轻的启蒙仪式受礼者，而婚后则用这种男性生命力制造并滋养自己的孩子。

同样，生育小孩不仅仅需要一个男人和一个女人的力量，神和太阳的介入亦不可或缺，同时，祖先通过名字进入巴祜亚孩子的身体而得到重生。太阳，是巴祜亚人共有的超人类父亲，不论他们的性别及氏族如何，太阳都作为宇宙的力量和部落的神灵掌控着所有巴祜亚人的人形及生命气息的塑造。

第三个案例是特罗布里恩德岛民。这个社会因马林诺夫斯基①和安妮特·韦纳（Weiner, Annette）的研究而成为人类学界最出名的社会之一，此后，又有很多人类学者对其进行了研究，如弗雷德里克·戴蒙（Damon, Frederick）、南希·芒恩（Munn, Nancy）以及雪莉·坎贝尔（Campbell, Shirley）（专门研究在新几内亚群岛普遍存在的礼物交换网络——库拉圈②的人类学家）。

①　Malinowski, *The* Father in Primitive Psychology; *Sex and Repression in Savage Society*, chap. 10, pp. 253 – 80; and *The Sexual Live of the Savages*, pp. 15 – 44.

②　参见第一章第 56 页注释②。Weiner, "The Reproductive Model in Trobriand Society", "Trobriand Kinship from Another View", "The Trobrianders of Papua New Guinea"。Campbell, "Kula in Vakuta"。

特罗布里恩德岛，也因为基里维纳（Kiriwina）岛这个母系等级社会而闻名。在该岛上，孩子都属于母亲所在的氏族且被置于母亲兄弟即舅舅的权力控制之下。婚后实行从夫居，孩子都跟随父亲居住，但长子除外。长子待成年后将跟随舅舅居住，且有资格继承舅舅的财产。那么，在特罗布里恩德群岛，孩子是如何被孕育的呢？让马林诺夫斯基在世界上享有盛名的原因之一正是因为他宣布当地岛民相信男人的精液在怀孕过程中不起任何作用。

对特罗布里恩德岛民来说，怀孕并非男女性结合的产物。但可以肯定的是，性活动是需要的，它可以使女性"打开"以便具备做母亲的能力，但这并不可以完成创造生命的过程。根据当地人的信仰，当灵子（spirit－child）和女性经血在女性子宫内相遇并融合时，胎儿便形成了。灵子是那些想要投胎回到后代身上的死者之灵（Baloma）。死者都住在图马（Tuma）岛上，这是一个在基里维纳（Kiriwina）岛海岸线附近的小岛，由负责亡灵世界的图皮雷塔（Tupileta）神掌管。当一位死者希望得到重生，他或者她将转化成灵子（wai waya，孩子精灵），被大海带往基里维纳岛。但只有在某一活着的女性氏族成员的引导下，灵子才能顺利找到本氏族女性的身体。每一个孩子都是已故者转世，但孩子并没有转世在他们身上的祖先的记忆。

对特罗布里恩德岛民来说，女性想要怀孕就一定要被刺破。这就必须要通过做爱，于是，年轻人很早便开始了性生活，且婚前性生活十分活跃。但是做爱并不足以使女性怀孕，男人在她们体内存放精液并不能使女性成为母亲。关键要靠死者之灵（Baloma）的力量介入，它可以把氏族祖先的灵引入女性体内。这个灵与女性经血融合便形成了液体的、不成形的、尚未成为一个婴儿的胎儿，孩子的肉、骨头、皮肤来自于母亲体内的物质。女性独自制造孩子。一旦女性告诉她的丈夫自己怀孕了，丈夫将会提高性交频率，一来是作为一个填塞物来阻止女性的血液流出子宫，二来给未成形的凝固血块一个与父亲相似的外形，再来就是在女性怀孕期间比较有规律间隔的滋养胎儿。也就是说男性刺破并填塞女性，同时塑造并滋养胎儿。

正如前边的例子所述，这里同样需要超过一男一女的力量来完成孩子塑造。在特罗布里恩德群岛上，男人不是创造孩子，而是起着塑造、滋养胎儿以及以后为孩子命名的作用。外界力量拥有比人类更大的权力——神、死者之灵以及活着的氏族成员的灵——都必须介入并辅助孩子的生育。这种身体再现体系也就有了相应的母系体系，因为构成孩子的物质都是女性的且是由母亲的血——达拉（dala）形成的，达拉源自于第一位女性祖先，同一个氏族的所有人都拥有同样的血。事实上，氏族的特殊用语即为达拉的血液（dala "blood"）。

让我们记住特罗布里恩德群岛的信仰，来看另外两个身体表征体系完全相反的母系社会。纳人——是生活在云南边界山区的以农业和牧业为生的一个少数民族，在这个社会中男性的精液同样在生育过程中不起任何作用。与特罗布里恩德社会不同，纳人没有婚姻也没有代表丈夫和父亲的称谓。另外一个是芒葛人（Maenge），这是在新不列颠（New Britain）的一个母系社会，他们认为，精液也就是父亲独自形成胎儿。

纳人亲属组织是由可以追溯到共同的女性祖先的成员组成的。[1]"家庭"组织或者说家户（household）的成员是兄弟姐妹，他们共同生活并且共同抚养家庭内女性所生孩子。除了极少数情况以外（这里我们并不涉及），当地社会没有婚姻。到了晚上，兄弟们就会离开他们的姐妹去其他家户暗访他们短期或较为长期的情人。这就在女性之间存在一种广泛的男性循环，而在家户之

---

[1]　Hua, *Une Société sans père ni mari*.

间也普遍存在一种精液的交换。虽然在某些情况下，一对男女可
能会在相当长的时间住在一起，但这种性结合并不会走向婚姻。
孩子由母亲和舅舅共同抚养，在家中，即使隐晦地提到性关系都
是被绝对禁止的。

　　在纳人社会，孩子是如何被孕育的呢？虽然性交被认为是怀
孕过程必不可少的条件，但精液被认为是"阴茎的水"（这个词
同样也用来称呼尿液）并不在创造孩子过程中起作用。精液的
功能就像天上的雨水，正如纳人所说：天上不下雨，地上不长
草。那么，胎儿从哪里来呢？他们从一开始就在母亲的子宫里，
等待男性的精液去灌溉他们成长。也就是说，胎儿在性行为发生
之前已经存在了，当女性出生之前还是一枚胚胎的时候，仁慈的
女神——阿宝竹（Abaogdu）便将胎儿置于女性腹中，待女性怀
孕之后，阿宝竹会继续滋养子宫内的胎儿。

　　在纳人的案例中，男性既不制造胎儿同时也不滋养胎儿。他
只是液体催化剂，促进胎儿的成长和出生。孩子实际上是女性和
女神合作生产的。女性给孩子肉和骨头，所以在同一个母系氏
族，由同一个女性祖先传下的后代被称为"同骨的人"。有趣的
是，纳人社会对女性作用的表征与在相邻的藏族社会中发现的普
遍情况刚好相反。藏族社会是父系体系并且信仰男性的精液形成
孩子的骨头和骨架，女性的血液形成孩子的肉和皮肤。[①]

　　纳人的生殖表征系统也与组织当地社会的亲属系统规则有直
接关系，在这个实例中，母系继嗣与信仰超人的外界力量并存。
在这里，女神并不仅仅完成胎儿的塑造工程，她首先要创造胚胎
并将其置于女性子宫内，也是她让胚胎变得完整。

　　在纳人社会中，这种家庭之间性伙伴的交换并不会形成联姻

---

① 例如，关于尼泊尔的库姆博人（Khumbo），参见 Diemberger, "Blood,
Sperm, Soul and the Mountain"; Levine, "The Theory of rü Kinship, Descent and Status
in a Tibetan Society"。

关系（alliances）。纳人社会很好地理解并善于利用血亲关系，但并不太利用姻亲关系。如果关注权力关系，有一点很重要，那就是在每一个母系支系和家户中都有两个人——一个女主人和一个男主人。女主人负责组织田间劳动和家务、负责砍柴和分配食物以及祖先日常的贡品。男主人负责处理对外关系，包括土地、牲畜、邻里之间的互相帮助，以及在面对其他家户时代表本家户行事。但是，任何一个与支系或者家户有关的重大决定，如出让或者出租土地，在达成一致意见以前，每一个家庭成员不论男女都必须一起讨论。

纳人的案例与另外一个母系社会新不列颠的园艺家芒葛人（Maenge）① 形成了鲜明的对比。芒葛人被划分成两个异族通婚的半族，依次又相应地划分成外婚氏族（exogamous clans）和子氏族。无论半族（moieties）还是氏族（clan）的功能均非真正意义上的社会组织，既没有首领也没有头人。这些组织起着简单的分类作用，它们将社会分成可以结婚与不可结婚的两个群体。而在社会中真正起着政治、经济、仪式性功能的组织是世系，世系实行村寨聚居，成员均居住在同一个村寨。每一个村庄都有一个头人，这个头人属于村落创始人的母系支系，且被称呼为"村落的父亲"。除了母系继嗣以外，也有另外划分亲属的规则，被称为"以杆子界定的亲属"（relatives by the rod）。这个群体包括所有同父但不一定同母的孩子，同样也包括所有同胞兄弟的孩子。这些人分属于不同的母系氏族，但却因为普遍意义上的父系血统而被联系在一起。这些父系群体都是拥有名字且实行异族通婚的半族，在战争、贸易考察以及那些完全来自母系氏族群体的类似土地所有权和使用权等情况下，成员之间要互相帮助。然而，现在村寨中出现一个趋势，村寨头人将他的职责和权力传给

① Panoff, "Patrifiliation as Ideology and Practice in a Matrilineal Society".

自己的儿子，虽然他的儿子并不属于其氏族。

　　在芒葛人社会中，孩子是如何被孕育的呢？在这里男人的精液独立生成孩子的身体、骨头、肉以及血液，并赋予其行动及呼吸能力。与之相反，女性并不与孩子分享任何物质，但是却将胎儿置于自己的子宫中并赋予其内在灵魂。内在灵魂将随着父亲传输的血液向身体各部位扩散来给孩子力量及美貌。但是，每一个人都还有一个外在灵魂，是无形的，它将变成身体的复合体，在夜间将会抽离出来。到了死亡的时候，两个灵魂都会离身体而去，内在灵魂将脱离外在灵魂，去往海底的母系氏族祖先所在地。[1]

　　在芒葛人的案例里，我们看到了这样一个母系社会——母亲的血无关紧要，父亲的精液才占据支配地位。男性精液的支配性地位可以与父系社会中的重要地位联系起来，父系社会能够提供一种与母系社会互补的社会组织。但暂时不管这个逻辑，女人赋予孩子以灵魂，灵魂能够将它与逝去却不朽的祖先联系在一起，通过这种联系个人可以接近作为他们经济基础的土地。作为一个精液占统治地位的母系社会，芒葛人社会提示我们：不能试图在本土生殖理论与亲属制度规则之间寻找直接和机械的联系。

　　在通过这些对比得出假设性的结论之前，我需要强调：一个社会可能存在几种关于生殖的理论，它们源自于权力。在此有极为相关的两个例子，一个是居住在新几内亚高地（New Guinea Highland）临近塞皮克河（Sepik River）源头，以密集型农业和狩猎为生的特里福明人（Telefolmin），另一个是南太平洋的汤加（Tonga）王国。特里福明人同时拥有两种孕育模式：一种是男女共享的公开"官方"解释，另一种"秘密的"解释只有女性

---

[1]　Panoff, "The notion of Double self among the Maenge".

知晓并与男性模式存在部分矛盾。①特里福明人实行双系亲属制度，既没有氏族也没有世系；村寨在很高程度上实行族内通婚，并且以一个大的男人之家（Men's house）为中心组织起来，这个男人之家供奉着只有男性才可以瞻仰和祭拜的神圣遗物以及重要男性祖先的骨头。一系列只为男孩设计的启蒙仪式和由两个仪式半族——"芋头"人（taro people）和"箭"人（arrow people）共同承担的责任标志着人们对男人之家的崇拜。芋头仪式主要是关于能够赋予生命、种植庄稼、养猪以及抚育人口的力量；箭仪式则是关于死亡、杀戮进而能在狩猎和战争中获胜的力量。"芋头"人的代表颜色是白色，"箭"人的代表颜色是红色。

在对生育模式的"官方"解释中，男性的重要性并不是特别引人注意，他们认为，在做爱的过程中，当"阴茎之水"和阴道中的液体在女性的子宫中结合便形成了孩子。一对夫妻必须经常做爱以保证有足够的精液和阴道中的液体可以形成胎儿的躯体，而它只有被赋予灵魂后才能够成为婴儿并逐渐长大，并拥有区别于他人的独特外表。这项任务由舍纳克（sinik）来完成，但是特里福明人承认他们并不知晓舍纳克这种力量源自何处。然而，由于当地没有世系也没有氏族，其亲属制度是建立在同时考虑抚养孩子以及继承问题的基础之上，所以生殖观念的男性解释与当地双系亲属制度相符。

人类学家丹·约根森（Dan Jorgensen）试图从女人角度去理解为什么男性会认为经血是危险的，他发现当地同时存在对于生殖的第二种解释。女性认同胎儿是由女性阴道内的液体和男性的精液结合而形成，但是她们却强调男性没有提到的一点——即经血在塑造婴儿过程中的作用。根据女性的解释，虽然精液和阴道内的液体在塑造婴儿的肉和血的过程中起着同等的作用，但是孩

---

① Jorgensen, "Mirroring Nature?"

子的骨头却是由女性的血液形成的。什么才是造成这两种解释之间差异的关键因素呢？我们必须从男性和女性的权力关系中，从那些由男人承担而将女性排斥在外的宗教活动中寻找答案。

这些宗教实践的基本目标之一是通过特定仪式的表演来放缓宇宙向虚无的逐渐转变。这是新几内亚欧克山民（Mountain Ok）宇宙理论中的重要方面。为了放缓这种转变，村庄中的男性必须仪式性地使用著名男性祖先的骨头，它们被当做神圣遗物存放在"精灵居所"（spirit houses）里 。然而，根据女性对于生育的解释，这些神圣遗物来源于经血——让男人们最感到恐惧的物质，并在那些系统性地将女性排除在外的男性实践中处于核心位置。因此，这种女性的理论超越了作为男性解释核心的亲属关系和家庭生活的范畴，男性则为自己保留了在政治—宗教领域的主导地位。在这里，政治—宗教领域包括作为一个整体的亲属关系和社会服务。

约根森接下来分析认为：男性已经部分地了解女性理论，甚至是女性理论的一部分，然而他们却对这种女性理论装作一无所知。启蒙仪式的核心仪式行为是男性用黄色黏土涂满年轻受礼者全身。这种黏土的秘密名字是"经血"，但各位年轻受礼者所不知的是，恰巧在男性启蒙仪式开始时月经来潮的女性的血已经被秘密地混入黏土中。

我们最后一个例子来自大洋洲，这也是在一个存在两种生殖模式的社会。汤加王国覆盖 169 个岛屿，与夏威夷、塔西提岛一起是波利尼西亚最高级的等级社会。① 在欧洲人到达之前，图阿人（tu'a）和埃尅人（eiki）这两个部落之间有着明确的区分，

---

① Douaire - Marsaudon, "Le Meurtre cannibale ou la production d' un homme - dieu", "Je te mange, moi non plus" and "Le Bain mystérieux de la Tu'i Tonga Fefine".

图阿社会有大量没有地位和头衔的平民，然而埃赳是一个有等级和头衔的社会，并有一个以皇室家庭为中心而组成的贵族阶层——**图依汤加**（*Tu'I Tonga*）。只有图依汤加和埃赳人拥有玛那（Mana），它是一种存在于他们体内并能够证明他们神圣的诞生的力量。

那些拥有头衔的人对部分土地以及生活在那里的人们拥有主权；然而这种主权通常是被指派的，最终是从神的继承人图依汤加这个至高无上的首领得来的。汤加的亲属制度是双系的，并倾向于通过女人建立各种关系。

在这些通过背景介绍而展现出来的社会学特征中，汤加在欧洲人到达和基督教传入之前拥有的两种共存的生殖理论是什么呢？根据第一种可能比较古老的理论，男性的精液与女性的经血混合并凝结后形成孩子的骨骼。女性的血液形成孩子的肉和血，并使胚胎发育成胎儿。此时，这个胎儿被灵魂所控制，这个灵魂是同时来自于祖先和神灵的礼物，正如今天新生儿的头发依然被称为"神的头发"。在这种解释中，有"生命之水"之称的女性物质如血液和体液（可能是羊水）被认为有塑造生命的能力，这些物质是男人所不具有的。

但是同时存在的第二种解释认为孩子的一切物质包括肉、血液、骨头、皮肤等均来自女人。在这种解释中，男性的精液仅仅是将女性的经血保存在子宫内，随后使其凝固成为胚胎，在神灵和图依汤加的帮助下逐渐发育成胎儿。在这种模式中，男性并非孩子的生父（genitor），而只是女性的性伙伴，其角色是使女性做好被神灵或人类神——图依汤加受孕的准备。这位至高无上的首领已经脱离了物质属性而转变成能使所有女性受孕的气息（breath）或**精气**（*sperma pneumatikon*）。在两种方向相反但互补的思考过程的影响下，第二种解释明显是第一种解释的一种变形。在第一种模式中女性的地位比较重要，而在第二种模式中，女性的角色则被强化了，女性的血液形成胎儿所有的物质，而男性授精的角色则被图依汤加所取代。这种变化后的解释非常恰当地契合了一个有阶层和头衔的贵族社会，因为汤加的女性遗传的不仅是她们的血液，还有她们的阶层。一个高阶层男性和平民女性的孩子是平民，而一个平民男性和一个贵族女性的孩子则是贵族。①

因此我们可以推测，第二种模式被创造出来并不仅仅是为了赞扬女性的生殖能力，而是要正式地将普通男性排除在创造生命的过程之外，并使人崇拜至高无上的埃尅（eiki）和图依汤加（Tu'I Tonga）的所拥有的玛那（Mana）。正如神灵可以不事耕作便滋养所有土地一样，图依汤加也可以不授精而使所有女人怀孕，因此，图依汤加被称为所有汤加人的"父亲"，一个通过祖先将其与神建立联系的"父亲"。如此看来，我们可以合理地假设这种生殖观念和发生在几个世纪前汤加社会中深层的政治、思想观念转变有直接关系。

当时汤加社会正面临着贵族集团加速成长并从社会中分离出来的局面，它被一个试图垄断权力的皇室家庭所统治，他们想要违背传统将父亲的权力和阶层传给长子。

与这种生殖观念的转变相伴的是死亡表征的转变。不只平民自己的祖先被图依汤加取代了，连他们作为人类的来世也被剥夺了。死后，他们的灵魂将会脱离尸体变成昆虫，随时面临着被动物或被神吃掉的同等危险，因为汤加的动物、首领和神都是食人者（annibals）。

我将用一个关于西方及其亲属制度的简单隐喻来结束我的论述。基督教神学家把男人和女人之间的性关系看作是因结婚誓言

① Rogers, "The Father's sister [futa – helu] Is Black."

而使二人融和为一的结合，即一体。正是男女物质融合后生成的新物质被遗传给他们的孩子。恰是因为男性和女性的物质融合在一起，所以男性不能和他妻子的姐妹发生性关系，实际上，她们已经成为他自己的姐妹。非常特别的是，西方基督教亲属关系把姻亲变成了耶稣基督眼中的血亲，并且对双边实行同等的性禁忌。但在这个例子中，生育后代同样不能只依靠男人和女人。丈夫和妻子只是孕育了胎儿（但没有呼吸），需要依靠上帝赐予灵魂才能使母亲子宫内的胎儿拥有生命。而灵魂是什么样的呢？让我们来考察一下 12 世纪的一位修女——宾根的希尔德佳（Hildegard）的话。她是一位神秘主义者。在其《值得奖励的生活》①（*liber civias*）一书中，她描述了上帝如何赐予生命。她把胎儿描绘成"一个完整的人"、一个袖珍的微缩的人，胎儿"在母亲的子宫里依照上帝精确安排的正确时间，遵照上帝的密旨来接收灵"。这种灵魂什么样呢？根据她的描述，"它的外形像一个火球，没有任何的人类特征，并且它占据在这个形体（胎儿）的心脏位置。"这种逻辑是否和特罗布里恩德群岛那种祖先之灵赐予胎儿生命的逻辑，抑或与人类神——图依汤加用他精液的气息使他王国的所有女性受孕的逻辑相去甚远呢？

但是，我们不要忘了基督教有一些小特质。在一个男人和一个女人性结合为一体并孕育新生命的时候，他们不自觉地将亚当和夏娃偷食禁果的"原罪"借助肉体传递下去。像巴祜亚人的太阳一样，通过赐予其灵魂并许诺其永生，上帝完善了人类所制造的胎儿。但是，必须洗净这个灵魂从父母那里秉承来的原罪。洗礼就起着洗去灵魂的罪以及将孩子引入共同体以待日后得到拯救的作用。基督徒的亲属制度是一种文化视角，将生育和污秽联系起来，并将污秽归咎于性。

---

① Schmitt, "Le Corps en Chrétienté".

在游览了 7 个社会之后，让我们做个总结。我们试图去辨明并理解（在他们转化成基督徒或屈从于西方秩序之前）当地人是如何解释怀孕的，我们必须得承认，在任何一个社会中，一个男人和一个女人都不足以制造生命。他们的贡献可能会随着族群的不同而不同，他们提供了不同的材料，如精液、经血等，他们创造了胎儿，但不是一个完整的有活力的孩子。正因如此，比人类更强大的行动者必须介入并且添加一些欠缺成分，如灵魂、灵、气息、鼻子、手指或者脚趾，等等。

有两种行动者与人类合作共同创造生命，即祖先与神，有的时候两种力量同时需要。当然，祖先也是人类，但他们在死后有了另一种生活。有时，他们会回到孩子体内。这个孩子通常是他的后裔。但在因纽特社会中，有时也是邻居或者朋友的孩子。一般说来，祖先的存在明确体现在孩子所接受的名字中，尽管拥有祖先之名的孩子并不记得他曾来到过这个世上。

简单说来，在许多社会中，人类的出生并非一个绝对的开始，而死亡也绝非纯粹的终结。只有祖先还不够，其他超越人类的自然法则的力量如巴祜亚人的太阳、基督徒的上帝、因纽特人的西拉（Sila）也都是需要的。没有任何一个地方，孩子的出生仅仅是性结合和亲属关系的产物。此事发生在包括并超越了亲属关系领域的宇宙和社会整体之中。

依据此项比较，我们可以得出另一个理论性结论：在所有社会中（即使精液在孩子的生育过程中不起作用的那些社会），女性子宫中出现胎儿通常暗含了女性和男性已经发生了性关系。无论其作用是用精液堵塞子宫来封存经血，或者是为灵子开启道路，抑或是滋养胎儿，也不管社会真实的或者假想的男性和女性物质在怀孕和妊娠中的作用如何，男性和女性都预料到生孩子可能是性交的结果。我认为，这项观察，结束了人类学界从马林诺夫斯基到埃德蒙·利奇①时代曾经风行一时的、关于澳大利亚原住民或其他社会是否知道性交在生殖过程中发挥作用的长期激烈的论战。众所周知，澳大利亚原住民和特罗布里恩德岛民或者纳人一样，认为在女性怀孕以前，灵子或者胎儿已经被置于女性子宫之中了。但是，所有社会都相信：没有性关系，普通的孩子就不会出生。

然而，所有社会都承认，在某些情况下，女性并不需要男性阴茎接触，而是靠超自然的力量受孕。事实上，这正描述了耶稣降生的奥秘以及圣母玛利亚的角色。根据天主教教义，玛利亚的出生源自上帝的恩典，她出生时并不带有父母生孩子时所传递下来的原罪，这被称为圣灵感孕。根据《圣经》中所提，在圣母玛利亚把耶稣怀在肚子中的时候，她并不"认识"她的丈夫约瑟夫。

需要记住的一点是，文化性的生殖再现体系都是通过想象建构的。不论是归因还是否认精液和经血等身体物质的力量，这都是空想的结果。没有精液可以滋养胎儿，也没有经血可以转变成胎儿，更没有人真正见过一个火球进入胚胎的心脏赐予其生命。

但是支撑这种想象性表征既非想象也非纯粹的象征。这主要有两个原因。首先，他们使亲属关系的组织规则合法化，并根据父系、母系、双系或非系（nonlineal）来决定财产、地位及权力的传递；其次，在孩子出生之前，已经把性别之间鲜明的上下层关系植入他们体内，正如政治、经济、仪式权力也都已经在社会各个群体之间既定存在一样。毕竟，难道不是因为男性在生殖中的主导作用才使巴祜亚女性被禁止拥有土地、使用枪支以及祭祀太阳和他们的神灵吗？简言之，这些表征并不仅仅是一些精神事实和观念，它们还是造成现实结果的社会事实。为了不被统治，

① E. R. Leach, "Virgin Birth".

统治者必须与那些被统治者分离开来，他们体内的物质也发生了转变。巴祜亚人的同性性行为仪式性的实践恰恰实现了这种分离和转变。但这些体内物质都不是单独存在的，积极地抬高精液的作用相应地也在消极地贬低经血的作用。也就是说，如果巴祜亚妇女相信她们身体的组成部分可以分离并且攻击别人的身体，即流血会对男性、社会秩序和宇宙秩序构成威胁，那么她们就会觉得自己应该为没有管理好自己的身体而造成的秩序混乱负一定的责任。

但事实并非总是如此。在某些情况下，被统治阶层的成员也有可能试图打破他们日常生活中的心理禁锢或社会枷锁。这就可以解释为什么在 1978 年至 1979 年间，一些特里福明（Tele-folmin）女性在听到原教旨主义传教士宣扬基督的第二次降临和人类的复兴可以打破旧的遗风，特别是打破将女性排除在男性仪式之外以后，改信了基督教。

正如我们所见，我们所有的分析都围绕着一个基本现象，即性以及两性身体在创造生命、社会甚至宇宙秩序中的作用。很明显，在任何一个社会，两性都要从事一些实际的服务工作，如经济的、政治的、宗教的等这些与性别或者性繁殖没有任何直接关系的活动。在亲属制度中，从一个孩子降生开始，社会便对成员与异性或者同性之间的性行为和吸引力进行直接控制。性从属关系并非是一个性别从属于另外一个性别，而是社会生活的某个方面从属于其他社会关系的再生产要求，也因此它在社会结构中占据了一个位置。这种与个人无关的性从属关系是一种机制的基础，该机制将社会的统治秩序嵌入到个人身体及其私密内心的主体性之中。在进行社会再生产时，必须考虑到这种性从属关系。在创造生命或生孩子过程中，个体与身体表征的相互作用以及男女和其他行动者所发挥的作用使得这种机制得以运作。借助这种表征，孩子为其成人亲属所占有和孩子因其性别而占据不同的社会地位都被合法化了。自从宇宙被划分为男性和女性的世界之后，通过对男女身体的不同表征和生育过程的表征，性不但见证了这个盛行的社会秩序，而且它还断言这种秩序**必须**持续蔓延，同时，它不仅见证了这种社会和宇宙中盛行的秩序，而且还**支持**这种秩序，偶尔还**反对**这种秩序。①

简言之，身体和性别就像口技表演者的木偶那样发挥作用，它们很难使观众保持肃静，并传达给观众它们说不出的也看不到的话。同样，性不能开口说话，但它本身即在言说，并且有些东西还借助它来言说。但是是谁在言说呢？为什么以性为伪装呢？性恰恰处于这样的境地，它事先即被迫作为一种语言，并将除己之外的诸多事实合法化，如此，它成为了幻想和想象性世界的源泉。

在此，我们到达了社会逻辑的基点。这些幻想的身体表征都是一些被男女同时接受的**观念和想象**。它们对社会秩序进行概括和编码，并将行为模式刻画在每个人的身上。恰恰是对同一种身体表征观念及其具体形式的共享将一种思考方式和既定的社会刻写在每个人身上，它超越了语言，并因此而使身体成为诸多假想的源泉，这些假想关乎社会的和宇宙的秩序。由于被异化，性成为继续保持异化的一种手段。最终，一旦一个巴祜亚女性发现有血液从她双腿之间流出，她便不会再反抗自己的命运；她知道自己是有罪的，并深感内疚，以至于她感到自己对其自身所经受的一切负有责任。这也就是为什么性行为总是在任何时候都能对社会和宇宙秩序构成挑战和颠覆，同时这也是为什么性行为被如此多的禁忌所束缚。

在任何一个社会，表征都给个人画上了一个**社会与文化的约**

①　Godelier, "Inceste, parenté, pouvoir".

束圈，该约束圈构成了社会规范。反过来，该规范也为该社会的其他成员共同遵守，因为他们被灌输了同样的身体表征观念。个体隐秘内心中的主观性，也即社会性规范，被强加于出生并控制着孩子的社会遭遇。正是在这种规范中，他或她体验着对他人的欲望。鉴于孩子已经被亲属、社会组织之类的他者所占有了，孩子自然也希望占有他们。可是，孩子将会发现并不是所有人都可被占有，比如他不可对其父亲、母亲和兄弟姐妹存有性欲。因此，作为"欲望机器"的性与它的另一个角色——"言说机器"两相对峙。[①]

　　因此，即使在所有社会中生育皆非一男一女所能完成，它还需要别的角色参与其中，但是，孩子绝不可将性欲指向他的父母。在他们之间，不仅存在着异性性禁忌，还存在着同性性禁忌。只不过，这是另外一个故事……[②]

---

　　①　参见本书第 127 页至 134 页对此问题进行的细致讨论。

　　②　Godelier, *Métamorphoses de la parenté*, chap. 10（"De l'inceste et de quelques autres mauvais usages du sexe," pp. 345 – 418）and chap. 11, 12（"Sur les origines et les fondements de l'inceste," pp. 419 – 510）.

第四章　人类性行为基本
上是非社会的*

　　当人们请人类学家和心理分析专家以他们的专业经验来说明人类的性行为由什么构成时，这两类人往往会陷入一种既相异又相似的处境中。尽管他们都不以"观察"正在"进行着的"性行为为业，但他们共同关心的是，研究对象对于性事，什么是可说的、什么是忌讳说的。他们引导研究对象说出的话语不同，因而所阐释的事实也不同。

　　绝不止以上两类"专家"对性事有兴趣。根据 18 世纪库克船长与法国航海家布甘维尔的描述，波利尼西亚人在大庭广众之下交欢，围观的人在一旁喝彩或讥讽某些人（拙劣）的性爱技巧，他们还热情地献上当地姑娘以"款待"水手。这证明了那些被狄德罗称为"更接近自然"的人，他们认为交欢既无罪恶也无害处。正是随着"文明"的进步，我们才渐渐对性事感到羞耻。①

---

　　* 本章另一个较长的版本曾发表于《国际心理学评论》1995 年的特刊《什么是性行为?》（ *Revue internationale de psychopathologie*, 1995, special issue, "*Qu'est – ce qu'un acte sexuel?*"）。

　　① 汤加的人们，"无论男女，似乎都对我们所说的'细腻的情爱'一无所知。他们认为去抑制一种人与生俱来的生理需求是种畸形的企图——就像试图抑制饥饿或干渴一样。他们不忌讳在公共场合谈论性事，或在大庭广众之下交欢——这在我们看来是非常淫秽的"（Cook, *Journal on Board of His Majesty's Bark Resolution*, p. 45）。

　　拉比亚迪埃（Labillardière）说，他在汤加时，有一次偶然到一个当地人家去，令他感到惊奇的是，一位船员**正在和岛上最美的尤物翻云覆雨**，而这家的家长坐在房间的正中央纹丝不动（Relation du voyage à la recherche de la Pérouse, p. 130）。

　　这类富有哲学意味的辩论颇有渊源，随着我们对于中南太平洋地区文化与社会的更深入了解，我们已不再认为波利尼西亚人社会中不存在性禁忌或性冲突了。当我使用文化与社会这两个词时，我并未将此二者对立起来。所谓**文化**，我指的是一系列表征及原则，它们把社会生活的不同方面有意识地组织起来。此外还包括正负两方面的行为规范，以及与上述行为方式和思考方式相连的价值观念。所谓**社会**，我指的是一群个体或群体，他们依照制约他们行为与思想的共同准则和价值观念互动，并且认为自己归属于同一"集体"，他们在追求自己的利益时，必须（或理应）推动这个集体的繁衍①。文化与社会都是既存的，在个体诞生之时便已存在。

　　为接近研究对象，人类学家要走进田野，通过"参与观察"系统地搜集资料，这些资料能告诉人类学家构成（某个）社会的个人和群体是如何表述他们与同性（或异性）之间的性关系。这使得人类学家必须把他或她的观察扩展到除性关系之外两性之间所有的关系，其中牵涉了权力、财富、劳动分工、仪式，等等。

　　与心理分析专家不同，人类学家不仅仅作为倾听者，田野调查要求人类学家融入他们观察并试图理解的人们中间，（这需要）几个月、也许是几年。在这段时间里人们日常生活继续着，他们进行大量活动。通过有系统的分析，人类学家能挖掘这些活动背后的逻辑以及人们赋予它们怎样的因果解释，并由此发现这些活动为当地的个人与社会带来何种后果，它们激起人们什么情感和想法。这所有的一切都和话语有关，但不仅如此。人类学家的耳朵不只向他或她提问的对象敞开，他或她必须倾听自己所置身的那个情境中的一切声音——那些和谐的与不和谐的声音。然

―――――――――――

　　① 对"社会"与"文化"的定义，详见 Godelier, "Introspection, rétrospection, projections"。

后，通过把这些单个人或多个人的话语与其所处的情境相比照——比如出生、婚姻、启蒙仪式（initiations）、谋杀、通奸或世仇，人类学家能够呈现社会中的个人与群体的表述及行为背后的逻辑线索，展示他们借以思考与行动的社会关系。

心理分析专家与其研究对象之间的关系和人类学家与其研究对象的关系有所不同——因为其中一些人，会成为人类学家正式的"报道人"。人们主动去拜访心理分析专家，为的是交谈、被倾听，为的是能对自己有深入的了解。与此刚好相反，人类学家通常不请自来，他们细心倾听，也不时发问，并对得到的答案进行阐释。值得一提的是，他们作阐释时用的是一套与被调查对象迥然相异的概念与模型——至少在刚开始时是如此。但有一点相同，无论何时，无论公开或私下，人类学家和精神分析专家都必须是完全中立的。他们不能偏向社会中的某一部分人，不能因偏袒一方而使另一方受到损害，他们致力于发现究竟是什么导致了这两方的分裂、双方的对抗起源于何处。

性行为对巴祜亚人意味着什么？

为了研究巴祜亚人，我与他们共同生活了大约 7 年。在巴祜亚社会中存在着两种性行为模式：成年男性与女性之间的异性性行为、刚成年的少年之间的同性性行为。有迹象表明女性同性性行为亦存在，但由于信息不充分，不能作深入的分析和阐释。

让我们先说说异性之间的性行为。原则上，男性和女性都不应有婚前性行为，但巴祜亚人并不禁止奸污敌方的女性，他们认为这也是一种战斗方式。新婚夫妻在结婚的头几个星期禁止发生性行为，他们必须等到房子的墙壁被火炉的烟熏黑才可行房事。妻子绝不能跨上火炉——火炉是由丈夫的亲属用土和平石砌成的——因为她的阴道会在火炉上打开，而她的丈夫吃的饭就是在同一个火炉上做的。

当房子建好，火炉也砌好，夫妻不能立即同床。新婚之夜，年轻的丈夫睡在房子外面，与村子里的其他少年共度最后一晚。第二夜，则轮到妻子与姑娘共度，在此之后，夫妻才能单独同床。即便如此，他们在开始几个星期也不能交合，只能互相爱抚。男性轻抚女性的胸部，而女性喝下男性的精液。这种行为显然弥漫着最原初的情欲，但喝下精液最主要的目的是使女性的精力更为旺盛，并把女性的身体作为储存男性身体物质的容器。在巴祜亚人看来，男性的精液会变成女性哺育孩子的乳汁。**口交**（*fellatio*），这种身体行为背后的象征意义非常明显：女性的乳汁是男性精液的变形。这种（私人）行为的社会意义亦昭然若揭：男性才是力量和生命的真正来源。女性为男性口交，喝下其精液集中表现了巴祜亚社会中男性对女性的支配。更进一步说，男性舔女性的阴部是绝对禁止的。男性一想到这种行为就会觉得恶心，会大声尖叫甚至呕吐。

过了开头几个星期，等到墙壁被火炉的烟灰熏黑，夫妻便可行房。他们通常躺在房子里靠门的一边，这一边是属于女性的；房子的另一边——远离火炉的一边——是留给男性的，他单独睡在那里，有时与男性客人一起睡。男性与女性必须以"传教士姿势"交欢，反之绝不可，唯恐女性的阴道排泄物会流到男性的腹部上，有损男性的力量。当地人不进行肛交（少年之间也不进行，下文中将讨论）。

当地人对体位有禁忌，对性行为进行的地点亦然。男性和女性不可在用于耕种的园子里或树林里某些特别的区域翻云覆雨——山顶和沼泽是特别忌讳的，因为这两处藏匿着会攻击人的恶灵和充满敌意的生物。这就是巴祜亚认为通奸会比合法的性行为对个体和社会造成更大危险的原因——为了保密，私通要在树林里极秘密的地方进行。

对于性事的时间，巴祜亚人也有严格的限制，比如不能在修整森林和制盐的时候寻欢作乐。巴祜亚人把盐当成一种货币使用，并把盐与男性精液及蕴涵在精液中的力量联系在一起。若人们在制盐时发生性关系，盐就有可能变成水，就不能拿去和邻近的部落进行交换了。若夫妻或恋人中一方家中正要杀猪，他们亦不能发生性关系，因为那样会使猪肉含水。女人月经期间进行性事是完全不可能的，因为经血是对男性最危险的东西。实际上，每当女性来潮，她就会去一处远离其他人住所的小房子，独自住上几天。在这段时间里，她的手受到污染，因此不能自己做饭，只能由别的女人给她送饭。她回家时，她的丈夫就会去打猎，临走前在门槛上放几只鸟。她把这些鸟一一拣起，把羽毛点燃，用火焰熏自己的手和身体，特别是私处和腋下。燃烧时刺鼻的气味和嘶嘶的响声能够除去她的污染。完成了这个仪式后，她便能重新触碰食物，并恢复夫妻生活了。每次女性分娩后，都要进行相同的程序。女性分娩的房子通常建在村庄所在的山坡下方，男性绝不可涉足；与此相反的是男人之家（Men's House）建在村庄所在的山坡上方，是刚成人的少年的住所，女性和孩子必须远离。

以上的限制同时规定了人们在何时何地何种场合下可以进行性行为。这恰好证明了在巴祜亚人看来性行为暗合了整个社会和宇宙的秩序。因此，无论何时，巴祜亚人发生性关系时都被一种强烈的责任感笼罩着。对于性，无论男性女性都怀着焦虑和惶恐，男性尤其如此，其中的原因在同性性行为中会明显地表现出来。

巴祜亚人相信胎儿必须经过性行为才可形成，他们也认为超自然力可使女性怀孕（不是没有物质形态的东西，而是不可见或不可辨认的东西）。在他们的起源神话中，第一个怀孕的女性是因为吃了一棵雄性大树上的果实：

可鲁冰嘉（Kurumbingac）一个人住，与她同住的有一条野狗，名叫祝艾（Djoue）。有一天她吃了一棵（长得）笔直的大树上的果实，就怀孕了。野狗看见她怀孕了，一天晚上，狗钻进了她的子宫里吃掉了胎儿的头，于是女人就生下了一个无头的女孩。女人继续她的旅程，一天又从同一棵树上吃了几个果实，便又怀孕了。狗又一次钻进她的子宫，这一次，它吃掉了婴孩的手臂和腿。女人产下一个死婴，是男孩。当她注意到狗身上的血迹时，就猜到了原因。狗便逃跑了，女人一路追去，想要报仇，最后，狗在一个山洞的深处找到了藏身之处。女人跟随着狗爪印追来，她的灵力使得周围的树木疯长，堵住了洞口，女人便离开了，任狗困死在里面。

但这条狗有神奇的力量，它劈开山洞，让灵魂得以逃生，它的灵魂变成了一只鹰——即太阳之鸟，这便是巴祜亚人之父。狗的皮和骨头在山洞里腐烂了，变成了各种各样的动物，供今天的巴祜亚人狩猎和在启蒙仪式上食用。尽管如此，那条狗还是像狗一样活着，与男人们保持距离，住在耶利亚山（Yelia）的山坡上，耶利亚山是一座火山，控制着巴祜亚的其他山。狗也是萨满的神秘伴侣，当萨满举行战争仪式或参与孕妇分娩时，狗的灵魂便会加入。

在这个故事里，两次提到女人与一棵树发生性行为。树，这个男性的存在先于任何一个真正的男人，当世界形成伊始，树已经在那里。对巴祜亚人来说，这既是一个想象的，也是一个真实的世界，但对我们，它只存在于想象中，因此我们把这个故事称为"神话"，对于巴祜亚人来说则不是，他们对这个故事深信不疑。他们组织社会的方式、男性与女性成年礼中所进行的象征性性行为都反映了这个故事的内容。

因此，当巴祜亚人为男孩举行第一阶段的启蒙仪式时——这些孩子大概是八九岁，刚刚从女性的世界里脱离出来——最秘密的一项仪式是在树林深处进行的，在一棵用男性佩戴的羽毛和项链装饰的、笔直的大树脚下，小男孩们面树而立，而他们的监护人——处于启蒙仪式第四阶段的未婚处子——在小孩们的口中填满（树的）汁液。在巴祜亚人看来，树的汁液就是树的精液，等同于稍后他们要给孩子们吞食的（人的）精液。这一系列仪式形成一串链条，生命的力量顺着它由太阳依次传递给巴祜亚人之父，给树木，给未婚处子，最后传给刚刚脱离了母亲的小男孩。汁液既被想象成树的精液，同时象征着男性的精液。

在此我们需要先讨论一下巴祜亚人对于个体生命来源的看法（包括哪些身体物质是必须的以及两性如何分工）。在他们的信仰中，孩子主要来源于男性的精子①，女性只是一个容器，子宫被视为一个类似网兜的东西，男性把精子储存在里面，以后会变成婴儿。一旦女性发现自己怀孕，夫妻就会更加频繁地进行性生活，以滋养腹中的婴儿。

尽管男性的精液组成孩子的骨头和肉，但缺少鼻子、眼睛、嘴、手指和脚趾，这些部分来自太阳。从某种程度上说，一个人有一位母亲，两位父亲：一位是社会性的父亲，即母亲的丈夫；另一位"超父亲"，即太阳，它是一切神圣物品、社会和宇宙秩序的源头。请注意在巴祜亚的创世神话中，一条野狗与第一个女人同住，狗吞掉了女人腹中因树的果实受孕而形成的胎儿的头、手和腿，在此狗如同一个"反太阳（anti - sun）"的力量，两次使太阳的努力前功尽弃。太阳与狗之间的对立，是巴祜亚人思维方式与神话话语的深层结构之一。

对巴祜亚人而言，太阳不仅使得母亲腹中胎儿的身躯完整，在他们的世界观中更重要的一点是，正是太阳使人类得以进行性

---

① 见本书第三章。

行为，从而繁育后代。在另一则神话中，太初之时，男性与女性的性器官都是合闭的，太阳将一块打火石投入火中，石头炸开，划开了男性和女性的性器官和肛门，自此，人类才开始可以交合和排泄。这就是为什么在大规模的男性启蒙仪式的开幕仪式上，村庄内所有的火都必须熄灭，只有在专门举办仪式的大房间里，要用两块打火石，把创世之初的那堆火焰重新点燃。

这则神话还有另一种版本，在这个版本中，不是太阳，而是（创世之初的）第一个女人开启了男性和女性的性器官。这个女人发现人类的生殖器是闭合的，就从蝙蝠翅膀上取了几根骨头下来，把它们磨尖，刺在一棵香蕉树的树干上。男人走过来时，一不留神，他的生殖器被蝙蝠骨头割破了。男人在盛怒之下折了一片锋利的竹篾，一下子把女人阴道划开一个裂口。男人和女人打开了彼此的性器官，不同的是，女人采取间接的方式，而男人采取直接的方式。尽管这两个版本不完全相同，但其中的暴力成分却都是显而易见的——需要暴力的介入，男人和女人的身体里的性功能才可被启动。

以上我们简单描述了巴祜亚人性交的时间、地点和方式，但我们尚未涉及他们性交的对象，要讨论巴祜亚人允许或禁止哪些人之间发生性关系，必须从他们的亲属制度说起：巴祜亚人的亲属制度的核心是父系制，使用易洛魁式亲属称谓，与一些人发生性关系，会被称为乱伦（incest）。巴祜亚男子不能与他的姐妹、母亲或女儿发生性关系，而女子禁止的对象则是她的兄弟、父亲和儿子。但请注意，他们所使用的父亲、兄弟、母亲和姐妹与西方人并不是同一个概念，西方人的亲属制度是双系的（被视作父亲还是母亲的后代并不重要，因为他们具有同等的地位），使用爱斯基摩式亲属称谓（父亲的兄弟与母亲的兄弟地位相当，称谓也一致）；在西方，其亲属关系大厦多是容纳核心家庭，而不是更大范围的世系或宗族。

在巴祜亚人那里，情况正好相反，一个男人父亲的兄弟也是他的父亲，所有他父亲兄弟的女儿全部都是他的姐妹，他不可与这些人性交或结婚。母亲的姐妹及其女儿同理。但一个巴祜亚男子可与他父亲的姐妹的女儿——即父系交叉旁系亲属——性交或结婚，因为不同于父系平行旁系亲属，父系交叉旁系亲属二者的父亲来自不同的氏族，他们身上没有相同的精子。与此类似，一个男子不能与他母亲的兄弟的女儿结婚，因为他不能和他父亲到同一个氏族里获取女性。不过即便他们不能结婚，男子可以向这群女子作出性暗示，也可以和她们讲讲淫秽的笑话或在公共场合触摸她们的胸部，围观者会一笑了之，不会引发不良后果。

我已提供了足够的细节以防（读者）把西方人脑海中父亲、母亲、兄妹、丈夫或妻子的形象投射到巴祜亚人使用相同称谓去称呼的那些人身上去。埋下上述伏笔，我需要补充的是，巴祜亚人在讨论性事或指称身体的某些部位时，使用的是秘语。比如，当他们说起阴茎时，他们使用的词汇是一种平头的箭，这种箭通常用来猎鸟，又不会损伤它们美丽的羽毛。夫妻在公共场合禁止互相触碰或接吻（女人可以吻她的孩子），除了身体上的禁忌，夫妻还必须注意他们的言谈，不能在公共场所表现出亲密，不可以直接叫对方的名字。妻子用"男人"称呼她们的丈夫，而丈夫则用"女人"。巴祜亚人还有一种习俗，即当女人，无论是单独或结伴，迎面遇见男人（单独或结伴）时，必须停下，把她的脸埋进树皮披肩里。在欧洲人到来之前，由于其山地地形，巴祜亚地区由许多高度不一的山间小道交错而成，较高处的给男人走，低处的则留给女人。

在讨论巴祜亚人的同性性关系前，先来说说乱伦禁忌（incest taboo）的问题——根据列维－斯特劳斯的看法，这是一切人类社会之所以可能和赖以生存的基础。今天的巴祜亚社会中，乱伦亦是被严格禁止的。但巴祜亚人对乱伦持双重看法，这就意味着当地人对此禁忌有一种根本性的模糊态度。为理解此二重性，我们要回到神话中去。巴祜亚人最神秘的神话（即先前提到的女人与狗的神话）讲述了第一个女人——可鲁冰嘉——的奇遇，她把狗困在山洞里，任它死去，此后她

> 继续赶路，又一次吃了树上的果实，又一次怀孕了，这次她生了一个健全的男孩。这个孩子长大了，与他的母亲发生性关系，这对母子生下一个女儿。后来，这对兄妹又发生性关系，生下一个孩子，是全巴祜亚人的祖先，是所有新几内亚岛上岛民的祖先。

人类（在巴祜亚人与外界接触之前，他们所谓的人类是指在新几内亚岛上与他们相邻的其他部落）是两次乱伦的产物——母亲与儿子，哥哥与妹妹（但没有父亲与女儿）。

综上所述，这则神话告诉我们，女人的存在先于男人（但不先于雄性的树木），最初的人类是乱伦结合的产物。日后乱伦被禁止，现今制约着巴祜亚人的社会和宇宙秩序被确定下来。这种秩序最初存在于性别之间，是一种制约两性关系的秩序，只是到了后来，才逐渐延伸到世系、村庄和部落等更大的范围。这种秩序也存在于人类与超自然的力量之间。所有的秩序都能够在人的身体里找到对应，这就可以解释巴祜亚人为何对乱伦是如此着迷以及人的悖论处境——人原本是乱伦的产物，而现在乱伦被禁止了，不仅如此，人们还必须到别的世系群里去选择配偶。有意思的是，巴祜亚人说起这种困境时丝毫不加掩饰。他们说，要是谁敢和他的姐妹结婚，就会变得像狗一样（狗是近亲交配的）。如果这样的事确实发生了，两位当事人都会被杀死，而且为了避

免家族之间的报复行为，必须由各自的兄弟亲手杀死他们。与此同时，一个男子又为不能与他的姐妹结合而深表遗憾，因为他与她们熟悉。与那个即将成为他妻子的女人相比，与她们相处更舒服、更自然。一个外人，总是或多或少地携带着威胁。

现在我们可以把男人与女人的性关系放到一边，来讨论男人与男人的性关系了——这是了解巴祜亚社会不可缺少的一项。严格意义上来说，这种关系并不发生在"男人"之间，而是发生在青春期的少年和刚刚离开母亲的小男孩之间。一个巴祜亚男子必须结婚，一旦结婚就不能与同性发生性关系。一个巴祜亚男人即使想，也不能一辈子单身。独自居住的男人有两类，一类是鳏夫，另一类十分罕见，是雌雄同体者。这类人在年纪很小时进入"男人之家"并参加了秘密的启蒙仪式，因为他们尚未成熟，生殖器也未发育好，就被迫留在那里，被叫作"男人中的女人"。但一个正常的男人会结婚，一旦不再是处子之身，他的阴茎就再也不能进到小男孩的口中。

因此巴祜亚人同性之间的性关系仅被限制在处男与男孩之间，且呈现出不对等的状态。处于启蒙仪式第三、第四阶段的青春期的少年，他们的年龄在 15—20 岁，他们把自己的精液给更小的男孩们喝。有的时候——在极其秘密的情况下——更小的男孩会把他们的精液给某位身体虚弱，已经失去力量的同伴喝。有几点值得一提，首先，口交在这类成年仪式上是被允许的，但肛交被完全禁止。据巴祜亚人说，是在欧洲人来了之后，他们才知道还有肛交这回事儿。他们大笑着回忆道，有一次，一个从北方的部落里来的战士，给了一个年轻的巴祜亚人几个钱，并向他解释自己给钱的意图。过后，这个年轻人回到"男人之家"里告诉别人刚才的经过，说那种行为令人痛苦，全然不是愉快的体验。从那以后，巴祜亚人便只是嘴上说说，实际上从来不进行（肛交），无论是男人之间，还是男女之间。

　　男性性关系在巴祜亚文化中是性别与代际间权力关系形成和巩固的基石。从某种程度上说，这种关系中尽管有情欲的成分，但这种行为本身是绝对政治性的：小男孩不能拒绝施与他的精液，否则，他会被拧断脖子，且为了避免他的母亲生疑，他的死会被伪装成在一次打猎中发生的意外，或正巧被一棵倒下的大树压死。因此，从上一代男性传到下一代男性的体液没有一丁点女性痕迹。这未被女性污染过的体液，是男性（相对于女性）优先地位的源泉，是人类生命的基本要素，男性把这种力量给予女性以弥补她们先天的弱小。有了这种力量，女性就能完成生育孩子、种植农作物和头顶重物等工作。巴祜亚人不允许自慰，这表明：男人的精液不是属于他自己，而是属于别人，正如同他拥有别人的精液一样，他要为一些特定的亲属保留着。

　　那么，在"男人之家"中，究竟谁与谁才能成为这种同性关系的伙伴呢？精液的提供者不能属于小男孩父亲或母亲的世系，精子要来源于血亲之外的某个人，这与异性之间乱伦禁忌的范围一致。精子，就像女人，要从外人那里获得。同性伴侣总是一个年纪稍大和一个年纪稍小的男孩，只有年纪稍大的男孩有选择伴侣的权利。在这两个人之间，存在着温情与细腻、肉欲与爱慕，但同样有从属关系，年纪小的男孩会为他的伴侣做很多家务，从很多方面来说，他们就像妻子①。

---

　　① 启蒙仪式中两位男性之间的性行为，在新几内亚相当普遍。吉尔伯特·赫特（Gilbert Herdt）（研究与巴祜亚人属于同一语族的萨比亚人）和加德兰·弥米卡（Jadran Mimica）（研究另一个安加群体的伊魁叶人）就曾作过描述，他们的研究对象在进行这类活动时也涉及色情与暴力的成分。见 Herdt, *Guardians of the Flutes*; Mimica, *Intimations of Infinity* 与 "The Incest Passions"。赫特还编著过相当数量的关于美拉尼西亚地区仪式性的同性性行为的著作，如 *Rituals of Manhood* 和 *Ritualized Homosexuality in Melanesia*; Herdt and Stoller, *Intimate Communications*。另参见 Knauft, "Homosexuality in Melanesia"。女性启蒙仪式中的同性性行为也存在，但资料较少，请参见弗洛朗斯·布吕努瓦（Florence Brunois）所著关于新几内亚卡苏阿（Kasua）人的论文，"Le Jardin Du Casoar"。

　　从 9 岁直到 20 岁或 22 岁，巴祜亚男性不直接受制于父亲的
权威。父亲对孩子的日常生活没有发言权，他只是参与集体监督
年纪稍大的男孩们。小孩由年纪大一些的男孩们抚养和教育，有
时也会被打。他们的母亲常常能辨认出自己孩子的叫喊声，便会
催促丈夫去干涉。一般丈夫不会理睬妻子的要求，如果最后他被
迫听从了妻子的要求，就会遭到挖苦和嘲笑，甚至人身也会遭到
威胁，20 岁的武士会说："我们现在这样对待你的儿子，就像很
多年前你们对待我们一样，所以，快走吧！"

　　一个巴祜亚男孩爱他的母亲、爱他母亲的兄弟，他不能拒绝
他们（的要求）；爱他父亲的兄弟，因为他总是能从他们那里得
到帮助和庇护，不过他似乎并不怎么爱自己的父亲。巴祜亚人崇
拜"伟人"（Great Men）——强大的武士、神奇的萨满，最重要
的一个是启蒙仪式的领袖。在当地，一个人能感觉到，正是男性
的启蒙仪式和一群年轻的成年人取代了父亲，并在男孩的社会化
过程中起到了独一无二的作用。这个全部由男性组成的群体由一
个"伟人"监督着，这是一个非凡的人，在战争和萨满（仪式）
中都承担责任，他是一个代表着公众利益的形象。

　　不过，女人并未从男人的生活圈子里彻底消失，因为有两个
母亲氏族中的单身男子要充当小男孩的监护人，其中一人要在启
蒙仪式开始时把孩子背在背上，从他家门口带到一个茅草屋顶
下，那里有一群男人在等候着他们。这中间两三百米的距离象征
着小男孩从此脱离了母亲和姐妹（的世界）。这是一个动情的时
刻，因为这将是今后 10 多年中一位母亲最后一次触摸、接近她
的孩子。在以后一系列的启蒙仪式中，孩子由监护人照料，直到
第三阶段他进入青春期后。最初一段时间里，监护人会设法消除
孩子的恐惧；在他受伤时照顾他；亲热地把他抱在膝头——简言
之，就是在男人的世界里充当孩子的母亲。女性承担的工作从女
人的世界里移除，被复制到男人的世界里。

以上细节使人能更充分地理解巴袪亚人仪式行为的（象征）意义和在建构社会秩序中的作用。男人们渴望的，显然是在没有女性参与的情况下，"**重塑**（re‑engender）"男孩，他们试图摆脱一个事实，即男孩是在女人的子宫里孕育的。从某种程度上看，生命形成的几个关键阶段是在女人身体里进行的，这些仪式正是男人复制上述阶段的方式。在启蒙仪式进行的过程中，男性群体通过槐玛特涅（kwaimatnie）（使身体生长的神圣物品）向男孩们灌输一种概念：男性优于女性，男性必须远离女性，因此不要再去想念母亲那充满温情的爱抚，等等。换句话说，他们试图在男孩的脑海里建立一个无限膨胀的男人形象，女人被置于这个形象之下，被嘲笑、贬低和羞辱。但若仅把男人和女人视为一正一反的简单对立，就完全错了。

巴袪亚最深的秘密是女人先于男人存在于世界上。正是女人创造了圣笛（它有一个秘密的名称，即阴道）；正是女人发明了弓和布，在巴袪亚人的世界观里，女人的创造力远远胜于男人，胜过上百倍。正是这种惊人的创造力使得女人持续引发混乱——最初女人用弓猎杀了太多动物，以致男人不得不通过暴力手段建立起若干秩序、遏止混乱、拯救社会。有一则神话说的是当男人意识到圣笛蕴涵的力量后，便设法把它从女人手中夺过来：

> 有一天，女人们全都离开了，男人就派了一个年轻人，去偷藏在某条裙子下的笛子，裙子沾着经血，男人因此严重地触犯了禁忌。他把一支笛子放在唇边，吹出了美妙的音乐，随后又放回到原来的位置，女人回来后，其中一个想吹笛子，却没有任何声音，所以女人把笛子给了男人，男人们吹奏了他们的神圣音乐。

在另一个版本中，女人把喑哑的笛子扔在地上，男人捡起来，从此笛子就为男人演奏了。

在一个口头传说中，有一个女人被她丈夫杀害，偷偷地埋在森林里，可食用的植物从她的尸体上生长起来：

> 她的尸体上长出了可食用的植物（比如芋头），男人吃了下去，他的身体原本又黑又丑陋，吃了以后立刻变得富有光泽了。后来，由于其他人不断询问他的皮肤怎会忽然发生这么大变化，他就把他们领到森林里，让他们用竹子做成刀，割下从女人尸体上长出的植物来吃。这就是园艺的起源。

所有这些故事都说明，女人比男人更有创造力，但为了社会的整体利益，男人必须使用暴力去制服女人——男人偷走女人的圣笛，就是从"精神上"置女人于死地。[①]神话中的暴力行为使日常生活对女人实施的真实暴力具有了合法性，比如女人无权继承土地这一最主要的生产资料。女人不允许携带武器——这一最有效的破坏性工具；女人无权接触神圣物品或神圣知识，等等。如此一来，在社会和宇宙的再生产中，男人就占据了垄断地位。在结婚时女人并不清洁自己的身体，也不把自己的名字传给孩子。

在神话和仪式中施加于女人的非真实暴力正暗合了在日常生活中，对于巴祜亚女人来说，无处不在的心理的、生理的、象征的、政治的与物质的暴力——女人时常遭受嘲弄、侮辱和殴打。巴祜亚人强调必须对女人加以严格的限制，因为即便男人盗取了女人的力量，这些力量没有被消除，女人在任何时候都可能再抢

---

① 巴祜亚人的表述并不与自然或文化截然对立（列维－斯特劳斯与其他西方学者把这一点放在极其重要的位置上）。在巴祜亚人看来，女人也创造了一些文化领域的物品（至少在西方人眼中是如此），比如武器、布料、乐器。

回去。这就是为什么世世代代以来，只有未经过女性污染的男性精液才能将男人的力量传递给下一代的孩子。在巴祜亚人看来，食火鸡（cassowary）是一个充满野性的女人，她独自在森林里游荡，对男人发起进攻，这也是为何猎杀食火鸡的必须是"大猎人"（great - hunters），不过捕猎食火鸡时有一条规矩：不能让猎物流血，猎人必须用绳索将猎物勒死，然后带回"男人之家"里，由大家分享。我们可以看出这其中的矛盾——男人对女性的力量既羡慕又嫉妒，同时男人对女人的软弱表示轻蔑，但这种轻蔑从来就不绝对。

这种矛盾心态最明显地体现在他们对经血的表达上，他们用了一个特殊的词汇，为的是与一般的人体血液作出区分。女人的经血滴落在自己的腹部或食物里，这种想法会令一个巴祜亚男人颤栗不已，但他们也知道，没有月经的女人不可能生育。这样一来，女人的月经就成了一种提高女人身价的东西了。

在上述例子中，想象中的事物和行为化作了具体行动，它把原本剥离开的两面事实联结起来，并靠思维的介入完成这一过程。巴祜亚人想象中的男性祖先，是最初篡夺女性权力并将其占为己有的那个男人的复制品；男人又去偷取女人笛子（即阴道），将之装在牛吼器上。在一些仪式上，男人们吹牛吼器，以模仿森林精灵**伊马卡**（yimaka）的声音。巴祜亚人相信**伊马卡**在**莞吉尼**（wandjinia，睡梦中祖先复活之时）时，会向一些男人射出魔箭，箭会变成牛吼器——在启蒙仪式上能与笛子共鸣的乐器。这些箭亦给男人带来致死的力量——在战争中杀死敌人、在狩猎中捕杀猎物的力量。今天的男人们认为自己同时占有了两种力量：一种是创造生命的力量（原本是属于女人的）；一种是致死的力量，它由**伊马卡**直接赐予。这种附加的想法与先前所谈到的，巴祜亚男人相信自己偷取了女人的力量，而女人随时能把力量夺回去这一点不完全契合，力量二分的想法结合了一种想象中的恐惧和对现实的忧虑。

若认为巴祜亚人不断贬抑女性、强调男性支配地位的做法就能抑制两性冲突和女性的反抗，这就有失偏颇了。我见过一些女人对以上所提的所有制约都不服从，一个女人可以连续好几天"忘记"给她丈夫做饭，连续一周拒绝和她丈夫发生性关系，即便这么做可能会遭到侮辱或鞭打。当然这么做得非常谨慎，因为巴祜亚人那里，消息传得很快，这事传到了邻居耳朵里，他们就会讥笑这个做丈夫的。有时女人还可能做出更恶毒的事情：她与丈夫发生性关系，只为把残留在腿上的精液搜集起来，施以诅咒，扔进火里。一般有此遭遇的男人会自杀，因为他自认为已被施巫术，注定要死。我还听过更悲剧性的事情，一位母亲因听到自己的孩子在启蒙仪式中被其他人殴打的哭叫声，悲愤不已，就放火把举行仪式的大房子（tsimia）的房顶烧毁了。巴祜亚人说，这个女人后来不是被她世系中的一员，就是被萨满在一个驱魔仪式中杀死了。

尽管如此，这类反抗不代表女人（无论是个体还是群体）在欧洲人到达之前，已有重构或建立一种相反的社会秩序的愿望。儿子不经历启蒙仪式或未接受过年长男性的引导，这会令一位母亲感到极度恐怖，因为这样的男人将娶不到妻子。在此，我们看到了一个完整的循环：男性最大的力量不在于能对女性动用暴力，而在于他们与女性有共同的身体表征，共享同一套生命、社会和宇宙的秩序。简言之，男人的力量根植于他们的信仰（信仰显然有不同的表现形式）、根植于他们想象中的世界，这个世界导致女人悖论性地臣服于自身的从属地位。正因为这种表征的根深蒂固，一个巴祜亚女人看到经血从腿间流下时，必然觉得该为自己所处的环境负责——尽管在这种环境中她或多或少是一个牺牲者。最终，正是这些表征使女人陷入沉默。一个女人只需知晓并历经想象中的世界，就会意识到除了服从现有的社会和宇宙秩序外，别无选择。

　　陈述完种种民族志细节后，我要做出一些更具有普遍性的结论，以上所有的分析都引向一个最基本的点：在所有的社会中，性总是与一些和生理性别或社会性别不存在直接关系的社会事实（像政治、经济等）紧密交织。在巴袺亚文化中，生为女人使一个人无权继承土地或携带武器，不能接触神圣物品。女人的身份剥夺一个人社会、物质、精神和象征资本，令她没有能力代表社会或为公众利益作出什么贡献。这是外在和超越个人的力量，女人是集体性地臣服于男性，我们已看到了女性的从属地位是如何在两种性生活（作为满足欲望手段的性，作为再生产方式的性）中表现出来的。而正是性生活使诸如经济、政治等其他社会关系成为可能。这里，我们能明确地看到性在社会结构中的地位。性生活是个人生活的一部分，但同时超越了任何**私人**的关系，比如父子父女关系、母子母女关系、夫妻关系、兄妹关系和敌友关系等。

　　在整体上，性生活处于从属地位，这一点在涉及身体与生理性别的符号性表征和想象性表征的讨论中有所提及。从一开始，就是人的生理性别赋予他或她身份，使这一肉体与其他的肉体有所区别，使这个人成为男人或女人（至少在外观上如此）。除去每个人共有的皮肉、血液和骨头，男人与女人总有一些器官是不同的，比如男人有阴茎，而女人有阴蒂；男人有精液，而女人有的是经血。

　　如同我们已了解的，巴袺亚人认为精子是生命的来源，它本身就具有力量。作为食物，它又能赋予生命以力量；与之相对的是经血，经血对男性的力量造成威胁、起到破坏性作用，比如，使田地贫瘠、把盐变成水、导致男人们在战斗中失败，等等。但经血不单纯是精液的对立，因为巴祜亚人知道，一个女人必须有月经才能生孩子。从这种角度看，生命、孩子、男人的地位、男人世系群的力量全都依靠着女人的月经。这类表征的模糊性和（精液与经血之间）对立的含混性，正是巴祜亚人对于经血持有矛盾态度的根本原因。通过这些表征，人们持续将性作为标尺，去证明一个社会中的统治秩序，或哪些秩序应该占统治地位。

因此，性与欲望不仅仅关乎社会中的个人，它关系到整个社会。因为，随着强势的社会秩序甚或想象的宇宙秩序植入人的身体，人的身体蔓延到语言领域之外，性和欲望便慢慢戴上各种各样的伪装来掩饰它们的本真特性，这些最终使得人陷入沉默。如我所见，这些带有文化和社会色彩的身体表征被大多数社会成员共享，如同一个环形的锁链限制着个体，持续影响着个体感知自身和他人的方式。这些集体共有的文化表征，无论积极的或消极的，它们不断作用着个体的身体、意识和"潜意识"，像一层外在于人的文化膜，包围着个体；它像一个与同性别的他人共享的匿名的"精神本我"，这个社会与文化的"本我"，从人诞生的第一天起，就割开了人最初的"本我"，寄居其中。

被欲望驱动的性总是源于一个包含了其他东西的本我，不仅是性别上，只要是身处同一种规范、表征和价值，这些与生理性别无关，从出生之初，就已在身上留下烙印；以再生产为目的的性也是早就被制约了的。我们必须小心，不要误解"再生产"的含义——个体关注的不是整个"物种"的再生产。对巴祜亚人来说，他们关注的是自己所属的社会群体的再生产，是那些能取代自身位置的人的再生产。弗洛伊德说，男性典型的进攻行为是为了确保"人类"这个"物种"的再生产。凭借其进攻行为，男性能战胜女性的被动与反抗。弗洛伊德旨在形成一种生物学的和意识形态的性观念。而在自我繁衍时，人类似乎并不追求这个目标。

上述对巴祜亚人的研究向我们表明，在多数现存社会中，欲望并不为两性的结合提供最基本的合法性。一个男人与一个女人结婚，可能因为她的身份是他的交叉表亲，可能因为她来自相同的种姓或村庄，而这都是社会的要求。这些并不以欲望或爱的存在为前提，夫妻两个在结婚前可能彼此不认识，或对对方的身体没有一点欲求。甚至由于婚姻产生的欲望还被视为潜在的威胁，会影响到两人的结合，进而影响到社会规范、习惯和法律。

当一个巴祜亚女孩初潮来临，理论上她能够拒绝她未婚夫送来的礼物，如果她拒不接受礼物，几等于是拒绝了婚姻——这样的权利她一生只能使用一次，在此之后她再也不可拒绝，除非她死。一旦一个女人结婚后因欲望而对丈夫以外的男人有兴趣，人们就有权处死她或逼她上吊自杀。欲望是被社会体系压制的一种东西，欲望被转化成社会秩序再生产的手段，是延续世系、缔结联盟的必要途径。随着西方社会的发展，个人的欲望才在社会中占了一席之地，这就是为什么欲望的问题只有在晚近才成为了关注的焦点。

巴祜亚人的民族志材料能够证明两个一般性的结论。一个社会的建立，不可避免地要牺牲人类性欲望中某些根深蒂固的东西——具有"非社会（a-social）"特征的东西。人类惯于把性的问题变成社会问题，因此如同拉康所说，在性行为中性的成分几乎不存在。[①]但这样说极有可能忽略以下事实——正是快感使得性在各种各样社会和文化的抑制下存活下来。性器官使得个体获得愉悦，这是最基本的事实，它服务于社会，而任何一种社会

---

① 参见埃里克·波尔热（Erik Porge）的精彩著作 *Jacques Lacan, un psychanalyste*。从1971年起，拉康在《不会假装的话语》第18卷（*D'un discours qui ne serait pas un semblant*, book 18）中就认为"根本不存在性关系这种东西"。在1974年的那次讲座《不易上当者犯了错》（*Les non-dupes errant*, book 21），他重新回到了这个主题。

因素都不能对它加以影响。

　　但性带来的苦恼和挫折感与愉悦是同等的。而恰恰是这类切身体验，成为个体与社会存在和延续的根基。性作为一个媒介，个体的逻辑与社会的逻辑在此得以融合。在性中，观念、图像、符号和利益冲突被"体现出来"。此外，正是沿着这条分界线，上述两种压抑形式相互纠结。它们使得个人与社会都能够存活下去，并促成了无意识的产生。其中，一种压迫形式改头换面，变为人类性生活中不能容忍的东西；另一种压迫形式则伪装成能够给人造成伤害的某种社会关系。并且，由于这些关系是不平等的，这些不平等的社会关系会影响到个体与他们因其职业、职责、文化、阶层和氏族而归属的团体。

　　心理分析专家不一定知道如何解开这些压抑之间存在的复杂而纠结的关系，人类学家通过"参与观察"也未必能知晓集体意识是如何内化成了个体意识。反之亦然。

第五章　一个个体如何成为 社会主体*

一个个体（individual）如何成为一个社会主体（social sub-ject）？有意识（conscious）和无意识（unconscious）的心理活动分别在社会主体形成过程中扮演什么角色？尽管精神分析学家和人类学家都对这些问题充满兴趣，但我在此的角色仅仅是一名人类学家。我从未接受过精神分析，对它仅有的了解都来自于书本。

让我先谈谈人类学家这个职业。人类学家致力于理解"他者"，为此，他必须使自己与研究对象"保持一定距离"，选择研究其他社会或者关注自己社会中与自身出身、生活和工作有差异的部分，这样才能更好地贴近研究对象。

田野调查地点一旦选定，矛盾就出现了。由于人类学家通常不请自来，他或她就必须赢得当地社会的支持，这样才能与他们所选中的对象建立信任的关系，进行开诚布公的谈话。这些访谈对象决定了访谈内容是关于他们自己还是他们的社会关系，或者

---

　　* 本章内容包括我与我的精神分析学家朋友安德烈·格林（André Green）和后来的雅克·阿松（Jacques Hassoun）之间的讨论。安德烈·格林邀请我在1993年11月21日为巴黎精神分析学会（SPP）做了一个报告，其内容随后刊登在《人类学家杂志》（*Le Journal des anthropologies*，no. 64–65（1996）：49–63）。雅克·阿松和我在两年的时间里共同主持了一个有30多名精神分析学家和人类学家参加的讨论会，最后出版了我们共同编辑的论文集，《谋杀父亲》（*Meurtre du père*）。

作为中间人去观察或者解释发生在他们社会当中的事件（这样就成为人类学家的"报道人"）。因此，一位田野工作者是通过建立一对一的关系来观察与他们打交道的个人和群体。但矛盾的是，他试图确定他们行为的内涵并不是由他们的个性特征所解释，试图识别和理解社会关系的本性——像亲属关系、权力和友谊——这些相互关系是预设产生于个人之间。当个人更进一步理解他们的社会关系逻辑，他或她就会呈现出新的面貌。

但社会关系实际上是什么？它是有着许多维度的、产生在个人之间的一系列关系——物质的、情绪的、社会的和精神的。社会关系常常通过一系列关系出现在他们所属的群体之间，这些关系组成了日常生活的方方面面，并根据不同领域的性质而得名，例如亲属关系或政治关系。**精神的**（mental，是 ideel 的词义补充）一词的所指不仅仅是观念而已；它是一系列的再现（representations）、执行的规则、肯定或否定的价值观，并附着在人类文化内容和逻辑之上的感情，围绕个人所经历或开创的行为和事件。例如，一个人只有了解婚姻是什么，对他们能够（由社会中的亲属制度性质所决定）或必须与之结婚的对象有一个或模糊或清晰的认识，才有可能结婚。作为社会的独特性标志，人际关系中的精神和情绪内容是社会关系的主观部分。一系列的再现、价值观和感情存在于个人之间，也同样存在于他们对待其他人的关系中，它们会为这些关系赋予意义。

由此我们认为社会关系不但存在于个体之间，也同时存在于他们之内。社会关系以不同形式存在于个体中，在多个方面对个体产生影响：精神上，可以肯定还在物质上、情绪上、认知上和政治上等。如果某种关系不但存在于个体之间也同样存在于群体之内的话，那么他们只能由个人生成或再生成。然而他们所属社会中的特定关系先于他们出生就存在，也将会在他们死后继续存在。单独而独特的个体不能成为他或她所属社会的起因；他或她出生并成长于结构化的关系和体制网络中。在这种结构化的关系和制度网络中，内容的真实性与虚构性具有完全同等的意义，网络中的符号就是象征。

这样人类学家开始关注特殊的个体，他们渐渐在关系中脱离。他或她试图通过分析去发现他们的首要逻辑或他们当地的或局部的原则（导致个体行为一致或分歧，但文化领域为角色赋予意义并总是与之保持一致）。在此人类学家将面临另一个挑战：如何回到个体，或者某个个体，并将他或她重建的意义与从角色自身得来的意义并置。这种焦点的转换是持续的。相比于研究中的两个不同的、接续性的阶段，它更像是单一方法的两极。

至此，我们已经触及了社会生活中精神和情绪方面的内容，但却没有提及无意识（unconscious）方面的情况。尽管从行动者身上搜集来的行动的意义是明确而有意识的，如果我们理解个体间权力、兴趣、敌意或赞美的关系，我们也就可以理解他们未讲明的信息，也就是行动者没有提及的关于他们和其他人的信息。

带着这些初步的探讨，现在我们可以将社会主体定义为处于关系网络中的个体，这种关系网络对身处其中的他或她或其他人都具有意义。人们能够维持这些关系或使之变形甚至冲破它们的束缚而获得自由，但却不能改变社会的整个结构。尽管关系网络产生并结束于个体，并决定他或她社会身份的不同方面，但个体关系本身所包含的关系就可以将社区或社会其他成员连接在一起。

让我们来看看实际案例。一个巴祜亚人——一个个体，男性或女性的身份，标志着他是生活在新几内亚当地部落的个体和群体，并在限定的区域内行使主权。这个身份是首要的同时也体现在许多方面。作为部落的一员，他或她是一个"巴祜亚人"——就像一个人是"法国人"或"英格兰人"一样——但同时也使其成为部落的亲属集团中的一员，例如，巴奇氏族（Bakia）的一员。但这种身份绝不能仅仅化简为包含一切的部落人或氏族人的身份。一个巴祜亚人由于他或她、这个或那个方面而同时属于多个社会群体，他属于多少个社会群体就有多少种社会身份。他是一个男人而不是女人，是共同接受仪式的男人……共同接受仪式的女人……一位萨满（shaman）……启蒙仪式的导师（masters of initiation）……某人的儿子……某人的兄弟……某人的姐妹……某人的母亲……每一种身份都是一种与他人关系的明确化过程，是一种作用和状态的明确化过程。这些作用和状态或者结束于个体并对他自己产生影响，或者开始于个体而对他人产生影响。这些身份的内容和形式源自于作为特定社会标志的具体关系和文化，源自于由其结构和作用过程总结出的特殊功能，源自于这些构成个体社会身份多样性的具体内容。它绝不仅仅是不同身份和特定关系的简单标签。个人关系总是一段特别的、独有的历史的产物，它绝不能在别处重新产生，它只可能在生活环境中发展。任何两个人都不会拥有同样的生活环境，无论他们是兄弟、姐妹或是兄妹、姐弟。

根据对社会主体的简要概述，显而易见的是，精神分析和心理学并不能为我们解释社会呈现不同形式的原因——例如部落、国家、种姓和阶级随着时间的推移出现或消失。这些方法甚至并不擅长去解释那些驱动社会演化的力量、原因和事件。这种驱动通常会转化为社会生活中其他形式的不可逆演化过程，进而转化为社会身份的其他形式和社会行动者的其他类型，简而言之，转化为社会主体的其他历史类型。

然而对我来说，通过另外一种途径，一种并不否认上述所有批评的途径，似乎也可以完成这个任务。我们能够通过精神分析和其他关注主体身体和精神之间私密关系的学科了解到，在特定社会的特定历史时期中通过特定形式、特定逻辑，一个个体怎样成为一个社会行动者和社会主体。

用最简单的，因此也是最困难的话来讲，我认为在每个社会中，当他或她与这个社会发生重大的决裂时，一个个体就成为一个能够为他或她的言行负责的社会主体。在这个社会中，一个个体要实现初次的社会化过程，并不一定需要亲身体验那种将会导致社会瘫痪、隔绝或是被禁止的、边缘化的行为。与社会发生决裂同时是个体认识自己身体，并学习性别之间差异与代际之间差异的机会。一个社会存在乱伦禁忌（incest taboo），也有许多其他"性与非性"的禁忌。在社会中处于支配地位的是家庭和亲属关系。将这个意思用精神分析的语言来表述的话，一个个体如果要成为社会主体，他必须要解决自己的俄狄浦斯情结并避免受到重大伤害，最终使他或她能够与标志其性别的情结相一致（与许多精神分析学家不同，我相信这并不意味着一个人将成为一个异性恋者）。

这就带来了关于个体与他或她的性行为之间关系的一系列问题，以及更为特别的，关于性行为与社会之间关系的问题。对比于其他灵长类动物，人类女性不再有可见的发情期特征，这意味着性不再直接受自然世界的规律所支配，①人类不再有特定的交配季节，取而代之的是一段段平静与情欲交替的性冲动。自此开始，人类的性行为就被普遍化了。男人和女人们能够在一年中的任何时候以男性或女性的方式做爱。在此，同性性行为（homosexuality）或异性性行为（heterosexuality）都可能发生，这绝不是个体生理学意义上"性"的直接结果。

---

①　这种发情特征是否存在于人类、黑猩猩（chimpanzees）和侏儒黑猩猩（bonobos）的共同祖先身上，这个问题依然没有定论。

自从人类性行为从自然生殖循环中解放出来，这就是几千年来人类的现状。尽管让－迪迪埃·樊尚（Jean－Didier Vincent）认为这种"丧失"与脑部的发展和全部身体功能的大脑化（cerebralization）过程有关①，生物学家仍然无法解释人类女性的可见发情期特征在何时消失又是如何消失（假如这些性特征的确曾经存在过）。人类受"大脑支配"，这体现在他们会对身体的内部表征作出反应，他们对内部刺激比外部刺激产生的反应更加敏感。因此，相对于"现实"，人类性行为更容易对描述和幻想作出反应。

但人类性行为的特殊性和独特性并不仅仅缘于它的普遍性、多形态和多倾向性的特征。实际上，性行为中必然采取的两种形式——出于欲望的性行为和以生殖为目的的性行为——有可能分离甚至对立。以生殖为目的的性行为使得个体能够繁殖新个体，这样就能产生构成社会的群体，并最终形成社会本身。以生殖为目的的性行为在此过程中具有社会意义。出于欲望的性行为同样能够加强或破坏社会秩序，因为每个社会秩序同时是性秩序和两性之间的秩序。由于欲望并不具有"社会感"，恰当地说，在乱伦情况下它将严重威胁社会秩序。果真如此，那么人类性行为的进化就会最终使社会的再生面临永恒的危险和威胁（这种威胁更具体地说是对合作关系、责任、建构于两性间和代际间的权力而言）。

西格蒙德·弗洛伊德强调，性欲望"独立于"个体存在同时且不相互依存，爱是"自私的激情"②，这可能就是他一直追求的思想轨迹。在《文明及其不满》一书中，他提出一个关于欲望的更广泛的观点，它将诸如宗教和种族这样主要制度的出现

---

① Jean－Didier Vincent, *Bologie des passions*.

② Sigmund Freud, *Totem und tabu*, p. 174.

与控制和压抑性的需要联系在一起。从这个角度看，我们能够理解，一个普遍化的、多形态、多倾向性的性行为并不能完全存在于社会主体有意识行为的层面上，因为某些方面的欲望必须要受到有意识心理的压抑。但就像弗洛伊德告诉我们的那样，受压抑的欲望不会消失，它将以一种不同的无意识的形式继续存在，以有意识心理的形式重新出现。这种有意识心理是通过部分无法被探查的方式被掩饰起来。这种现象切断了一个个体作为一个社会主体产生时的历史阶段、文化和行为之间的联系。显而易见，每个社会都需要对性行为进行控制，这种现象开始于最早出现的亲属关系中。每个个体都在亲属关系中出生并完成社会化过程。控制意味着既要有允许又要有禁止；禁止并不意味着消灭，而是压制、压抑，超出有意识的心理范围。这样，挑战禁忌的意图满足了做或不做的决定。

用另一种方式来表述这种本体论的事实，我断定没有任何一个社会——因此也没有任何一个能够创造并再造社会的社会主体、行动者和个体——能够没有这样或那样的社会牺牲（social sacrifice），能够没有在比喻意义上个人或集体性地放弃部分的人类性行为。这样的牺牲是必要的，并在所有社会的所有阶段都被编撰成为法律。在此我背离了弗洛伊德，这种"成为法律"的牺牲不应当与"谋杀父亲"的自然规律混淆。在所有人类法律的背后都有一种规律，这一规律没有性别之分；事实上人类社会，就我而言，不是从神话中的谋杀父亲开始，而是从截断性行为的"非社会性"特征开始的。因此，我认为性欲望，一个人的利比多（libido），能够自动将其自身导向那些被社会禁忌所禁止的人，例如，母亲、父亲、姐妹和其他类似的角色。自然不会决定欲望的走向，也不能决定身体的方向。这种牺牲，这种截断是对人类的伤害同时也是提升。他们与自然属性一起为个体自身存在负有共同责任。人类不仅仅是像其他灵长类动物那样，生活在社会中并不断适应它；他们为了能够持续生活下去而构建出社会。因此，社会就要建立在有意识的截断基础上，对人类欲望的非社会性特征有清醒的否定认识的基础之上，而绝不是建立在谋杀之上。这种否定和截断既是有意识的也是无意识的行为，这些行为压抑、压制个体并使之服从，因为人类无法将其自身分解，只能对其一部分进行压抑，令其以其他形式在无意识中继续存在。

在此我试图说明的是一个本体论事实，所有社会都需要将性行为屈从于他们的生产和再现条件。这与在对应性别个体间建立的社会安排有所不同；它基本上是使同性的、异性的或者其他性行为屈从于社会、政治和经济关系的再现。这些关系将社会带进一个通过多种方法强加在所有社会成员身上的结构化的整体状态。尽管我们可以将这种性行为对其他社会关系的结构化屈从表述为——同时也存在差异——存在于两性间的具体屈从形式，但它却不能涵盖所有内容。

当性行为的屈从（subordination of sexuality）处于一种社会秩序（它同时总是一种性秩序）的中心位置时，这种社会秩序就会深深印刻在个体的内心最深处，这样个体就成为了社会主体。为了实现这一目标，我们必须具备另外一些基础条件，即能够使用口头语言并对与自身之外的他人之间的关系具有意识，无论这种关系互惠与否。上述过程为个体的身体与他或她最深层的主体性（subjectivity）定性，并假定所有社会在亲属关系和其他社会关系交汇处都存在一个双重转变，个体由此就成为了社会主体。在第一个转变中，这些经济、政治和宗教关系与亲属关系无关。从其起源和含义来看，它们是"亲属关系的从属部分"。在第二种转变中，亲属关系范围内的所有一切最终都成为"性和性别关系"，这种关系体现在相应的个体中。这样，社会关系成为了一种亲属关系，而亲属关系问题也成为了性别问题。

　　让我们来看几个具体的例子。在许多社会里，土地由儿子继承，女儿被排除在外。有时仅由长子或幼子继承，而其他人排除在外。一种经济关系——社会财富的组成部分，在这个例子中是土地的拥有权——严格地通过男性来传递并按照从父亲到长子或幼子的亲属关系路线传递下去。在我们了解的几乎所有社会中，女性被禁止使用武器，在权力关系中不能使用武装暴力。在这些例子中，经济关系（土地所有权）和政治关系（武装暴力的应用）成为了亲属关系的特征，说明这是一种占有关系，性别不平等关系。

　　这个双重转变恰好发生在亲属关系领域并不是一件小事情。个体在亲属关系中诞生并完成最初的社会化，这种非个人化转变的结果总是体现在身体上，体现在每个个体的身上。因此每种文化都为个体构建了——在他们出生之前，人们已经期待他们成为一个男孩或女孩——一种亲密关系。这种亲密关系在最初是非个人化的。因此身体不仅被用来证明一种特定的文化，而且总的来说是支持或抵抗一种主要的秩序——在代际、氏族、种姓、阶级或无数其他的阶层系统中——这成为一个社会的特征并占统治地位。

　　让我们重新回到社会秩序在身体最深处的私密关系中的具体化过程。在第三章我们已经提到过，每个社会都有一种或者许多种关于孩子是由什么构成和婴儿如何形成的理论，这些理论并不是建立在广泛的生物"事实"（直到胚胎中出现器官，生物事实可能在所有地方所有时间都相同）基础之上，而是建立在广泛的可变的文化模型之上。

　　在巴祜亚人这样的父系社会里，人们认为孩子是由男人的精液所构成，精液形成了胎儿的骨头、肉和血，而女性被认为仅仅是一个容器。但胎儿最终形成还需要太阳碰触身体进而形成鼻子

（智慧之处）、手臂和腿。尽管一个巴祜亚人的孩子属于他的父系血统，但他也将太阳——巴祜亚人将之称为"诺维"（Noum-we），或父亲——视为双亲之一。太阳，或与其弟弟月亮（根据他们的神话中一个色情版本）一起，或者与其妻子（在女人和未经启蒙仪式的男孩所了解的色情版本中）一起，成为生命和宇宙秩序之源。

特罗布里恩德岛人是一个位于新几内亚东部的母系社会，马林诺夫斯基曾经对它做过出色的研究（安妮特·韦纳［Annette Weiner］最近也研究过它）。对特罗布里恩德人来讲，一个孩子属于他的母亲和舅舅所在的氏族，而不属于他父亲的氏族。根据这种亲属关系的安排，他们认为孩子是与母系精灵相遇的结果，这个精灵与其他精灵一起生活在位于小岛上的一个属于母亲氏族的神圣地。这个孩子精灵进入女人的阴道，与她的经血混合，形成了胎儿。那么在这个社会中成为"父亲"又意味着什么呢？一个孩子的父亲并没有生育他，只是打开女人的身体为孩子精灵开通道路。因此他不是自然的父母亲而只是一个培育者，通过他的精液滋养胎儿并塑造其特征。这样男女二人在女人出现怀孕的最初征兆的时候会增加性交的频率（与其他社会在怀孕初期严格禁止性交的情况形成鲜明对比），人们认为孩子长得会像那些既没有生育他们也不属于他们的父亲们。

关于生育的这些观点是生育孩子的"社会性解释"，是双重转变的变量。这种变量创造出印刻在每个新生儿身上的非个人的、文化形式的亲密关系，并创造了个体如何体验他或她的身体，如何与对方相遇的条件。

因此正是在身体里，一个拥有名字和身份的个体，即社会主体与无意识——不是，或不必是"一个主体"——联系在一起。就像一个腹语者的傀儡一样，个体将自己的声音引申到社会领域以及组成无意识的力量和欲望当中。因此，身体语言既是呼喊也是耳语——有影响力的，重新掩盖的，伪装的——有时以沉默结束。一个主体，在表达接受或者反对他或她所在社会中的特定秩序时，总是事先振作身体来证实或起而反抗身体里的社会秩序。

这种双重转变是一个个体构建成为一个社会主体过程中的重要部分，是一个跨文化现象。它来源于一个事实：人类不仅生活在社会当中也同样为了生存而创造了社会。这种跨文化观点解释了人类各种族中展现出的文化多样性，但并不足以让我们能够观察和理解人们为了适应他们所创造的或是屈从于的各种环境而使用的多种方式，因为它们也擅长在环境中塑造他们的自我。事实上，如果在一个社会中人们不能赋予自身为了**生存而创造社会**的能力或是天赋这种能力的话，他们就没有办法生存其中。因此社会主体不是一个第二顺序主体，因为无论从本体论上讲还是从历史的角度来讲，无意识成分不可能先于主体而存在（对于是否能将无意识视为主体内的一个主体这一问题，尚无定论）。社会主体更不能够仅仅被约简为他的有意识行为，他的有意识状态，他自身的有意识部分和他的多个自我。显而易见，当一个社会主体在讲话，使用一种并不是由他或她创造，起源也并不清楚的语言时，主体会发现所有其他的谈话者在他或她身上显现，他不再是独自一人。在我学说话前，其他人会在我身上显现。他们在我能够说出一个词之前就与我交谈。

让我进一步讨论一下社会主体如何被唤醒这一问题。我们知道每个个体开始生活都是通过被迫生存并将"自身"的文化视角内化这一过程而实现的，主体既没有创造它也没有选择它。这就是皮埃尔·布尔迪厄讲的**文化习性**（habitus）的部分所指，它将自身沉溺于个体之中并将意义和方向赋予他或她的思想和行动之上。①我们也知道一个孩子要在被一群成年人**占有**（appropri-ated）、**所有**（claimed）之后才能开始生活，这些"他者"可以对他或她施加权力并负有义务，因为他们将自己称作是孩子的父母、亲属和/或被社会认定为此。但反过来孩子必须**占有**这些个体——父亲、母亲等——并最终**离开他们**，否则将不能被称为完全的成年人。

转了一圈，让我们回到俄狄浦斯情结可能的普遍性问题上。一个社会主体要能够适应对人类生活至关重要的、先在的、刻印的社会秩序。这是一个个体要成为一个社会主体必须要解决的问题。但我们也必须牢记，一个社会主体也能够改变、有时能够终止支配着他或她的秩序。

在这种思想的指导下，我将结束这个简要的讨论，并鼓励人类学家和历史学家开始与精神分析师和其他研究人类精神的社会科学家们展开对话，而不是像我们现在这样，发现自己面对着已知社会形式的多样性及其历史的不可逆性时就与他们分道扬镳。但是要谨记：俄狄浦斯情结可能的广泛性并不说明父系的信条和父亲法则具有解决问题的广泛的必要性。②

① Pierre Bourdieu, *Esquisse d'une théorie de la pratique.*
② Michel Tort, *La Fin du dogma paternal.*

第六章　什么是社会

　　本章继续分析第二章提出的问题，即没有一个社会是以家庭或亲属制度为基础的。我们试图走出巴祜亚社会的局限，进一步丰富我们的结论，并将此理论普遍化。

　　我们已经知道，巴祜亚人的社会仅仅诞生于几个世纪之前。显而易见，我们面临两项任务：确定这个现在已经可以识别的群体产生的条件；发现这个社会最初建立并延续至今的基础。我们很快发现，巴祜亚诞生于两次间隔了两代或三代人的杀戮和暴力。最初的主角是一个由约格（Yoyue）部落不同氏族和世系的男人、女人、孩子构成的群体。他们住在梅尼亚米亚（Menyamya），距离现在巴祜亚人占领的山地有几天的路程。为了给即将举行的男性启蒙仪式准备大量猎物，部落里的男人和女人提前几个星期离开他们世居的村庄布拉维卡略巴拉芒杜克（Bravega-reubaramandeuc），深入森林狩猎。在他们离开的时候，敌对部落塔帕什（Tapache）的武士趁机入侵，杀死了所有留下的人，其中包括那些即将举行启蒙仪式的男孩。其实，这次杀戮是受到约格部落成员指使的。

　　幸存者无法再回到自己的村庄，于是逃往其他一些愿意收容他们的部落。大量逃难者来到耶利亚火山（volcanic of Mount Ye-lia）脚下的马洛维卡山谷（Marawaka Valley），向安杰（Andje）部落寻求庇护并获得许可。安杰部落里一个叫纳德利（Ndelie）

的氏族将这些避难者安置在自己的土地上。此后经过几代人的时间，这些避难者的后代与他们的东家交换妇女，他们的孩子与安杰的孩子一起举行启蒙仪式，并使用安杰人的语言。后来，约格部落与纳德利氏族签订了一份秘密协议，邀请安杰部落的其他氏族参加一项仪式，并事先做好埋伏，杀死了许多前来参加仪式的人。幸存者逃往耶利亚山另一面，把他们的土地留给了此次屠杀的同谋①。这次大屠杀由约格部落预谋并实施，一个新的社会由此形成，并以避难氏族中的一支命名——巴祜亚。之所以选择这支特殊的氏族是因为，它在男性启蒙仪式中发挥着关键作用。

巴祜亚人是如何通过篡夺他们东家的领地并与近邻战争进行扩张从而建立一个新社会的呢？我曾以多种不同的方式向我的报道人提出这个问题，但直到我与他们相处多年并了解这个群体的运作方式及其成员如何思考和行为之后，我才获得了答案。这要归功于所有我搜集的田野资料：部落所有成员的系谱；所有村庄的人口结构；拥有并管理着700多个果园的个人信息；关于男孩、男人、女孩、萨满启蒙仪式的笔记和影像；还有其他我记录的民族志观察。

我分析了所有资料，试图回答一个根本性的问题：不论性别、年龄、世系或者村庄，在巴祜亚人所有社会关系中，哪些关系构成了彼此依赖或不依赖、互惠或不互惠的基础？也就是说，哪些关系奠定了巴祜亚个体认同的共享身份的基础，同时这些关系又是以何种方式存在并复制，以及它们自身又是如何作用于这种复制的？

从这个视角出发，我梳理了巴祜亚人的亲属关系。我不仅要理解这些关系暗含的抽象规则，还要清楚他们实际运作

① 我曾向安杰部落和其他巴祜亚人的邻近部落查证，其中有些部落是他们的朋友，而有些则是敌人。所有人都证实了巴祜亚人溃逃到马洛维卡山谷及其后设伏他们的东家并实施大屠杀的故事。

的方式。于是，我画了几百份谱系图。这些图清楚地记录了不同世系和氏族之间四五代人的结盟。最终我得出结论，世系之间亲属关系的产生和复制并未在所有个体之间建立直接或间接的纽带。

接着，我又转向个体和世系之间因物质方面的合作、互助、资源共享而发生的关系。而这些关系则是在确保社会存在（social existence）的物质方式的生产过程中建立起来的。这种物质方式包括巴祜亚人日常所需和剩余产品；巴祜亚人用盈余与邻近部落交换他们自己不生产或产量不足的物品，如树皮披肩、武器、工具以及象征社会层级的羽毛饰品。同样，我只能得出这样的结论：这些在西方社会被称为经济关系的社会关系，并非个体相互依赖，从而以这种关系的生产和复制为目的，并且以生产和复制这种社会关系的方式结盟的普遍物质基础。

因而，我得出结论：不论是在过去抑或我观察其间，不论亲属关系还是经济关系都无法将所有巴祜亚世系和个体纳入一个统一体。这在孔子或亚里士多德的观点中鲜有提及；反之，他们认为家庭和亲属关系是城邦或国家的基础。① 它与卡尔·马克思的观点也存在差异。马克思认为，一个社会得以运作的前提是社会各集团之间"生产和再分配的方式"，或者是新自由主义经济学家们宣称的"真实"经济关系——市场经济，它应该导致民主的发展、尊重人权等——进而建构一种社会格局。

---

① 在此我想澄清一些本章问题所涉及的迷惑。它与哲学家和其他一些理论家所热衷提出的问题截然不同：换句话说，人类社会和社会契约的普遍基础是什么？在我看来，这个问题几乎毫无意义。因为，所有人类活动、人们建立或将要建立的所有互动关系既是他们社会存在和社会生活的内涵又是其基础。人类"天生"——换言之，自然进化的天性使然——是一个社会化的物种，它不需要签订任何契约或做任何额外之事（如弑父）即可开始社会生活。不过，正如我所观察的那样，我们不仅仅生活于社会之中，同时还在创造新的社会存在形式，进而为了继续生存创造社会本身。

那么，我们将在哪里发现是什么导致巴祜亚人自我认同，并被邻近友好或敌对部落看作是一个区别于他们的单一社会呢？即使巴祜亚人说着与许多邻近部落相同的语言。

通过分析他们的经济活动，我发现了一个无法忽视的领域：宗教—政治关系（political - religious relations）。它根据年龄、性别和氏族，以不同的方式涵盖了所有世系和个体。每间隔三年或五年，部落会举行新一轮启蒙仪式。我关注的是仪式所需食物、衣物及其他物品的生产。这些剩余产品并非以每个世系论资排辈的方式进行生产，而是作为对持续数周的仪式的物质贡献。举行启蒙仪式时，邻近部落数百人都会前来参加。这时候，所有战争都将暂停或禁止，无论朋友还是敌人都将受到礼遇和款待。

前文已经解释过这些启蒙仪式的本质和意义，所以我将在此简单提及一个表达了仪式整体含义的时刻：建筑提米亚（tsim-ia），男孩启蒙仪式的部分仪式和比他们年长的受礼者向新一阶段过渡的仪式都是在这所宽敞的仪式房中举行。巴祜亚人认为，提米亚象征他们作为一个整体的"身体"：支撑起房屋的杆柱是它的骨骼，由部落里数百名女孩和妇女采集并运回来铺盖成屋顶的捆草是它的"皮肤"。那根支撑着屋顶的巨大的圆心柱被称作提米亚，它象征着巴祜亚氏族的祖先。太阳神赐予了他们祖先为未来武士、萨满以及那些在其他氏族举行的仪式表演中被赋予特殊地位和作用的人举行仪式所需的圣物（sacred objects）。

我在停留期间观察到，提米亚墙垣上的每一根柱子都是在森林中砍伐后，由待受礼者的父亲搬运回来。当他们到达将要修建提米亚的地点，男人们两两之间等距排列，形成一个建筑物圆周的圈。仪式主持人发出一个信号（此人属于巴祜亚氏族，他的身旁站着来自专司培训萨满的安达瓦奇［Andavakia］氏族的伟大萨满伊南姆维［Inamwe］），所有父亲突然齐举各自的柱子插入地面，同时高喊巴祜亚人的战斗呼号，而所有站在外围的男人则重复他们的呼号。值得注意的是，这些往土里插柱子的男人并不是以亲属和氏族的方式聚集起来的，而是根据乡邻和日常合作关系以村落的方式聚集起来的。

从这些巴祜亚人亲自向我证实的事实出发，我推断：男性和女性启蒙仪式上有几件事情是同时完成的。首先，他们将全部人口进行了清晰的社会化分层归类，每一类都由相同年龄、性别的人构成；这一过程中，以年龄组（age - grades）划分人口的方式得以复制。其次，由于启蒙仪式主持人和萨满在灵（the spirits）和祖先的辅佑下能够决定哪些新受礼者将成为伟大的武士、萨满或食火鸡猎手，所以仪式（rites）将确认这些特殊的个体，他们将成为社会的期望。

启蒙仪式还有第三个方面：复制存在于各氏族之间的等级关系。这些氏族中，有些行使着各项仪式职能并拥有必要的圣物和秘方，而有些则没有或曾经拥有这一切。那些拥有圣物和仪式职能的氏族源自约格部落的避难者和纳德利氏族。这个氏族在避难者决定杀死他们的东家并篡夺其领土时背叛了安杰部落。

结论已经非常清楚：宗教—政治关系是巴祜亚人建立新社会并保证其延续至今的根本所在。启蒙仪式真正的寓意是这个社会的运作方式——由谁运作，为什么——以及仪式中再现的秩序和等级；它寓意着，每一个人（男性和女性①）根据性别、年龄、氏族以及个人能力，都在社会的运作中被赋予一席之地。但同时，巴祜亚人还认为，如果没有英雄祖先、自然之灵、各类神，如太阳神、月亮神或雨神（一只栖息在天空中的巨蟒）等无形存在物的帮助，社会将无法运作和延续。通过人与灵（spirits）之间的合作，社会秩序和同样包含了人类努力的宇宙秩序出现

---

① 我已经分析了女性启蒙仪式的作用。这一仪式将数百名女性聚集在一起，形成一种对男性的补充，从而建立由男性主宰的稳定的社会秩序。

了。巴祜亚人非常坚定地认为：社会秩序是宇宙秩序的一部分①。

是否其他社会也是如此？它适用于所有社会吗？为证实或证伪这一假说，我们必须跳出巴祜亚社会，将注意力转向其他案例。我们将从美拉尼西亚（Melanesia）转到波利尼西亚（Polynesia），然后重点讨论我们在中部和南部太平洋地区的发现，最后我们将对埃及法老制、古代中国和印度种姓制度做一个迅速回顾。

实际上，我提出的问题是：**政治、宗教、经济、亲属制度等能够将群体和个体聚合形成一个"社会"（具有与其他邻近社会相区别的边界），进而将他们融入一个包罗万象的整体并赋予他们一个附加的、全体共享的身份，那么，它们之间存在何种关联？**

这些人类群体——氏族、"房屋"、等级、种姓、阶级以及种族或宗教群体，本质上通常高度多样化，一个个体通常属于其中多个群体，每一个群体都赋予个体一个或多个特定身份。同时，属于同一"社会"整体的所有个体的这些特定身份之上又被赋予了一个总体的"一性（oneness）"。

这个问题不仅是社会科学也是现代国际事务的核心。面对资本主义市场经济全球化，欧洲及其他大陆上的许多人都想知道：什么将成为他们的特别国籍以及从某个遥远过去继承的部落、种族和宗教身份。

---

① 读者或许有兴趣知道，我在自己的田野笔记中"发现"，一位巴祜亚人已经为我的问题提供了答案："然后我们修建了自己的提米亚（tsimia），为我们自己的男孩举行启蒙仪式。"在依次排除巴祜亚人的亲属关系和经济关系并最终确定"宗教—政治"关系是建立个体联系、构成社会基础和部落认同的作用力后，我才理解这简短几句话的所指及其重要性。

　　由于资本主义经济全球化（以及所谓"社会主义"制度的崩溃），人类历史上第一次，所有地方性社会和国家社会都发现自己在一个几乎覆盖全球的（有少数抵制者，如古巴和朝鲜）单一经济体系中被迫成为了齿轮①。但是，将所有社会整合入一个世界市场同时意味着，现阶段他们正处于权力斗争、竞争以及利己行为中，而这些不仅带来相应的经济后果，同时还有政治和文化的后果，因为目前这个世界市场是被美国、西欧和日本主宰的，而且这种局面可能将继续维持一段时间。

　　大量紧张乃至公开的冲突已经将类似印度和巴基斯坦、伊拉克和伊朗、以色列和巴勒斯坦这样起源于不同秩序对抗，而非经济竞争的敌对势力特征化了。在印度和巴基斯坦的案例中，后者是一个军政权的穆斯林国家，而前者则是一个印度教为主的民主国家，所以两者之间同时存在领土纠纷和政治、宗教对抗。领土问题显然是以色列和巴勒斯坦（巴勒斯坦人想要争取领土并建立自己的国家）冲突的导火索，同样也是中国大陆与台湾地区、日本和越南之间紧张的源头。简言之，从社会学的角度来看，某些人的担心是没有任何实现机会的，如社会之间、国家之间的边界将消失，而他们的成员将失去自己的身份，在随之产生的世界文明中，成千上万多元文化的混血儿将游浮在大量物质与非物质交换的潮流中，散居在金钱和资本聚集的地方。故而，对作为社会身份和个体身份本质构成的政治和宗教关系进行分析就显得尤其重要。

　　在重新开始我们的民族志分析时，首先必须强调，当政治和宗教关系在特定的社会学乃至政治学情境中，有助于建立和合法

---

　　① 但是，这一体系并非同质。经济学家将资本主义区分为不同类型：英美式、斯堪的纳维亚式、日式，并坚持认为：世界经济的各种类型将必然合流为英美式新自由资本主义。参见 Amable, *Les Cinq capitalisms*, pp. 101 –51。

化某个由众多居住在一片或几片领土上并将之视为自有资源的人类群体构成的统一主权时，它就具备创建新社会的能力。

这种主权可以表现为多种形式。以古希腊为例，主权仅仅由生来就属于某个城邦如雅典和斯巴达的男性自由人分享（而非女性自由人）。这些自由人在自己的城邦内享有对某片领土的所有权和使用权，可以亲自开发土地，亦可通过奴隶和佃农进行开发；此外，他们不仅有权而且有义务参与一切城邦延续所必需的政治和宗教事务，以及必要时保卫城邦。只有他们才有权供奉城邦之神、作出裁判、持有武器。而其他人口，即虽生活在雅典但属于其他城邦的男性自由人、生于其他国家的男性以及奴隶，不享有这些权利或承担此类义务，尽管这些人口在城邦总人口数中占据较高的比例。

中世纪以后的西欧，伴随着奥匈帝国之类政权的解体，民族国家逐渐占据主导地位。相比之下，在前哥伦布时期的美洲，伟大的王权都出自各部落的军事扩张，有些来自同一族群而其他则不是；王权剥夺了其他部落和族群对各自领土的主权，并为换取劳动力和进贡准予臣服者使用自己的土地。这是埃尔南·柯尔特（Hernán Cortés）和弗朗西斯科·皮萨罗（Francisco Pizarro）到达时阿兹特克人（Aztecs）和印加人（Incas）的案例。相比之下，当欧洲人到达新几内亚和世界其他地方时发现最为普遍的主权形式是，无论其组织形式是否为酋邦，所有成员共同行使部落领土主权。①

同时，这些例子或多或少地影射出一个社会的性质，无论它是一个国家、被"殖民"地，还是以交接或赔偿的方式被某个殖民政权剥夺领土主权（而在社会和文化发展方面拥有自治

---

① Godelier, *L'Idéel et le materiel*, chap. 2： "Territoire et propriété dans quelques sociétés précapitalistes", pp. 99 – 163 (*The Mental and the Material*, chap. 2： "Territory and Property in Some Pre – Capitalist Societies", pp. 71 – 121).

权）。这样的例子发生在 1960 年，当一位澳大利亚巡查员在吉姆·辛克莱（Jim Sinclair）① 引导下"发现了"巴祜亚人并随即将"白人的和平"和巴祜亚人之前毫无意识的殖民国法律强加给了他们。从那时起，巴祜亚人社会和文化的发展依附于由澳大利亚进行行政管理的英帝国。而他们的宗教和启蒙仪式则成为批评的对象，并受到来自从欧洲或美洲各类传教士的压力。这些传教士经历长途跋涉就为改造巴祜亚人，使其皈依唯一的、耶稣基督创立于 2000 年前的"真正"的宗教。

尽管巴布亚新几内亚于 1975 年 12 月成为了一个独立的国家，但巴祜亚并未收复自己的领土主权。作为公民，他们既没有要求独立，也没有愿望要成为一个独立国家和新兴民族的一部分。他们虽然获得了新的权利和义务，但却被禁止自行解决内部纠纷或袭击近邻并侵占他人的领土。独立之后数年间，巴祜亚社会并未消失；实际上，他们的人口增加了。但是，他们已经从欧洲人到达之前的自治社会变成了一个"本地部落群"，被归入一个更大的"种族"群即安加（Anga）。这个"种族"群内部有数百种语言和族群，他们被迫将自己融入巴布亚新几内亚民族。当巴祜亚丧失了对自己山川河流和人民的主权，他们就已不再是一个社会，而成为与他们自身历史及思维、行为方式完全相异的某个国家政权下的本地"部落社区"。②

我们由此可知，拥有领土和包括土地、河流、山川、湖泊甚至海洋等可为人类群体提供生存和发展必需资源的自然元素集意味着什么。领土可能是征服而得，或者从以征服或非暴力方式

---

① Sinclair, *Behind the Ranges*.
② 这个国家于第一次世界大战之后经澳大利亚当局授权建立，它由两个前欧洲殖民地：位于南部的英属巴布亚和位于北部的德属新几内亚融合而成。参见皮特·瑞安（编），《巴布亚和新几内亚百科全书》（Ryan, ed., *Encyclopedia of Papua and New Guinea*）。

（如果他们在无人区域定居）获得土地的祖先继承而得。各个社会的领土边界必须明确，否则将出现侵占和开发近邻所属领域的纠纷。在所有案例中，领土必须通过武器和组织化暴力的方式以武力捍卫，但也可以通过召唤神和其他无形力量的仪式达到削弱或消灭敌人的目的。所以，巴祜亚人发起任何军事行动之前，他们的萨满都会花几昼夜召唤他们的护佑之灵去涣散敌人的力量并使得他们无法张弓和命中目标，或者使他们近距离作战时无法看见巴祜亚伟大的武士奥乌拉塔（aoulatta，巴祜亚的武士称谓）。

巴祜亚人的例子提示我们，几千年以来，与这些强大的无形存在进行沟通的社会关系构成了对领土、资源及所属人口的主权实践的基本成分。印加之王不是宣称自己是太阳神之子并强迫自己帝国的臣民为之修建庙宇和朝拜吗？雅典娜不是雅典的守护神吗？直至 19 世纪，根据 1833 年法典，全俄罗斯沙皇自赋为法律和法典的唯一来源，所属子民必须顺从"不仅仅出于敬畏，而且要在意识中将之看作神本身的旨意"。总之，沙皇是"教条和斯拉夫人正统宗教的捍卫者和守护者……"所谓正统宗教，即根据法典所载——东正教。

政治和宗教的分离是近代发展的结果，而这种分离在许多社会仍旧不可思议或无法接受。在欧洲，国家政教分离思潮兴起之时，启蒙运动和法国大革命赋予了政治和宗教分离这一概念实质的内涵和作用力①。随之，有史记载最早始于苏美尔（Sumer）的一段表现为各种形式的政治、宗教联合或融合的历史进程终止了。

一种宗教，是一套社会关系的集合。它表达了社会成员与那

---

① 例如，埃马纽埃尔·约瑟夫·西耶士在《法国大革命前夕》写道："国家（the Nation）是一切之源……它就是法典。它是公民归宿意识和平等权力的共同体。"（*Qu'est - ceque le Tiers - Etat?*）

些活跃在日常生活中的无形实体如祖先灵魂、自然之灵和各种神之间的关系。这些无形实体存在于人的观念之中，同时观念本身又证明了它们的存在和力量。人类与这些灵和神（spirits and gods）的关系同时也映射出人类群体内的特殊关系，即允许与这些实体进行沟通，可以祈求它们作为或不作为。于是，宗教赋予特定个体（巴祜亚人的萨满）或群体（基督教中的传教士和修士）某种特殊的社会身份。这种身份，来自他们在人类与那些被认为主宰着宇宙运作和人类命运的力量和存在物的关系中所处的地位和作用。一种宗教并非仅仅是观念、仪式及特定个体和群体被赋予的社会身份的集合。它还建构了特定的思维和行为方式，以及为其追随者或多或少遵从的义务和禁忌。在我看来，信仰、仪式、特殊的社会身份以及或多或少共享的思维和行为规范构成了所有宗教的内涵，不论它们是如巴祜亚人般纯粹本土，还是如宣扬救世论的宗教般普世化。

那么，宗教信仰和仪式如何为某个人类群体领土主权的建立作出贡献，进而成为一个新社会诞生的条件呢？它有多种路径。第一，由神话和传说故事建构的信仰通常为宇宙和人类的起源以及源自一系列虚构的事件并定位了所有神、人类、植物、动物、山川、海洋等不同存在物的关系提供了一种解释。宗教实际上为社会秩序提供了一套宇宙基础。第二，宗教通过集体仪式和遵从仪式规范的个体行为，试图沟通人类之外的其他力量——那些更加强大的、人类必须向其寻求帮助的力量。于是，宗教根据人类群体实践的不同领土和人口主权形式发挥或小或大的作用；当主权体现在某个被视为和尊为下到凡间的神的个体身上并由之行使时，宗教就成为了该群体的基本要素；也就是说，政治和宗教在某一个体身上实现了真正的融合，他或她成为了主权、社会关系和制度的基石和（显而易见的）来源。最为显著的例子就是古埃及法老的地位，还有其他被尊为凡间之神的伟大人物如印加——

印提（Inca – Inti）或太阳—印加（Sun – Inca）。尽管古代中国的皇帝并未被视为神，但始于秦帝国建立（公元前 221 年）、终结于 20 世纪初的历代传承的帝王却被认为是唯一承天命（Heaven's mandate）统治人类和宇宙的人。正因如此，"王"（the Wang）也被称为"天子"（Unique Man），被认为比其他任何人更亲近上天权威，上天赋予此人神圣的地位，帝王驾崩代表着王朝的更迭。

在廓清巴祜亚社会、历史及其主权的部落形式特征后，我们将转向几个波利尼西亚社会——第科皮亚（Tikopia），汤加，夏威夷——这些社会的风貌将把我们带回到凡间神的或与神共在的异化人（unique men）的王国中去。

从美拉尼西亚到波利尼西亚，我们的第一站是第科皮亚。人类学学科史上的伟大人物之一雷蒙德·弗思（1901—2001）在其著作中记录了这个欧洲人到达之前新近建立的社会。

1928 年，弗思第一次进入田野之时，第科皮亚的政治和宗教组织几近完整，于 1924 年到达的传教士对这个社会还影响甚微。第科皮亚社会由 4 个内婚氏族构成，根据各自在祈祷土地、海洋与后代丰产丰育的仪式周期中所处的角色地位划分等级，卡费卡（Kafika）氏族及其首领特亚里基卡费卡（Te Ariki Kafika）居于最高等级。通过这些仪式以及他们酋长的中介，每一个参与被弗思称为"神之杰作"（the work of the gods）的氏族都将被赐予或获得丰收、充足的海产品或是许多强健的孩子。①

一个最重要的事实是，这个社会及其组织形式在弗思到达前

① Firth, *the Work of the Gods in Tikopia*。稍后我将再回到这一章关于他的发现，在我看来，弗思的发现与他描写的微小细节中体现的信仰和仪式实践并不完全相符。

的几个世纪里都不存在。实际上，四大氏族源自不同时期到达第科皮亚的不同群体，他们来自不同的岛屿，如普卡普卡（Pukapuka）、阿努塔（Anuta）、罗图马（Rotuma）。这些群体从最初相互斗争转而在特亚里基卡费卡（Te Ariki Kafika）的终极权威之下争取自己在与"神之杰作"紧密联系的宗教—政治等级制度中的地位。构成这一等级制度的基础是什么？根据第科皮亚人的一则神话，卡费卡氏族的祖先是一个非同寻常的人，他为那些生活在岛上的各个世仇群体制定了一套用以组织统一社会的原则和规范（这与太阳神如何赐予夸汗达里亚［Kwarrandariar］巴祜亚氏族祖先卡纳玛威［Kanaamakwe］圣物和秘方［secret formulas］，从而赋予他们启蒙自己族群里的男性并为每一个氏族分配仪式角色的能力的故事不同）。卡费卡氏族的祖先后来被一个心怀嫉妒的对手谋杀了，但是他进入了天堂，至高无上的天神将一个"玛那（Mana）"吹入他的体内，使他成为了神，即一名阿图阿（atua），并赋予他对岛上其他神的管辖权。后来，这成为他所在氏族的首领，也就是他的后代地位高于其他氏族首领的原因所在。[1]

在此，我们发现了一个涉及前述社会学和历史学进程的案例：宗教—政治关系整合了相互区别和敌视的各人类群体，从而形成一个延续的整体社会。深究这些关系，我们再次发现想象性表征的内核；起源神话的功能在于，通过将他们中的某些人归因于某个神圣的起源，从而使权力结构和社会等级中各群体的地位合法化。而这些虚构的（对我们而言）表述，通过每年周期性仪式"神之杰作"的象征性实践，成为了真实社会关系的来源和得以存在的理由。

---

[1]　Firth, "Outline of Tikopia Culture"（1930），再版于 *Tikopia Ritual and Belief*, pp. 15 – 30.

我们将这一社会组织形式与巴祜亚社会做一比较。制盐之外，巴祜亚人唯一的劳动分工存在于性别之间。[1] 一位男子因作为某氏族的代表在武士或萨满启蒙过程中扮演重要角色而获得声望，但仅此而已。仪式一旦结束，启蒙仪式上的主持人回归与所有其他巴祜亚人相同的日常劳作，为清理果园而砍伐树木，外出狩猎，修建房屋等。他们唯一避免的是卷入争斗，他们害怕被杀，并随身携带能够将他们的力量输入启蒙仪式圣物槐玛特涅（Kwaimatnie）的秘方。

而在第科皮亚并非如此。负责仪式的首领极受尊重，他们的子民受到一系列禁忌的保护。他们打理自己的果园，却无须从事繁重的劳动。他们独享土地所有权，准许属民耕作，并在丰收时节享用第一次采摘的鲜果。首领们尤其是特亚里基卡费卡（Te Ariki Kafika）掌控着全部人口的生产活动和农业生产周期的开始及结束，并通过制定和解除各种禁忌调控渔业。所有这些关系个人和氏族生活基本面的活动都被纳入了与**神共同劳动**（working with the gods）的首领们所呈现的仪式，以确保这些活动的成功[2]；而第科皮亚人则认为，他们的生产能力更多地取决于首领与神的联合行动所产生的仪式效用，而非他们自身的努力。

有时候，我们这些习惯于一神论（monotheistic）主宰的人很难想象仪式过程中关键个体与神之间的直接合作。然而很多社会却认为，某些个体是从神传承而来，他们能够在仪式过程中领导神圣的合作。对于第科皮亚人而言，这样的仪式并非"神之杰作"（the work of the god），而是"首领与神共同的杰作"（the

---

[1] 所有男人不得不在同一时间成为武士、猎人和园丁，尽管只有极少数人被尊为伟大的武士、伟大的猎手，或伟大的园丁。

[2] Firth, *Rank and Religion in Tikopia*.

work〔of the chiefs〕with the gods)。①

　　通过与巴祜亚人比较，我们在这个由氏族构成但同时又被首
领及其子嗣和普通人这两个社会群体横切的第科皮亚社会发现一
个根本性的变革。正如弗思所言，政治和宗教组织的属性是这些
群体之间的差异之一，由于这种差异以某个群体与另一个源自偶
像化的祖先和神的群体之间关系的近疏为基础，从而导致其不可
还原性。通过经济方面的比较——生产领域和生活资料、物质财
富（如贝壳）的所有方式——两个群体之间在这方面的不平等
仅仅是一个程度问题。

　　更为剧烈的变革出现在欧洲人到达之前的伟大的汤加、萨摩
亚、塔西提（Tahiti）"酋长国"。在 18 世纪的夏威夷，一种由
酋长国发展而来的州邦（state）已经开始争夺群岛的控制权。②
就如第科皮亚一样，这些社会不再单纯地划分为首领及其家庭和
普通人；以汤加为例，包括了男人和女人的贵族埃垆（eiki）与
其他人口截然区分。而在第科皮亚社会，那些被认为拥有玛那
（mana，证实其与神的亲密性的力量）的高贵的男人和女人与其
他人口之间存在严格界限；而汤加至高无上的首领图依汤加

────────

　　①　Firth, *Rank and Religion in Tikopia*。在许多宗教里，神源自被神化了的人，
出于多种原因，如生前创下丰功伟绩，死后便被神化。在中国，皇帝有权授予或禁
止那些死后受到当地人祭祀的个人的神化身份。据调查，如果皇帝准许了这样一个
奏请，他会颁布一道诏令，授权为纪念亡者修建一座神社和庙宇，并在中国万神殿
里由无数的神构成的等级中为之安排一席之位。代代相传，乃至数世纪以来，即位
的皇帝都会根据自己的干预给民众带来的积极或消极的影响给诸神升级或降级。这
样一种思维和行为模式与那些肯定某位万能神存在的宗教截然相反，在这些宗教里，
这位万能的神无所不能、无所不知，它从无到有创造了万物并永远超越人类。作为
王侯或皇帝的人愉悦这样一位神，他必须是神的皈依者和祈祷者，心怀期望，并在
自己愿望实现时感恩；作为人，他没有任何与神"合作"的余地，没有任何可与神
分享的行动。关于中国宗教与犹太教—基督教截然相反的神观，请参见弗朗索瓦·
于连，《进程或创造》（*Procès ou creation*）。

　　②　Valeri, *Kinship and Sacrifice*；Kirch and Shalins, *Anabulu*；Kirch and Green, *Hawaiki, Ancestral Polynesia*.

（Tu'I Tonga）及其姊妹（Tu'I Tonga Fefine）据称直接源自波利尼西亚万神殿中的最高神汤加罗亚（Tangaloa）。①

与第科皮亚首领不同，汤加的埃尅（eiki）几乎执掌着对人口、劳动和生活在他们土地上、归属于他们的卡因佳（kainga，"房产"或"房屋"）内的所有普通人的物品的绝对权力。而这些土地以及某种程度上被视为物品的男人和女人的生杀权力则由图依汤加授予首领们。他每年会收到卡因佳头领们供奉的第一次丰收之果或他们捕获的最丰美的鱼。而在第科皮亚社会，首领们继续从事各种社会基本物资的生产劳动；反之，汤加埃尅却不参加任何劳动。他们的职能在于发动战争或在敬神的复杂仪式中协助图依汤加，以及协调其他所有群体的宗教政治力量，使之成为一个整体，并在图依汤加的主权之下进行管理和繁衍。

这些来自波利尼西亚的例子，让我们超越了对巴祜亚社会分析的局限。虽然新几内亚和汤加都存在男人和女人的性别分工，但汤加还存在另一种区分：为全社会生产物质资料的大多数成员和不参加生产劳动而毕生司职仪式表演、发动战争和追求休闲的贵族。

对来自美拉尼西亚、波利尼西亚几个社会的民族志和历史案例的比较，使我们直接面对出现于首领及其直系后代与其他人口关系中的两个本质变革。这两种导致各群体之间社会和经济动态发生深刻变化的变革，尽管作用于相反的方向，但却彼此直接关联。

经过相同的社会学和历史学过程，首领及其后代首先部分地、随后完全地脱离了那些为确保他们自身社会存在和传宗接代必需的物质条件而进行的生产活动。他们逐步脱离具体劳动过程的同时，又赋予自身及其职能获得物质生产条件的特权——土地

① Gifford, *Tongan Myths and Tales and Tongan Society*; Douaire - Marsaudon, *Les Premiers Fruits.*

和海洋资源——以及对劳动力、物产和其他人口的支配权。最终，整个社会的物质基础被置于某个社会群体即贵族的控制之下，并为之服务。这种服务的首要也是主要目的是：为满足该群体自身存在条件、实践其社会功能、维护其层级秩序的物质方式而进行生产。不同于巴祜亚人，在这些情境之中，一个社会的所有群体之间的经济关系构成了个体与个体之间联系的社会物质基础。这是否意味着，物质、服务的生产和再分配模式，而非宗教—政治关系，整合了所有社会群体，使之成为一个社会？我将证明事实并非如此，从而结束这个关于建构社会而非构成人类社会"基础"的社会关系的简短讨论。[1]

是什么原因带来了这种双重转型及随之产生的新的社会组织形式？这些组织形式不仅将社会划分为氏族和世系，还划分为不同的群体；这些群体具有不同功能及其相应特权、职责，从而在由某一个群体或多个群体管理、主宰其他所有群体的统一等级制度中被赋予特殊地位。

回顾欧洲思想史，基于不同时期及其相应现实，人们使用了各种词汇指代那些在某些人统治而其他人被统治的等级制度中居于不同地位的男性和女性群体。在古罗马和中世纪，人们谈论着不同的"等级（orders）"，后来演变为实体，如法国的平民阶层。18 世纪，在农业和工业革命所引发的变革的推动下，受到法国重农主义者弗朗斯科·奎斯奈（Francois Quesnay）和英国亚当·斯密的启发，人们开始谈论"阶级"（classes）[2]。在此之

---

① 参见第 138 页注释①。

② Quesnay, *Tablcau économique de la France*; Adam Smith, *An Inquiry into the Nature and Causes of the Wealth of Nations*; Godelier, "Ordres, castes et classes", *L'Idéel et le materiel*, pp. 296 – 317 （"Estates, Castes and Classes", *The Mental and the Material*, pp. 227 – 44）.

前，当欧洲人发现印度时，他们使用"种姓"（castes）一词来描述那些从事完全不同且相互排斥的事务，并根据这些事务性活动洁净（purity）或不洁净（impurity）的程度进行层级划分。种姓并非阶级，因为它们通过亲属关系和同一种姓内联姻进行自我复制。尽管如此，"阶层"、"阶级"、"种姓"这几个词汇并未妨碍我们理解它们概念化后所指代的社会事实。

民族志之旅最终将我们引向关于秩序、种姓和阶级起源的经典问题。这一问题理所当然地又引向另一个我无意在此作出回答的问题：国家的起源。国家不仅出现在以秩序、阶级或种姓进行划分的社会，还出现在由各种部落和族群构成的帝国，并成为一部分人借此行使其主权的工具。所谓主权，作为某种体制，它近来才为非洲、亚洲和大洋洲的大部分地区以及部分前哥伦比亚美洲地区的人所知。①

第一个问题的答案其实显而易见。在不同区域、不同时期，

①　我仅仅建议，某些情况下，不同国家形式的出现源于某些特定情境，在这些情境之中，一个大酋长国的统治和管理可能不再直接来自最高首领及其亲属与地方首领（他们隶属于最高统治集团，通常以婚姻作为联盟方式）的合作。这样的情况可能滋生出针对那些与最高首领和部落贵族家庭（他们或多或少已完全取代地方首领，并以最高首领及其心腹之名管辖属民）不存在亲属关系的个体构成的社会群体的统治欲望。这种管理可能引发那些自身权威及其对所属子民控制权被部分剥夺的地方首领的抵抗，从而促使中央权力召集武装力量对之实行打压，并平息所有动乱。这样一个过程可能发生在欧洲人抵达之前的夏威夷，并在18世纪90年代最高首领卡米哈米哈大帝（Kamehameha）时期达到高峰，他垄断了欧洲武器的购买交易，从而一个接一个地铲除了那些拒不服从的地方首领和群体，并将他们全部纳入自己的权力之下。正如马歇尔·萨林斯（Marshall Sahlins）所总结的："在夏威夷，当权首领之间持续性的土地再分配阻碍了所有地方世系的形成，从而很大程度上消减了大众的家谱记忆，使之主要依赖于个体记忆"（《他者时代，他者习俗》[Other Times, Other Customs]，第524页）。

同时参见马歇尔·萨林斯关于中国帝王和夏威夷最高首领的论述："如果伟大的夏威夷首领们争相以欧洲身份来使自己脱颖而出，那是因为，不同于天朝皇帝即天子，他们彼此视为永恒的对手，是各自神性世界里的虚拟双打（virtual doubles）。"（《资本主义的宇宙观》[Cosmologies of Capitalism]第29页）

那些将自身完全奉献给社会功能性仪式表演的人类群体的出现，给某些社会带来了变革并改变了它们的历史进程。表演同时赋予了这些群体合法化的权利以（1）使自己退出个人具体生活必需品的生产活动，（2）控制其他社会成员获得社会物质生产方式的必要条件，并（3）对他们进行劳动分工，对他们生产的物资、提供的服务进行分配。

在不存在阶级或国家的部落社会，社会功能的实践同时产生并合法化了群体和个体之间并不清晰的不平等。那么，这些社会功能是什么？ 答案很清楚：宗教和政治功能。宗教功能意味着，旨在确保人类福祉而与神、灵、祖先共同表演的仪式性狂欢和献祭。政治功能与社会统治、维护某种被视为根植于自然和宇宙秩序的社会秩序相关，但同时包括对抗邻近群体、捍卫自身领土主权。总之，政治关系始终与对社会内外行使暴力权、进而导致对专职于暴力的武士的需求相关。

我们发现自己同时具备人类学家、历史学家和考古学家的特质。让我们回顾一下吠陀时期（Vedic times）由四大类别构成的印度社会组织，或称为瓦尔那（varna）。地位最高的是婆罗门（Brahmans），专司祭祀神和祖先。次之是刹帝利（Kshatriya），为被征召参战的武士。只有拉亚（the Raja），或称为国王，身为武士，能够同时参与婆罗门表演的仪式并征战沙场。更低一级为吠舍（Vaishya），他们耕作土地并养活所有种姓。其下为首陀罗（Shudra），即"末等人"，与婆罗门（他们有时被称为"活在人间的神"）存在天壤之别。这两个极端之间存在众多种姓（jati，佳梯），每一个种姓专司某种工作并因此被赋予公认的某种程度的洁净或不洁净，从而被归于某个种姓或被该种姓排除、隔离。①

---

① Dumont, *La Civilisation indienne et nous and Homo bierarchicus*; Khilnani, *L'Idée de l'Inde*; Mishra, *Temptations of the West*.

在印度社会，各社会群体不论从物质上还是社会化角度都依赖从事农业和手工业生产的种姓进行自我复制。但是，尽管经济关系为所有社会群体创造了一个共享的物质基础——这与巴祜亚或第科皮亚社会相异——其本身并不能产生种姓制度；而是种姓，作为政治和宗教的社会组织，同时赋予了经济活动物质化内涵及社会、宗教形式和维度。

这些特征在其他历史案例中显而易见。想想埃及法老，一位生活在人间的神，诞生于身为兄妹的奥西里斯和伊西斯两位神的结合，并通过与自己的姊妹婚配来复制这种结合；法老的呼吸——卡（khā）——被认为赋予了小至蚊蚋的所有生物以生命；他每年乘坐神圣之舟沿尼罗河而上请求河神带来富含淤泥的水以施肥土地和保障农民丰收。或者回想一下中国的帝王（Unique Man，天子），只有他才能操作仪式表演并充当人间（Earth）和天庭（Heaven）的连接；他被赋权统治世界及所有人类和非人类居民。帝王是中国的支柱，而中国又是宇宙的中心。[1]

我只想说，这些宗教和政治功能的实践出现于各历史时期的不同社会，它们的活动更多的是向所有社会成员进行无形灌输，而非带来更多清晰有形的产出，如：为社会存在提供物质条件。究竟，首领和祭司呈现的"与神同在（work with the gods）"是否为所有人带来了繁荣并使之免于不幸呢？正是基于这些根本原因，那些既非祭司也非权势人物的普通人，因己身存在、生活及子女生存而对那些统治着他们并为神所青睐的人产生恒定的负债感。出于这种深深的负债感，他们将自己的劳动、物品，甚至生

---

① Maspero, *La Chine antique*, pp. 75 – 81; Vandermeersch, *Wangdao ou la Voie royale*; Granet, *La Religion des Chinois*; Chang, *Art*, *Myth*, *and Ritual*.

命献给那些统治他们的人（在我们今天看来即是礼物，如"劳役"、"贡品"，或简言之即"暴力行为"），因为他们坚信：自己所得恩赐超越了实际应得，如果他们安分守己、完成自己的义务，则将继续获得恩赐。统治群体给予被统治群体的，看似比他们从被统治群体得到的更多。这就是人类群体、秩序或阶级之间等级性社会关系的根本悖论。

于是，我们分析得此结论：秩序、种姓或阶级的出现是一个社会化和历史化的过程，其中同时存在具体个体的妥协和抵抗；这一过程中，个体一点一点地失去自己的地位，并被这些新兴的统治群体贬为社会和宇宙秩序的"底层"。妥协，即在共享一个宇宙统治力量被虚构表述后的世界的基础上，通过仪式行为和某些因仪式而脱离所有形式物质活动的少数人的统治，为所有社会成员提供繁荣的希望和保护。抵抗，归因于绝大多数个体付出的代价是逐渐失去对自己生存和生活条件的掌控权。当他们的抵抗对妥协的形式造成阻碍，阶级化或秩序形成的进程将陷于停滞，或者通过统治群体诉诸暴力镇压反对派而继续。于是，妥协和暴力便成为秩序、种姓、阶级出现和发展的两股作用力；而其中，妥协必然常常取代暴力。

相信我已经表明，所有社会存在（social existence）已有并构成其历史内涵的关系中，只有那些西方式的宗教--政治关系——通过主权将各自或集体开发一片公认领土资源的群体和个体团结起来——才具备创建社会的能力。这远非亲属关系或经济关系所能独自完成之事。

但在全球化的世界，无论大小，任何社会都无法生产自身所需的全部物质条件，除非它越来越多地融入世界资本主义体系；因此，所有社会都必须在物质和社会化层面相互依赖，从而实现自我延续。但同时，这一世界体系得以延续的全球化条件却不是任何一个地方社会所能掌控的，无论它多么强势，都无法凌驾于世界市场之上。正是由于这种地方与全球、政治（或者更确切地说是宗教政治）与经济之间的对抗，所有社会都有责任遵从契约。

第七章　社会人类学不再紧系于其诞生的西方[*]

社会人类学——或者民族学，如同在 19 世纪下半叶所称呼的那样——在它最终被锻造成为一门社会科学之前历经数次洗礼。在见证欧洲民族政治和商业扩张的最初世纪里，每当有旅行家、传教士、士兵或者殖民统治者为了治理、传播福音的目的或者仅仅出于好奇的缘由而学习当地语言、记录民族风俗时，民族学都被重新塑造。最初，出于自发的伪装，民族学采用了叙事和口述的方式，并不可避免地带有欧洲民族统治其他民族的烙印。简言之，一种由材料累积而成的民族志自此产生①，它使得比较成百上千的，且拥有各自独特历史的、典型的非西方社会的生活和思维方式成为可能。西方帝国的扩张也因此成为社会人类学得

---

　　* 此章源于佩吉·巴伯讲座之三。在此篇演讲的准备过程中，我意识到细致阐述"认知的自我"这个概念的重要性，并区别于"社会的自我"和"隐秘的自我"。我将尽量在介绍中详细讨论它。

　　① 过去 20 年里，关于民族志的历史已有诸多著作出版，其中尤以乔治·斯多辛和亚当·库柏的著述为多。参看 Stocking, *Race, Culture, and Evolution*, *Functionalism Historicized* 和 *Victorian Anthropology*；Kuper, *Anthropologists and Anthropology* 和 *The Invention of Primitive Society*。罗伯特·路威的著作《民族学理论史》（*The History of Ethnological Theory*）中关于 18 世纪末期 19 世纪初期德国祖先的讨论仍然值得一读。麦尼尔斯 - 克莱姆和韦兹今日已被遗忘。矛盾的是，路威并未讨论赫尔德这位被认为是博厄斯和文化人类学的先驱者；他顺带引用了赫尔德的著述，却忽略了他关于犹太人、非洲人、亚洲人及其关于历史神学的研究。Herder, *Une autre philosophie de l'Histoire*。同时参看 Sternhell, *Les anti - Lumières*。

以可能的条件之一，并且是最重要的条件之一。那些欧洲国家内部独特的本土群体、形形色色的村落或者是其他共同体（例如存在于19—20世纪的西班牙的巴斯克人［Basques］，加泰罗尼亚人［Catalans］，卡斯提人［Castilians］和吉普赛人［Gypsies］）的出场，对于一个追求比较社会所有形式的学科来说还是太过于狭窄了（实际上，这种狭隘的民族性的基础曾经并且现在仍然是那些民族主义运动的目标，例如在西班牙和法国意图成立巴斯克人的自治政权）。因而，人类学成为了西方帝国从世界其他民族中脱离出去的产物。矛盾的是，当它最终从西方"去中心化"之时，便只显露出"科学"的面貌。

　　这种去中心化意味着，每当人类学家比较全球众多的社会生活方式和思维模式时，他或她原先信奉的思维和社会行为方式不能作为这种比较的基础。这种方法最初在19世纪中叶由这门学科的奠基者——刘易斯·亨利·摩尔根（Lewis Henry Morgan）和爱德华·泰勒（Edward Tylor）所倡导，今天人类学拥有与历史学、社会学、法学以及其他社会科学相当的地位也要归功于他们。为了简要说明他们是如何脱离前辈们的那种自发型民族志，我将简要评价摩尔根的工作以及贯穿其中的两条主要脉络：首先，摩尔根如何使自己疏离西方；其次，他如何运用自己的科学调查形成了关于人类家庭的进化理论，这种理论将西方特别是美国民主共和政体放置在了人类进步的顶端，并作为人类社会进化的镜子和衡量的标尺。

　　摩尔根起初是纽约罗切斯特的一名律师。其法律生涯开始于代理横越美国大陆的铁路公司征用铁轨附近的土地，但他同时也成为了那些如今大多数已生活在保护区的美洲土著的朋友和捍卫者。在得到财富之后，摩尔根放弃法律职业生涯转而研究美洲土著的风俗和生活方式。他的目光首先投注于塞内卡人（the Seneca），并注意到他们使用同一个词汇来称呼父亲和父亲的兄弟。

他将之译为"父亲（father）"；类似的，他们使用同一个词汇来
称呼母亲和母亲的姐妹，他将之译为"母亲（mother）"（尽管
欧洲人使用不同的词汇）。摩尔根在此发现，塞内卡人关于亲属
的分类与我们的不同，却遵从于他们自己的逻辑。这种逻辑被应
用于整个亲属称谓的范围。父亲的兄弟（在系谱中是己身的父
亲）的孩子和母亲的姐妹（是系谱中己身的母亲）的孩子也成
为己身（直系）的兄弟姐妹，而并非如同我们文化中按照父方
或者母方血缘计算的旁系兄弟姐妹。摩尔根还观察到在塞内卡人
社会里，一对夫妇的孩子并非属于他们的父亲，而是属于母亲和
她的兄弟，这种继嗣规则在欧洲无人知晓，摩尔根称之为"母
系"。这条规则是今天被称呼为"母系氏族"的基础，摩尔根以
一个拉丁词汇"gens"为这种亲属集团命名（我们将看到，他
对于术语的选择绝非偶然）。摩尔根同样还注意到，在塞内卡人
的社会中，男人结婚之后要在他的妻子一方居住、在她的家族土
地上劳作，因而他们遵循的是从妻居的规则。

　　从对塞内卡人的研究中，摩尔根总结了他们关于亲属称谓的
术语、继嗣和居住的原则，所有这些规则形成了一种"体系"。
它不同于我们的社会，却有自己的逻辑。带着这个发现，摩尔根
接着开始对地处美国和加拿大的 82 个印第安部落进行大范围研
究①，并最终激发他在世界范围内对亲属称谓和亲属制度进行调
查这一宏伟的想法。为了完成这个蓝图，摩尔根分发了近 1000
份问卷给传教士和殖民地官员，收集到上百个社会中关于亲属称
谓、婚姻规则及亲等计算的信息。利用这些独一无二的数据，摩
尔根着手比较称谓规则，他发现它们都是他称之为"普那路亚
（punaluan）"型或者"图兰（turanian）"型等这些基本种类的变

---

　　① Trautmann, *Lewis Henry Morgan and the Invention of Kinship* and "The Whole His-
tory of Kinship Terminology in Three Chapters."

体（也就是我们今天熟悉的，由乔治·彼得·默多克［George Peter Murdoch］继摩尔根之后提出的基本类型，"夏威夷型［Hawaiian］"，"德拉威型［Dravidian］"，"易洛魁型［Iroquois］"，"爱斯基摩型［Eskimo］"等）。

摩尔根对田野中收集的、以完全不同的语言展示的上百种亲属称谓进行比较之后，他发现它们可以仅仅划分成 6 种不同类型。① 这使他系统性地发现：放置在血亲和姻亲明晰分类的关系所展现的规则之下，那些从未与外界接触的社会以其自身的语言表现的大量社会事实是可以被理解的。其实，摩尔根注意到虽然塞内卡人所使用的术语与其他大陆的群体所使用的词汇不同，但就其形式结构而言是同一的。他还发现古老的拉丁亲属称谓体系在结构上与苏丹的部落群体也是可比较的，例如拉丁语中的"pater"（父亲）和"mater"（母亲）；而在今天的欧洲，取代拉丁亲属称谓的体系也同样被因纽特人（the Inuit）使用着。这些事实显然是这些身处其中的群体和个人所不知晓的。摩尔根的突出贡献正是建立在田野收集信息之上的理论建树，这些田野材料日后被用于分析研究以发现社会构造的潜藏规则——简言之，社会的和精神的逻辑。人类学研究的密钥正存在其中。

自此，以参与到研究对象生活之中的方法而收集的信息构成了人类学的材料。这正是所谓"参与观察"的成果，但是，必须强调，这种方法并不能导致人类学家与他们所长久浸淫其中的文化产生社会的、情绪的和智识上的共鸣。这是我们在摩尔根的著作中发现的第一个脉络。当他悬置自身关于亲属关系、继嗣和家庭的西方概念之时，他便能够观察和倾听其他社会的人们的生

① 基于陶德曼发现的缘由，事实上摩尔根并未看到易洛魁称谓和德拉威称谓之间的区别：在同代平行旁系和交叉旁系之间都存在差别，但是仅仅只有德拉威称谓保持了在第一代和第二代之间的差别。参见 Trautmann, *Lewis Henry Morgan and the Invention of Kinship*。

活。对于同样生活在那些社会的传教士和殖民地官员，如果他们的叙述被依照其背景重新阐释的话，那么这些观察也是不可取代的。但是，这种记述还不能成为民族学，因为仅凭这种材料还不足以发现社会关系建构的规则，这些关系不在严密的假设和分析方法之中，它们存在于别处，以其他形式展现在一件事例当中。这正是断裂之处，这种断裂时刻在发生着，在旁观者的自发观察和人类学家撰述的民族志之间。

在其皇皇巨著《人类家庭的血亲和姻亲系统》（*Systems of Consanguinity and Affinity of the Human Family* [1871]）中总结工作成果之后，摩尔根试图将这些结果放置在一个关于人类社会进步的更一般的理论框架之中。其成果就是《古代社会》（*Ancient Society* [1877]），在其中他将自己研究的和通过他人调查得到的不同人类群体依次放置在衡量人类发展的标尺上，从最初的"蒙昧"阶段经过短暂的"野蛮"时代到最终的文明社会。在摩尔根的观点中，这个最终阶段已在古代西欧出现，最终兴盛于摩尔根所处的北美盎格鲁—撒克逊社会，这个社会没有像大多数古代文明那样经历封建主义的阻碍。

这就解释了摩尔根为什么选择拉丁词汇 gens 来指称易洛魁人的继嗣群体，因为他相信他们所到达的阶段与古代罗马人所处的阶段（随后罗马人创造了政权和国家而超越了这个阶段）是类似的。易洛魁人因此成为了人类氏族社会第一阶段实例，这个阶段遵循母系继嗣的规则。社会进化的下一个阶段演变至父系继嗣，孩子由父亲的宗族排他性地拥有。比较而言，夏威夷人似乎展示了人类的"蒙昧"阶段，因为他们使用同一个词汇来称呼直系和旁系兄弟。按照摩尔根的观点，仅仅区分为兄弟和姐妹的事实，意味着夏威夷人刚刚从动物一般的杂交的原始阶段进化出来，而且直到这时兄弟才被禁止与姐妹通婚。总之，19 世纪那些广泛分布于世界的民族，对于摩尔根和他的同时代人来说正是欧美社会文明进程的演示实例。欧洲和美国因此成为一面镜子，在其中人性进步的所有阶段都可以被反映出来作为进化的标尺：

由此，从澳大利亚和波利尼西亚人开始，继之以美洲印第安部落，而终止于希腊人和罗马人。这些部落为人类进步历程六大阶段分别提供了最高例证，我们完全可以假定，如果将他们的经验合在一起，其全部内容正好体现了人类家庭从中级蒙昧社会到古代文明中止之时的全部经验。因而，对于雅利安各族远古祖先的社会状态可以找到一些样本：其处于蒙昧社会者以澳大利亚和波利尼西亚部落为样本；其出于低级野蛮社会者以美洲半村居印第安人的状态为样本；其处于中级野蛮社会者以村居印第安人的状态为样本，而雅利安人自己处于高级野蛮社会的经验即与村居印第安人的经验直接相连。在各个大陆上，处于统一社会状态下的技术、制度和生活方式大体上一致，因此我们现在要了解希腊人和罗马人的主要家族制度的前身形态，就必须到美洲土著相应的制度中去寻找，这一点将在本书中次第说明。这个事实是我们所搜集的证据中的一部分，它有助于证明：人类的主要制度是从少数原始思想的幼苗发展出来的；而且，由于人类的心智有天然的逻辑，心智的能力也有其必然的限度，所以这些制度的发展途径与发展方式早已注定，彼此之间虽有差异也不会过于悬殊。各个部落和民族分局在不同的大陆上，这些大陆甚至并不毗连，但我们发现，只要他们处于统一社会状态下，他们的进步过程在性质上总是基本相同的，不符合一致性的只有因特殊原因所产生的个别事例而已。我们如将这个论点引申开来，就会倾向于确定人类同源之说。

我们研究处于上述人类文化诸阶段中的各部落和民族的

状况，实质上也就是在研究我们自己的远古祖先的历史和状况。①

　　然而，摩尔根未能在社会进化的视野中囊括中国或者日本，并且将穆斯林世界还原成阿拉伯部落，当他提到西方和文明的"进步"时也未采用批评性的视野，更鲜有提及西方古代的奴隶制和中世纪的农奴制度。当摩尔根停下科学知识生产的脚步而代之以一种关于人类社会进步的意识形态式视野的时候，我们在其著作中发现了第二条线索：人类学话语变成了一种假象，一种仅仅由西方生产的关于他者的幻觉想象。人类学此后与西方分离开去，再也不是它的一部分。这就是博尔赫斯的镜子②的悖论。

　　摩尔根的后继者意图使人类学重回轨道，着手消解他的历史进化论（这项任务最终由弗朗兹·博厄斯［Franz Boas］完成）。然而，摩尔根的生平和著作自此照亮了人类学（以及其他社会科学）迈向科学之路。

　　教训是显而易见的：人类学不能先验地构建任何文化、社会的形式或者人类社会进步的阶段。人类学家必须进入田野，持续沉浸在另一个社会中，通过细心控制的系统观察收集材料。他们必须使用恰当的方法清理出他们所观察社会的组织建构规则和思维方式。他们必须分析当这些社会面临着内部变迁和外部侵入时，其生活和思维方式对历史发展带来的影响以及对个体命运造成的后果。

　　总之，如若人类学意欲继续存在和发展，人类学家必须构建新的意识模型，一种不再以自己的社会和文化为中心的意识，无

---

　　①　Morgan, *Ancient Society*, Chap. 1, pp. 17 – 18.（此段译文取自摩尔根著，杨东莼、马雍、马巨译：《古代社会》，商务印书馆 1995 年版。——译者注）

　　②　Borges, *Les Miroir Voiles*.

论是中国人、印度人、德国人、美国人或者处于其他文化背景的人皆如是。他们必须认识到这种意识并非想当然可以获得的，因为在人类学家日常行为和写作的最深处中，他或她的自身社会的各种先入之见和假设即使在新的环境中也会裸露出来。

如同其他领域的社会科学家——特别是大部分历史学家和社会学家——一样，人类学家必须因此努力"打破本我的镜像"。"本我"（Self）所指为何？简单地说，本我是构成个体的大量自我（egos）的总和。隐秘的自我，由其独特经历的所有欲望、痛苦和欢乐构成，其大部分是无意识的，潜藏在我们行动或者对他者行动之反应的幕后。在隐秘的自我之外还有另一个社会自我，由生命中的事件以及我们与他人的关系形塑，在出生时即已显露，并总是与隐秘自我不可分离。社会的自我，非由其自身设计，恰巧在一个具体时刻、一个社会中找到自身，并因而占据一个特定位置，生命由此展开并历经各种塑造和改变。社会自我从来不是单个整体，它同样由一些或更多自我组成。一个个体可以是男人或女人，可以信仰一神或多神，抑或根本不信神，可以生活在祖国或者移民去另一个国家，可以支持或反对教会与国家的分离。有多少与他人或群体分享的身份，就有着多少本我，这其中有许多本我是可变的，甚至有一些会激进地发生改变。例如，一个生而为天主教徒之人，可以弃绝其宗教身份转而成为伊斯兰教徒。

但是，若想要成为人类学家，他必须构建认知的自我，这可使其获得知识，以及对这门职业而言至关重要的理解力。在许多情况下，其重要性堪比对这门学科的热情。要达成这类自我，必须学习这门学科的基本概念、理论和方法。然而可以确信的是，这些理论和方法可能导致矛盾、引致相反的方向，但正是借助这些抽象的工具，人类学家得以进入田野着手观察和分析。但是它们对于读懂"事物"并非关键，如果观察到的事实并不符合预想的概念和理论，人类学家就必须能够摒弃或者修正它们，并且得出与在田野中发现的新的思考行为方式更为一致的原则。

我将试图简要地展示自己作为一个人类学家的经历如何影响了这些自我。我在长达 20 年的时间里进行了总共 7 年的田野调查，开展了 8 项主要的系统性研究。我在每个村庄挨家挨户地做过 2 次人口统计，记录了巴祜亚部落成员至少 4 代约 2000 人的家谱，并在每一次访问中及时更新信息。我花了 6 个月时间丈量了 600 多个园子，研究宗族与家户的土地分配。我以劳动时间为研究对象，甚至设计实验去比较石器与铁器的效率，因为许多巴祜亚人在 1967 年仍然知晓如何使用石器。我参加了两个主要男性启蒙仪式、几个女性启蒙仪式以及每 20 年才有一次的珍贵的新萨满（30 岁以上的成年男人和女人）的启蒙。我还花了几周时间去记录许多巴祜亚朋友清晨讲述的梦境。就在这同样的山谷、同样的人群之中进行田野调查的期间，我发现生活日复一日向你展示了寻常或特殊的境遇，最终你将对此渐渐达致理解。一些人出生、另一些人死去。伴侣们结成夫妇。而你参与进来，在这些事件之中，姿势、语词和行动重复发生着，但是伴随着建立在日常经验之上的是发生的事件，它影响着社会，并使所有的氏族、村庄、代际流动起来，就如同每三年一次的男性启蒙仪式所展示的那样。意料之外的事件也时时刻刻上演，它们的发生也是完全自然的，例如某次打猎事故，某次两个世系之间为争夺一片土地产生的争斗，某次丈夫杀妻。如果你待的时间足够久，如果你对这种语言掌握得足够好，如果你能被允许参与到大量的事件和活动之中，你将最终能理解他们生活和思考的方式。人类学家不应成为其西方自我幻觉的牺牲品。

如果你愿意让自己处于这种规则之中、分析它们在你所生活的人群之中产生的结果，我可以断言你将逐渐地了解他人，了解他们行动的缘由、动机，他们相互关系的本质，他们所拥有的关于自我和他人的概念——简言之，你将学到的绝不是可以被还原为西方关于他者概念的民族中心主义的投射，而是真正属于他们的，并非起源于西方式幻觉或误解的东西。最吊诡的是，当你达此境界，你会发现这些他者在某些程度上与自己相像，那是因为他们也会问自己关于生活的同样的问题、关于力量、关于与彼岸的关系、关于起源等。这同样也是我们的问题，他们却能轻松得出不同的答案。

巴祜亚人向我所展示的同时改变了我作为个人的立场，改变了我在某些观点中所持有的似乎显而易见的理论预设，至少在西方这些预想是明显成立的。改变这些观念显然意味着，当我们进入田野时必须调整脑海中存有的人类学既有理论或者其他理论的地位。同时，在这些改变我们偏见的观念中所包括的一系列关注，也使得我们的理论视野扩展到人类学之外的其他社会科学，例如，关于想象与象征的关系、经济的角色和地位、性别关系和男性统治、暴力和认可在社会集团和性别之间的权力和等级关系形成中的作用。人类学并非要垄断社会和历史现实的分析和解释，它需要仰赖其他学科或者与之结盟。只有与其他领域的研究共同前进，人类学才能走得更远。

我接下来简要谈谈一些变化，它们影响了我同时作为一个个体和人类学家的经验，而这其中的许多事情是我在田野之中经历的。在第四章中①，我简单描绘了巴祜亚社会的性别关系以及男性同性恋在男人对女人的统治合法化中扮演的角色。多年来，我观察到、听到这些事实，并且形成了一些理论性的和个人的结论。我发现了一个没有阶层和种姓分野的社会或国家中实行着一个性别对另一个的完全统治。这个发现引领我质疑那种天真的理

---

① 参见本书第四章。

论观点：当其他统治和剥削关系（例如阶级和种姓的等级关系）被废止时，平等的性别关系是可能实现的。在 20 世纪 60 年代前往新几内亚时，我持有的就是这种观点。然而在田野中，我不得不承认：即使没有那些社会等级制，巴祜亚女人仍然从属于男人，甚至女性得自己为这种从属地位负责，因为她们的经血被认为是不洁的，会削弱男人的力量、威胁社会和宇宙的秩序。当我返回巴黎，我决意参与到女性主义运动之中。在我被任命为法国国家科学研究中心（Centre National de la Recherche Scientifique）人文和社会科学部科学政策负责人后，我所做的第一件事就是发起关于"女性研究"和"女性主义研究"的项目。这两种规范而积极的研究具有平等的地位，其研究主题分别是关于女性在当今社会中的现状和女性对自身位置的要求。这在当时反响强烈。

但是巴祜亚人也同样向我展示了，在他们关于身体的观念和那些意在促使男孩离开子宫和母亲去面对外部世界的启蒙仪式中，想象性的内核在何种程度上位于等级制现实的核心。这让我警觉于想象和象征在权力统治关系创造中的重要性。想象并非象征，即使这两者难于分离。想象由一个群体成员共享的观念和信仰组成，他们以符号和象征表达想象和意义，因而想象不是仅仅存在于心灵之中的。它被象征性地刻画在躯体里，铭刻于人们所创造的事物之中，在文物古迹之中，在空间与时间的组合之中。但是这些想象性建构和象征实践的明晰目标既不是纯粹想象性的也不是纯粹象征性的。巴祜亚人明确地告诉我，男性启蒙仪式的目的在于使男孩成长为男人，并使他们从女人那里遭受的损害得以恢复，而客观的结果则是以一种性别代表整体，以及男人控制社会的权力得以合法化。因此，正是在这种权力关系中成为必需的想象与象征导致了非常真实的社会结果。

正是由于巴祜亚女人导致男性力量被削弱的不洁地位，她们被禁止拥有和使用武器（作为服务于权力的工具）、不被允许将祖先的土地传承给她们的孩子（因为土地只在男人之间流动）、不能生产用于交换的盐块钱币（即使可以在交易中使用）、同时也不拥有与作为巴祜亚人守护神和祖先的太阳之神直接沟通的权利。因此，当涉及生产工具、破坏工具或者在人类之间以货币形式存在的交换以及在人神之间以仪式交换时①，女人就处于从属的地位。这种统治不再仅仅是精神的或是象征的。

对于巴祜亚男人来说，以所有象征的、心理的方式以及常见的直接身体暴力对女人进行诋毁和隔离是最为自然的方式、是社会公益的前提。在许多时刻，我观察到，女人既然共享了这些文化和社会的表征，她们便认为自己不仅是牺牲者而且要为自己的命运负有罪责，因为她们的身体怀有一种使社会和宇宙失范的力量。在更为一般的理论层次上，这些分析导致我对列维－斯特劳斯关于象征之于想象的优先地位的论断的批评。如果要肯定一个优先的维度，显然应当是想象。因为象征一旦失去意义便会形容枯槁——不仅仅从它们的源流处，还包括所有那些在象征的存在之中被赋予的含义和指称的事物。

这带来了一个本质的问题：在人类社会里，暴力与认可在统治或者剥削的社会关系形成中所占的角色。巴祜亚人再一次向我表明形成这种社会关系的一条可能之径：由社会的一小部分人对神圣之物和秘密知识的占有形成垄断，而不是对土地和产生财富的物质的占有，例如劳动力。通过这些圣物和知识，人类拥有了控制宇宙生衍和在捕猎园艺中获胜的能力。我们不妨也参考一下考古学家和历史学家的意见，关于对宇宙论的垄断权在历史上是否曾导致了对土地、劳动力和产品的优先控制。尽管巴祜亚人的启蒙导师也要像其他人一样做园艺活儿，除了不上战场（以免

①　在罗马天主教、希腊正统教会和伊斯兰教中，女人也处于同样的位置。

他们可能身亡致使神秘知识失传）之外，不享有任何特权，但同时也出现了专门的群体执行着诸如战争和宗教牺牲的社会功能，例如印度种姓体系就是如此。

我并非指宗教导致了种姓、阶级和国家的出现——那可能是荒谬的——毋宁说在新的社会分化出现的地方，例如种姓制度（与在巴祜亚社会中实行的氏族分化非常不同）或宗教信仰塑造了掌握新型权力的人的模型——那些被认为比常人距离神祇更近或者以凡人的样子生活在必朽者之中的神明。从一个特定的立场来看，在仪式中传递给感官世界的想象性人物、神明、精灵和祖先所塑造的神话和宗教信仰，在一套新的政治经济关系具体化的地方，在这个相对平等的巴祜亚部落社会中以未知的形式成为"媒介"。新型权力正是沿着这种历史轨迹发生，并在法老、印加、印加太阳神（Inea – Indi）和印加太阳之子（Inca son of the Sun）的形象中得到表达。

在巴祜亚社会中的研究工作同样使我关注其他的理论问题，批评那些预设的信条。例如，巴祜亚人有一类物件，即神圣的槐玛特涅（kwaimatnie）——一个来源于 kwala – nimatnie 的词汇，意为"成长为一个男人"——它们不能被售出或给予，只能保留来传递给子孙后代。太阳神将这类物件给予了征服这片土地的巴祜亚氏族的祖先。氏族祖先在男性启蒙仪式中使用它们，并运用其魔力产生了其他氏族世世代代的男性和武士。除了这些被排除在流通之外的物件，巴祜亚还生产了一种货币，用于交换例如武器、石头工具、羽毛之类商品的盐块。盐块作为一种商品货币流通，在交换时与其主人分离，槐玛特涅却被保留着与其所属的氏族永不分离。然而盐块从不作为巴祜亚人之间的货币，他们由特定的氏族生产出来，然后以礼物的形式分配给他们的同盟。因此，相同的物件在巴祜亚人间以礼物的形式流动，而在他们与其他氏族之间以商品的形式流动。因而同样地，巴祜亚人的联姻在世系之间以交换女人的方式进行，他们没有聘礼，亦没有如同弗朗兹·博厄斯和马塞尔·莫斯所描述的那种竞争性的、好斗的礼物赠与方式——著名的夸富宴。

　　从田野返回多年以后，这些事实将我再次带回到礼物赠与和非商品性交换的分析之中。[①] 我意识到无论是专注于研究在宗族之间以夸富宴竞赛来分配头衔和等级的莫斯，还是将亲属制度视作交换女人的产物的列维－斯特劳斯，都未能将第三类物件的存在纳入视野，这就是那些不能被售出或赠与，而只能被保留来传承的物件。商品与礼物之间的关系图景被这第三类物件改变了。第一类是那些被售出且完全与其所属的个人或群体分离的物件，并因此是可让与的，可作为商品转让和流通；第二类由那些被赠与，因而也是可转让的物件构成，但这些礼物仍然保持着赠与者的某些部分于其中，并因而使受赠者背负着债，最终使礼物回归。这就是安妮特·韦纳（Annette Weiner）在其著作《不可让与的财产》（*Inalienable Possessions*）中以"赠与亦保留（keeping - while - giving）"一词所总结的。最后一类由不可让与和未转让的（inalienable and unalienated）物件组成，它们作为构成集体身份甚至社会体系的固定节点而存在。

　　这类在氏族内传承的圣物，例如槐玛特涅，同样适用于民主政体的构造。你可以在选举中收买选票，但是你不能在超级市场购买宪法，因此，它不是商品。甚至在全球自由经济体中，你也不能声称"一切事物皆可出售"（如同《商业周刊》的评论家罗伯特·库特纳最近一本书的题目一样）。但我们务必记住当谈到物件是可以转让还是不可转让时，我们并非讨论物体的所有权属，而是关涉到它们流动于社会关系之中，并由社会关系的本质所赋予财产特质。购买一件物品使之成为礼物，并在不同的社会

---

　　① 参见本书第一章对此更为细致的分析。

阶层中每次均以不同的属性流通因而是可能的。

在为数不少的大洋洲社会体中，一些财宝被作为氏族宝物收藏起来，例如一些特定的贝壳钱币被排除在流通之外，但它们使得其他同类的贝壳可以作为钱币流通。这令人联想到黄金的角色——在 19 世纪被储藏在银行里作为货币价值的标准和保证从而使得商品可以被买入卖出。这里的程式即"保留是为了售出（keeping – in – order – to – sell）"，而那些用以惠泽社会的圣物的规则即为"保留是为了给予（keeping – in – order – to – give）"。我们同样可以在一些词汇的词源学解释中找到一些有趣的地方，例如"买"和"卖"。"卖"起源于哥特词汇 saljan，意为"向神献上牺牲"；"买"来源于 bugjan，意为"将某人从奴隶制度中买出"。① 在这些词汇的源头中，我们找到了货币曾经是人类生活或者人类与神的关系的等价物的证据，就如同现今的美拉尼西亚社会中一样。

还有一个重要的事实，我们必须铭记于心——圣物的人类起源被掩藏了。难以相信真的是太阳之神给予了巴祜亚夸汗达里亚氏族的祖先用于创世的圣物和知识，这一点触碰到了社会运作的基本方面。人类掩藏了一个事实，是他们自己创造了社会秩序的多种形态，这些形态并不是建立在人们与他人关系的透明度上，而是模糊性之上，建立在对人类起源的误解之上，它们本可以不被如此解释。因此，当我们思考巴祜亚人的或者其他社会的风俗时，我们面对的是整个意识形态的问题——表征和实践的体系使现存社会秩序合法化并成为它的一部分，前者与后者伴生，而不是在其之后产生。

朝向新几内亚的路途中，我怀有一种观念——经济可能是形塑社会，并使之繁荣或衰亡的首要力量。这是一个从马克思那里

---

① Benvéniste, *Vocabulaire des institutions indo – europeennes*, t. I, pp. 132 – 33.

借来却由许多非马克思主义者认同的概念，尤其在当今经济全球一体化的时代如是，人们相信这个时代正带来人类生活与思考世界方式的趋同。然而在田野之中我渐渐发现，在巴祜亚人的经济生产和自我繁殖的社会方式（亲属制度）之间，并没有可见的、直接的、因果的联系。任何人都不可能声称这种以父系规则和易洛魁称谓为特征的体系是一种对应于他们的生产方式的超结构。巴祜亚人的邻居，可那扎人（the Kenaze），他们拥有相同的生产技术，却施行一套完全不同的亲属体系。总之，由马克思和其他理论家支持的理论在西方获得的巨大成功——一种关于经济在社会进化过程中的决定性角色的理论——在这里似乎并不适用。但是，如果在经济体系与亲属制度之间没有明显的对应关系，那么我们也看不到在古老中东兴起的基督教，与随后贯穿于从罗马帝国晚期、封建时代直至今日之资本主义世界的经济体系之间有任何联系。这并非否认经济政治实践及其结构对社会运作和发展的方式施加的极其强大的压力。但是这里并没有如同功能主义者、马克思主义者和结构主义学家们所声称的明显的因果联系，或者连接组成社会的各项制度的直接对应关系。总之，当今人类学家和其他社会科学学者试图做出科学解释的努力，必须不同于发端于20世纪的或者由摩尔根创造的那些理论。

即使许多人类学家可能身陷危机的泥沼，人类学也并非处于危急关头，但它也不再紧系于西方——它的诞生之地。自从第二次世界大战之后，这门学科已经展示了将其研究方法用于理解相对于西方社会而言的其他文化的能力。我们正看到一种关于公司、教会、政党、教育、健康甚至国家之人类学的兴起，这些努力有一个光明的未来。而且，不仅仅是人类学，所有的社会科学在表述历史的复杂性时都比半个世纪之前更为装备精良。如果研究者们愿意，这些不同的学科将能够把象征和社会的精神方面，

与想象和社会的物质方面一样纳入研究。他们知道如何清理所有
人类社会中利益与权力关系的谜团，也学会了衡量这些演员们所
说和所做之间的距离和紧张。我们的时代是一个开明的实用主义
时代。但是实用主义不等于折中主义，因为实用主义仅意味着运
用多样理论中凡是有用的东西去分析复杂现实的各个面向，而不
是声称可以解释任何事。

总之，尽管昨日那些伟大的范式和元理论已然褪尽色彩，如
功能主义、结构主义和马克思主义，但仍然留给我们许多值得去
思考的观念和在可以思考中运用的假设。在过去 20 年中关于解
构社会科学已经有了许多讨论；后现代主义尤其专长于此，并已
然在大学特别是在美国和一些其他的国家中占据了大量显赫位
置。在法国，我们十分熟悉这种理论，我们正是雅克·德里达，
米歇尔·福柯，吉勒·德勒兹和让-弗朗索瓦·利奥塔理论的传
播者。但我们虽是主要的出口商，却相对而言是少数消费者，或
者我们只是谨慎使用那些看起来在分析复杂事实时有用的部分。
但是我们不再认为这些作者是社会科学中的权威。

美国和欧洲的"硬"科学家们并不怀疑他们用于推进对事
物复杂性之理解的概念能力、方法论能力或者技术能力，例如关
于人类基因组结构的探索。比较而言，在社会科学领域中，有许
多声音已经否认了我们可以真正理解他者文化的观点。在玛丽·
道格拉斯对后现代主义者玛丽莲·斯特拉森（Marilyn Strathern）
的一部灵感之著的回应中，她认为对大多数知识分子而言，任何
一种社会科学理论都似乎是西方控制的形式，研究者不曾对此加
以辨别、分类，尤其是没有比较就去分析事实。[①] 因而，定义、
问题和理论都成为了高度可疑的。

---

① 　Marilyn Strathern, *The Gender of the Gift*; Douglas, *"Une déconstruction si douce,"*
p. 113.

我试图展示我们最初在研究领域中所秉持的观念——持续解构概念和理论的任务是科学工作的关键部分，因为我们在研究过程中积累的事实经常对我们既有的观点和文化偏见形成挑战。因此，我们如果希望在解构的基础上建构一门科学并推进它，就必须有一个非常广阔、坚实和经验的基础。但这还不够。我们还必须提出新的范式去解释这些事实。有两条解构之路我们可以选择：一条极端之路导致毁灭，另一条在更高水平的严谨和探索上达致重构。教训是明显的：科学努力需要保持持续的批判警觉和对我们自身文化中的偏见、概念、假设、方法和结论的定期自检。①

---

①　最后说一下现在的巴祜亚。自我首次于 1967 年出现在这片土地上，那里的生活已非往昔。1960 年他们被迫屈从于殖民政权，1975 年成为新兴的独立民族。巴祜亚有一部分人成为基督教徒，但仍然举行启蒙仪式。他们在并非自己掌控的国际市场链条中生产并非自己饮用的咖啡。以盐为形式的货币已经被与澳元挂钩的巴布亚国家货币取代。以前奠基于非商业交换的众多社会关系已经以货币交换为基础，这取代了传统形式的财富，包括贝壳和羽毛。我最后一次访问巴祜亚，许多人向我描述他们希望变得"现代"的愿望，用他们的语言来说就是"Behainim Jisas"（跟随耶稣）和"Mekim bisnis"（从事商业）。总之，他们已然真切切成为西方控制的全球化世界的一块碎片。

第八章 附记：为参观者并献
艺术与知识的乐趣[*]

——————

* 佩吉·巴伯演讲之四。本章内容是我投入多年的另一个方向的工作——作为主持人为巴黎的致力于非洲、亚洲、大洋洲和美洲艺术和文明的新博物馆做项目规划。这成为一项官方任务，我一直工作到 2000 年底。在当时多重矛盾和压力下，我最终被迫辞职。

我试图去构想一个致力于几百年非西方社会和文化的新博物馆，其展品分别代表这些社会和文化，这些展品是在即将合并为一个新机构的两个博物馆的藏品中挖掘出来的。这项任务对我来说是一个新的、令人兴奋的经历。我立即紧紧扣住博物馆的文化和政治范畴和科学的重要性这一主题，博物馆将对任何背景的人们开放。在这个以殖民帝国的消失以及新独立国家的繁盛为特征的时代里，这些国家声明要主宰他们自己的命运，拒绝让别人，尤其是西方人，来定义他们的文化以及他们的历史。

我要对项目的背景再说上几句。这项将取代人类博物馆以及非洲和大洋洲艺术博物馆的计划（前身是殖民地博物馆，由安德烈·马尔罗在任戴高乐政府文化部长时重新命名），是由雅克·希拉克发起。这也是他在 1985 年总统竞选中所作的竞选承诺之一。这个想法是他的朋友，雅克·盖尔沙什（Jacques Kerchache）给他的建议，盖尔沙什是一位重要的"原始"艺术收藏家和商人。像卢浮宫的金字塔和新弗朗西斯·密特朗国家图书馆（Francois Mitterand National Library）一样，这样野心勃勃的计划就是至今仍弥漫在法兰西共和国的君主制的遗迹。

项目公布后，大部分法国人类学家都表示反对。他们担心人类博物馆将会消失。包括列维－斯特劳斯和我在内的几个人持相反的观点，我们认为如果这样的项目能够启动，我们应当支持它。要知道我与雅克·希拉克分属不同的政治阵营，为什么我会有这样的反应？这是因为我在新博物馆筹划前曾经应利昂内尔·若斯潘（Linoel Jospin）（当时的法国教育部部长）的邀请对人类博物馆的现状做过一次评估，得出的结论是这个曾经备受尊敬的机构已经处于死亡状态有一段时间了，它拒绝彻底的改革，无法复活。几年之后，希拉克当选总统，左派重新执政，利昂内尔·若斯潘出社会人类学（social anthropology）——或是民族学（ethnography），正如20世纪人们熟知的那样——它的诞生和发展源于西方的扩张，以及某些欧洲国家出现的一种希望更好地理解两种不同历史和社会现实的需要。首先，生活在非洲、亚洲和前哥伦布时代美洲的人们有着多样的生活和思考方式，欧洲发现了他们并逐渐使他们屈从于欧洲的贸易、宗教或仅仅是占领他们土地时使用的武装力量。为了在这些国家实行统治、贸易或是传教，士兵、传教士和公务员被迫开始学习无文字的语言还有习俗、道德观念和奇怪的信仰，有时也许仅仅是为了根除它们。他们自认为

任总理。时任国家教育与研究部部长的克洛德·阿莱格尔（Claude Allègre）向我询问关于新博物馆计划的意见，法国总统正在为此寻求政府财政上和行政上的支持。我告诉他"去做吧"，但是要注意确保在美学方式和人类学—历史学方式之间保持平衡并作补充。随后我被任命为筹划阶段的项目主持人（这个职位在博物馆作为一个新的公共建筑正式落成后被更名）。

几年之后，很明显，在项目建设和组织中的许多选择的哲学指导原则已经渐渐倾向于一个艺术博物馆，而缺少一个文化博物馆所需要的手段和空间，我被迫放弃了我的职位。

随后，作为在线欧洲文化遗产（ECHO）项目的一个部分，我与罗伯特·阿玛永（Roberte Hamayon）教授（一位西伯利亚社会专家）以及她的团队一起工作，为西伯利亚的通古斯人（Tungus）建立了一个数据库的模型。这个数据库的建立是通过多个法国博物馆（波尔多、里昂、巴黎的人类博物馆），还有欧洲其他国家的博物馆（荷兰、布达佩斯）和法国高等社会科学学院（Ecole des Hautes Etudes en Sciences Sociales），法国国家科学研究中心（Centre National de la Recherche Scientifique）和匈牙利科学院（Hungarian Academy of Sciences）的合作所实现的。这个模型（可参考www. necep. net）就是我们为提议阶段的凯布朗利博物馆（Musee du Quai Branly）所做的构想。

新博物馆的落成仪式最终在2006年6月19日举行，总统希拉克与多名外国与法国名人出席，其中包括克劳德·列维－斯特劳斯，作为报告厅/剧院的大圆形剧场就以他的名字来命名。图书馆坐落在雅克·盖尔沙什（Jacques Kerchache）厅中，盖尔沙什是希拉克总统的朋友和顾问，最早提出创建新博物馆的建议。我也在受邀之列，尽管这座博物馆落成是一个巨大的成功，但它也证实了我的一些担忧。除了完美的展示品外，参观者能否对制作这些器物的男人和女人们以及需要它们存在和复制的社会有一个更好的理解，仍需观察。现在是时候让公众来做出评判。

负有使命，要将文明带到非欧洲世界，确保贸易和工业能够进步，并能散播"真正的"宗教——基督教。其次，在欧洲内部也存在像巴斯克人（Basques）、斯洛文尼亚人（Slovenes）和瓦莱克斯人（Valacs）这样一些拥有独特习俗的群体。这些民族国家当时面临着需要修改或废除国家贸易法的矛盾，从 16 世纪开始将分散的个体整合。这样一种自然的民族志为了服务历史性的目标而出现，并一直处于西方的中心位置。直到 19 世纪下半叶，民族学通过像刘易斯·亨利·摩尔根（Lewis Henry Morgan）和爱德华·泰勒（Edward Tylor）这样奠基者的著作而获得重生，成为一种全新的社会科学（见第七章）。

在这个发生殖民与全球扩张的 400 年间，成百上千的物品从世界各个角落被收集到国王、贵族和商人们的精品柜中，随后它们又进入到最初是公共而非私人机构的博物馆中。

建成于 1753 年的大英博物馆（British Museum），存有很多像詹姆斯·库克（James Cook）和约瑟夫·班克斯（Joseph Banks）这样的伟大探险家搜集而来的物品。在法国，由皇家下令创建的海洋与民族志博物馆（ Musée de la Marine et d'Ethnographie）于 1827 年落成在卢浮宫博物馆（ Musée du Louvre）中。后来的一位教育部部长，以开创"自由和义务的"国家学校系统而闻名的朱尔·弗里（Jules Ferry），决定将这些收藏品从卢浮宫博物馆转送到位于特罗卡德广场的博物馆。他认为这样是为了将"艺术品"与那些展示野蛮道德和习俗的展品区分开。直到 2000 年，这些杰作中的 120 件才得以重回卢浮宫，与希腊和中世纪艺术品以及伦勃朗（Rembrandt）和委拉斯开兹（Diego Velasquez）的画作放在一起，这可能是它们最终找到的永久的家。

我个人参与了新法国博物馆的创建，它位于埃菲尔铁塔旁的塞纳河左岸，取代了两个旧博物馆：由乔治·布丰（Georges Buffon）在18世纪创立的人类博物馆（Musée de l'Homme），曾是脆弱的自然历史博物馆（Musée d'Histoire Naturelle）的一部分；非洲和大洋洲艺术博物馆（Musée des Arts d'Afrique et d'Océanie），曾是旧的殖民地博物馆，由安德烈·马尔罗（Andre Malraux）在1960年重新命名，当时这位戴高乐政府的文化部长敏锐地意识到在第二次世界大战后的反殖民化时期需要避免使用"殖民地"一词。

我在1997—2000年被任命负责为新博物馆制定科学政策，我认为它应当为公众提供艺术与知识的双重愉悦。我非常确信人类博物馆几十年来已经渐渐死去，无法挽救，因为已经没有资金来将展品完善、修复和数字化以便在网络上更广泛地传播。这同时也是人类学理论转变的结果。从第二次世界大战结束之后，法国人类学家们（列维－斯特劳斯①除外）逐渐放弃了研究所谓"艺术"品，并将自己投身于像亲属制度、权力结构和性别关系的研究领域当中。简而言之，博物馆已经在物质层面和知识层面被边缘化了。

我为新博物馆列出如下原则：

1. 博物馆坚决保持后殖民时期立场，并与西方历史保持距离，对其采取一种批评的态度。不仅法国应当如此，从16世纪开始在全世界扩展影响的其他欧洲国家亦应如此。例如，有一种观点认为地图不但要展现西班牙、葡萄牙、德国、法国、英国的扩张，还要包括俄国在1630、1730、1830年的扩张等内容。

2. 博物馆也要注重展现历史，尤其是博物馆中展品所属的那些社会的历史。这段历史应该属于遥远的过去，因为文化不可能在一天之内诞生，而且社会和精神结构通常会持续多个世纪，

① Claude Levi－Strauss, *la Voie des masques*（*The way of the Masks*）.

并不断变化。刚刚过去的殖民时期的历史也同样渐渐融进当前的历史，因为大部分展品所属的这些社会仍然与我们共存。这样，博物馆面向过去的同时也要立足当前。

3. 博物馆将尽力将两种乐趣结合：艺术乐趣和知识乐趣。这个原因很简单。无论何种物品，它们都无法自我表达。除了感动我们，它们不可能告诉我们关于它们的创作者或使用它们的社会的情况。因此，观念（idea）能够为博物馆提供必须的数据资料，通过多种途径来解释文物和社会。这样博物馆也就成为了研究中心和高等教育中心，能够将青年人培训成为博物馆管理者也是研究者。这是至今少有的结合，能够将最好的一面奉献给公众。博物馆还要培训部分来自非洲、亚洲、大洋洲和美洲的学生使用这些来自他们自己国家的收藏品。

4. 博物馆也为我们提供了场所和机会来与那些藏品来源国进行科学和文化合作。它将提供一种在从前时代绝不可能的方式来建立合作伙伴关系，那时相关国家之间的关系更多地建立在占领而不是合作的基础之上。博物馆也为我们创造条件来交换观看他者的方式和他者反观我们的方式。

5. 最后，在像法国这样多元文化氛围越来越浓的西方国家中，与移民相关的种族主义和仇外心理不但依然存在而且还有上升的趋势，新博物馆将要完成政治的和象征的双重功能。我认为这个博物馆应当被称为"艺术与文明博物馆"。

为了支持这种政治性和象征性的双重特征，这项计划将创建一个新博物馆和一个位于卢浮宫内的空间。在卢浮宫中，120件来自非洲、亚洲、大洋洲和美洲的杰作将与米洛的维纳斯（Venus de Milo）和蒙娜丽莎放在一起，从而满足了像斯蒂芬尼·马拉美（Stephane Mallarme）这样的诗人和像巴勃罗·毕加索和马克思·恩斯特（Max Ernst）这些艺术家的梦想，他们从20世纪初就一直呼吁应当承认"黑人艺术"。我对此完全赞成，在接手职位后，我就提议创立一个与即将展出文物的空间分离但却直接相关的空间，我把它叫做"诠释的空间"。在这里，参观者在享受展厅文物所提供的可触的、美学的乐趣之外，在实现每一物品的真实再现和个人分析的新科技的帮助下，我们还能够再一次体验他们。完成这种"智力的再解释"需要为雅克·盖尔沙什（Jacques Kerchache）选出的 120 件杰作创建一个数据库，一张提供给参观者的 CD – ROM 光盘。

我认为每一件物品都应当从四个方面进行分析：

第一，仔细审查每件物品被认定为杰作的理由。这个分析应考虑到使用材料的特性和尺寸、形状和展出物的结构，并试图理解它的美学价值和影响。

第二，重建物品的历史，和它被收入某个法国的博物馆时的环境。它是从殖民地被掠夺而来，由慷慨的收藏家所捐赠，还是在市场中购得？这会将我们带回到法国与原产国之间关系的复杂历史当中，这历史还包括那些将物品从自己国家带出并留到我们国家的个人的奇特故事和个人传记。目前在卢浮宫中的彼得约戈（Bidjogo）雕像就是殖民地掠夺的一个案例，它来自比热戈斯（Bissagos）群岛（几内亚比索）中的卡拉维拉岛（Karavela），代表一位女神。就我们所知，它原来被放置在一位头人的家中，在 19 世纪初被一名法国海军上尉偷得。根据法国政府的命令，上尉以头人部落袭击了一艘法国船为借口对他们进行了一次惩罚性的征讨。尽管事实上，这次袭击的起因是由于法国船只在当地取用新鲜水和肉却不付费。一些村庄被损毁，那位军官从一间茅屋中取走了一些奇怪的物品。一个世纪之后，他的后代将它们捐赠给人类博物馆。

第三，要记录物品在原产地社会中被使用的方式，并介绍它的制造者和制造目的。尽管制造者通常很难确定，并且日期有时也同样不易找到，跨博物馆（cross museum）比较可能会帮助我们确定，在特定国家的特定时期曾经制造过类似物品的艺术家或工房。所有的文物能够根据在本章后面提出的贯穿所有社会的五个主题轴，以它们的社会用途进行分类。例如，来自南所罗门群岛中马基拉岛（Makira Island）的一个相互拥抱的双人雕像，表现的是一位男子正在与一位能够变成女人的名叫马图拉的恶神交配的情景，这展现了人类与不可见的祖先、精灵和神之间的一种关系。

第四，物品在各自社会中被制作出来有着自己的用途，要为这些社会做明确的描写，重新概述它们与外来文化接触前（pre-contact）的历史重大事件。如果可能的话，这里还要包括直到目前为止的后续发展。毫不意外地，这第四种途径包括由人类学家和历史学家收集来的关于这个社会中等级制度和权力的资料，还有它们的社会集团，就像种姓和氏族、经济行为和亲属制度的性质，当然还有关于他们的观念世界的重要信息，根植于人与人，人与自然环境，人与神之间关系的文化性象征。艺术创造品的其他形式——音乐、舞蹈、诗歌、戏剧——本来可能存在于每一个制造展出物的特定社会中。尽管只用几个高度选择性的物品作参考明显不可能展示整个社会，数据库和发布在网络上的多种渠道信息——像影片、采访、地图和其他系列的物品——的超链接可以作为民族志图片的补充。

在这四方面内容背后的基本想法并不是让参观者用与制造者和使用者同样的眼光去观看这些文物，而是让他们知道若要发现这些文物对这些个体的意义需要进行一个复杂的调查，谨慎地感知他们的原本的观点并通过证据来证明它的结论。但是一件文物的历史并不会随着它最初的使用而终止；当它离开生产它的社会，就会呈现出新的意义。这些意义将通过众多不同时期参观博物馆的公众，再投射到它身上。因此，我们将面临物品之"谜"——必须依附于某种形式上的本义，一种能够遮蔽其原始含义并披上另一种意义的形式。然而矛盾的是，一件物品仍然对那些参观者具有意义，尽管他们与制造者和原初需要使用文物的社会毫无文化和历史联系。它在我们面前像一种准主体、一种能激发人类为其赋予意义的物质形式。它不断去证实这种意义，即使这种意义需要被破译和解释。因此博物馆中的物品并不是一种"自然"物。它不能够与人类分离开。从人类的初始阶段和生命起始之时，它就根植于人类之中。它也能够传递一个信息，即使我们不了解它的语言或话语的规则。[①]

　　为了给公众提供关于这些物品的准确信息，不隐藏、不误解我们知识中的怀疑和分歧，我们就必须应用各种各样的手段保存文物：互动终端，屏幕电影的房间，一间图书馆，多媒体查询系统，系列演讲，文化活动，并使公众能够获得这些事实。事实上，我们必须将展示物周围的信息降到最少，创造独立、舒适的解释空间，参观者在这里能够从他们的视角重新解释看到的文物，并通过其他方式了解更多关于文物制造者和制造文物的社会的信息。博物馆并不是将书本内容贴在墙上来让人阅读的一本书。它也不是一所授课的大学。它是一个向公众开放、提供欢乐和知识的地方，在这里，每个人应该能够选择最容易接受的方式并带回他或她想要得到的东西。提供知识的范围从最小的、几乎没有意义的标签，例如"来自赛皮克（Sepik）地区的成人仪式面具"，到数据库提供的复杂信息，再到能够激励梦想并释放想象、一种有诗意的细节——能够让个体去为物品做解释，唤醒制作者心中的兴趣。

　　但是仅将物品放回到背景中，去发现地点、时间、原因和那些在他们自己的文化里从出生开始伴随的再现观念是不足够的。

---

　　① 参见 Maurice Godelier, *Arts primitifs*, *regards civilize*（*Primitive Art in Civilized Places* 一书的法文译本第二版）一书的"序言"。

人类文化是在每个社会任何时候都会遭遇的生活基本问题的不同反应。这就是为什么博物馆致力于将五大洲的文化和社会放置在一个部门，在此这些文化的、地理的和民族的差别将被超越或者归类到背景资料当中。我们能够通过考虑联系现存问题的五个轴，在文化和社会之间作比较并建立对话。对于这些问题，每个社会都会根据它的组织原则和它的想象以不同的方式来回答。这些生活和思考的方式总是以象征的形式体现，部分的象征会体现在物品的物质形式上。

五类现存问题包括如下的考虑：①

1. 人类与不可见物之间的关系，包括神、精灵和祖先。

2. 人类社会中权力的形式和形象。

3. 出生、活着和死亡。

4. 财富、交换和货币。

5. 思考自然，作用于自然。

这些主题相互关联。例如，以神的子孙自居的汤加最高统治者是一个住在人间能够掌握汤加人生死权力的人形神（这就把主题1和2联系在一起）。除此以外，人们也认为汤加的最高统治者能够通过他有生殖力量的呼吸使王国内所有妇女受孕。因此在某种意义上来讲，他是全体汤加人的广泛意义上的父亲。汤加人由他而生，生命也属于他（主题3的含义）。这也就解释了为什么统治者的所有臣民，包括贵族，每年必须将最初收获的果实奉献给他和他的姐妹——（the Tu'i Tonga Fefine），因为他掌管着所有妇女和所有土地的生殖（主题4的症结所在）。因此我们看到，对于汤加人，自然环境并不是由物组成的，而是从神、从精灵和祖先处获得了它的生命（为我们带出了主题5）。

关注这些主题的博物馆部门因此应允许在文化之间、社会之

---

① 关于五类问题在第三章详细讨论过。

间和历史阶段之间进行真正的比较，将西方与世界的其他部分并列放置，应当将汤加的最高统治者与马来西亚一位要人和斯汀·布尔——一位成为战争领袖的萨满——或是戴高乐将军和毛泽东放在一起。

但是在博物馆内进行的比较必须通过博物馆学方式进行。这五个轴如何才能与博物馆的布置一致？伊芙·勒芙（Yves Lefur）（我的一位博物馆馆长朋友）和我，一起构想了一种适合于通过主题方式来组织一个部门的博物馆学。为了说明第二个轴，我们通过例子的方式创造一个不同的区域来强调权力的多种表现形式，用文物来说明它们所满足的社会功能，还有赋予它生命的相关组织和实践，就像新几内亚的梅尔帕人（Melpa）的竞争性的礼物交换以及以猪和贵重物品作为回礼，当地人通过他们的头人在叫做摩卡的交换圈中彼此相互竞争一样。那些标志物和象征将这样的功能、机构、实践和形象从其他社会关系中区分开。每个地区都是使用不同的媒介组织起来的——物体、图像、文本、声音和材料。这里也应当提供不同层次的信息和通道，从最小的标签到更加诗意的或更加科学化的描写（就细节和解释而言更加复杂）。这些通过交互终端、视频、影片和其他种类的纪录能够获得。

一般而言，为艺术与文明博物馆配备科学分析的大型数据库是必不可少的。可以肯定的是，还要有一系列的参考物品和大量重要的历史档案。对凯布朗利博物馆（Musee du Quai Branly）来说，我建议创立一个数据库，涵盖从非洲、亚洲、美洲和大洋洲中挑选出的 2000 个社会。这个数字要高于现在要合并的两个博物馆中展品所代表的社会数目（估计大约 600 个）。我们将这个数字扩大，是因为各个大洲的知识——每个社会的历史以及他们与其他社会或近或远的交往——不能仅仅由随意收集的展品来代表，这会导致某个群体显得比其他群体更突出。选出这 2000 个社会作为样本，并构建一个能够允许在它们之间做比较的分析坐标格。这是相当大的工作量，它将在欧盟项目的框架下实施。

2002 年的一天，我有机会为欧洲共同体的代表们解释，欧洲文化遗产中的很大一部分是由非欧洲文物构成。我认为应当为这些展品创建一个系统性的编目，对这些文物的研究需要欧洲研究者与博物馆管理者还有来自博物馆藏品原产国的同事们共同参与。欧盟研究总干事（European Commission's Research Directorate General）接受了这个想法，随后我们与伦敦大学学院（University College London）、大英博物馆（British Museum）、荷兰国家博物馆（Leiden Rijks Museum）和荷兰的博物馆网络、布达佩斯民族志博物馆（Budapest Ethnographic Museum）和匈牙利科学院（Hungarian Academy of Sciences）一起创立了第一个项目。ECHO 这个项目是由柏林马克斯—普兰克学院（Berlin Max – Planck Institute）主持，名为在线欧洲文化遗产（European Cultural Heritage Online）。我们的项目是这一大型项目中的一个部分。

这个项目的目标是创建一个欧洲博物馆联盟来完成这样一个系统性编目，随后这个集团将扩展到所有欧洲主要的博物馆：柏林达勒姆博物馆（Dahlem Museum），位于牛津的彼得里夫斯博物馆（Oxford Pitt Rivers Museum），哥本哈根博物馆（Copenhagen Museum），罗马和马德里的博物馆，当然还有圣彼得堡国立艾尔米塔什博物馆（St. Petersburg Hermitage Museum）。这一项目也激起了像巴西和墨西哥这样的藏品原属国极大的兴趣。资助款指定划拨给北—南伙伴关系国家，例如欧洲博物馆为来自马里的所有班巴拉（bambra）藏品编目，他们也将帮助马里建立他们自己的班巴拉文物编目。渐渐地，我们将会发现社会、民族、古代或现代文化遗产的广度和丰富细节，还有它们的历史和记忆。当然，将这些文物以及我们所了解的关于它们的知识放到互联网当中，是将它们归还给它们原产国的一种实际的方式，并将为未来更加确实的赔偿提供机会。这是一个开放性的过程，与我们的时间和它自身的新价值一致——这种新价值经常与旧价值冲突——这就是它的矛盾。①

最后我愿意来对所谓"艺术"品做些观察。"艺术"品可以被定义为通过象征形式将意义（或真实的或想象的）物质化的一种人造物。这种意义是由展品的功能而得来——与祖先沟通，为神的出现提供证据，为监护精灵赋予人形。这种监护精灵能够帮助因纽特人（Inuit）的萨满（shaman）将鲸鱼诱至浅滩，鲸鱼在那里搁浅并落入猎人的渔叉之下。但是这一定义也同样能够适合于技术物品或为满足特定功能而制的日常物品。当人类博物馆开馆的时候，马塞尔·莫斯宣称一把勺子能够告诉我们关于一个社会的内容和一个面具告诉我们的同样多。他的观点本来非常正确，但却忽略了一个差异——它们二者并不会告诉我们同样的事情。这种物品能够为某些展品提供一种艺术角度，那么它们之间的差异是什么？

我们或许能通过其非功利主义特征来定义艺术品。事实上它们中的大部分都不会用于日常进食、饮用、睡眠、捕鱼或狩猎，而是作为一种媒介物，作为信号和意义的载体。这种意义是在人类之间以及他们与周围不可见力量之间建立关系过程中产生的。这种关系总是具有想象的成分，需要通过一种可感知的方式再现出来。艺术是为了将可理解之物变成可感知之物而创制出来的手

---

① 到2004年底，我们的团队已经完成了关于西伯利亚通古斯人的数据库模型，"文物与社会"，它将可以作为博物馆记录它们的文物和生产文物的社会的模型（见本章开篇部分）。不幸的是，项目的第二阶段由于缺少资金而未能实现。

段之一，通过赋予事物以一种象征性的形式将想象中的事物变为真实的和物质的事物。每个社会都有若干种艺术活动，从某种程度上来说每个人都在实践它。当一个人开始化妆，或是选择一个珠宝或者一种衣物的颜色，或者以身体和仪式性的绘画来装饰自己，或者像马奎萨斯群岛的首领那样将整个身体刺满文身，形成第二层皮肤，艺术活动就开始了。比其他人做得更好的艺术家发现了一种新方法去捕捉一种想法或一种信仰（beliefs）的大小、形状、颜色或声音，并因此将社会中的想象和理解成分再现出来。这就是为什么，对于古希腊人而言，工匠和艺术家拥有同样的地位，并且只有一个词——techne——来形容他们的工艺或他们的艺术。他们之间关键性的差异在于工匠使用已经完成的模型并按照要求来制作，而艺术家是创造别人要来仿制的模型的人。

因此，对一个专注于民族志的博物馆来说，至关重要的是要制定出选择和展示这些展品的策略，将想象物和象征物划定一个清晰的区分。尽管这两种现实总是紧密相连，但它们绝不能被混淆。让我们来看看下面的例子，古埃及是人类历史上最早有记载的国家形式的社会之一，由一个活在人们中的"神"来统治：法老。法老是谁？埃及神话告诉我们他是由互为兄妹的两个神结合所生，伊西斯（Isis）和奥西里斯（Osiris）。这是一种在大多数的社会被认为是乱伦（incest）的神圣的结合（古代波斯除外）。

但是这种关于法老神圣起源的叙述被认为完全是一种想象的现实，它以无数种形式体现在象征性的产品中。在寺庙和金字塔中的旋涡状装饰上，法老以巨大的形象展现，他的四周围绕着高仅及膝的人像——埃及人或他们的敌人，与神并置。法老的两个皇冠，象征着尼罗河上游和下游的两个首都，宣告他象征着曾经分裂的两个王国统一为一个国家。法老也代表着神圣的尼罗河，每年河中水位线下降时，他会坐在他的太阳船（因为他是从太阳降落人间的）上沿河前进，直到船只不能移动为止。他会在那里举行一个仪式使水能够在第二年补回来，并确保不久之后尼罗河将会暴发洪水，洪水带来的淤泥能够帮助庄稼生长。通过这个仪式，法老似乎可以每年将水、生活和财富重新带到了他的王国。

这个例子能够帮助我们理解想象性实践和象征性的实践之间的关系，以及他们与行使在社会之上和社会中的实际权力之间的关系。在这个例子中的想象包含了法老和他的臣民共同分享的信仰（就像法老的神性，以及所有相关的思想）。这种想象体现在物品、制度和象征性的实践中——仪式、动作、寺庙、宫殿、装饰、政治宗教秩序，还有神职和行政阶层——他们将想象带入人类的感觉，将法老的权力刻入石头上、身体里和历法中。

同样的，当我们望着古希腊神的雕像时，我们会发现它们非常美丽，但是它们却因为想象的成分——神话和仪式的世界，与它们相关的政治和社会赌注——随时间消失而失去它们部分的权力。我们欣赏它们却并不真的理解它们原本的意义，但是这并不表示它们失去了重要性；展品的矛盾性在于，即使离开其最初的语境，它们依然有意义，但它们会呈现出其他的意义。引发其他意义的是存在于展品之中的象征性形式，即使促使其诞生的意图和需要都消失了，它也会吸引其他想象性的成分重新获得新的重要性。特别有说服力的例子是，尽管维也纳博物馆中的著名羽毛头饰的标签上写着"来自蒙克特祖玛（Moctezuma）的珍宝"，但它却从未真正属于它的统治者。费迪南德·安德斯（Ferdinand Anders）① 的著作因它而热卖一时，书中概述了这种

---

① Ferdinand Anders, *The Treasures of Montezuma*.

归属实属虚构的原因。然而很明显，公众们需要相信，这个头饰曾经属于一个被科尔泰斯（Cortez）击败并被杀害的阿兹特克人（Aztec）的国王。对于今天的墨西哥人来讲，蒙克特祖玛已经成为抵抗白人的印第安贵族形象，他因此成为墨西哥共和国万神殿中的英雄。他的名字也成为墨西哥最著名的啤酒品牌上的装饰。但是这一连串在蒙克特祖玛时期并不可能的含义绝不是一件历史事实，也不可能告诉我们关于我们自身，关于人们和社会如何处理他们的思想和欲望的信息。

　　最后让我特别指出在这个讨论中存在着的一个多重困境（gaping hole）。这样一个博物馆的规划给我们一种印象，成百上千的并非用于与神沟通或展示权力的文物——用简陋的工具来烹饪或建房或缝纫——已被抛弃或未被重视。可以肯定的是，原则上我关注政治宗教物品，和那些有着同样符号和意义的东西，但我并没有遗忘或丢弃其他物品。我仅仅是认为起始于启蒙时代兴盛于千年之交的民族志博物馆必将在 21 世纪重焕生机。从前我们将文物按照用途分类并将它们装满展示柜和抽屉，它们因系列完整而成为公众的主要兴趣点。但对我而言，我们已经不能再以此来吸引博物馆参观者。我们将不得不去聚焦于那些传递了它们社会主要特征的展品，它们燃起公众对异文化的兴趣并引导他们去认识其他形式的创造力，激发出具有不同背景公众的关注与情感。我的意图并不是贬低那些我们曾称之为"物质文化"的东西，而是要展示那些技术常常没有我们复杂的其他民族也创造了高度复杂的社会关系、世界的观念。这些都体现在象征世界和实物中。

　　我期待有一种博物馆学能够在纠缠于人类社会的这样两个维度间创建灵活的、有吸引力和证实的联系——新物品和新社会关系的不断产生，通过这些物品将我们的关系象征化和物质化，无

论它们是普通的日常物，还是由于浓缩了一个人一生的重要时刻
（就像他或她的成人仪式）或社会的一个关键方面（就像权力结
构，或神的出现）而显得特殊的标志物。①

---

① 我们的观点与阿尔弗雷德·盖尔（Alfred Gell）在《艺术与机构》（*Art and Agency*）一书中的部分观点相一致，特别是艺术品作为主体作用于我们的这一观点。

参考文献

Alagha, Joseph. "Hizbullah, Terrorism and September 11." *Orient* 44, no. 3 (Sept. 2003): 385–412.

Amable, Bruno. *Les Cinq capitalismes.* Paris: Éditions du Seuil, 2005.

Amselle, Jean-Loup, and Elikia M'Bokolo. *Au cœur de l'ethnie: Ethnie, tribalisme et État en Afrique.* Paris: La Découverte, 1985.

Anders, Ferdinand. *The Treasures of Montezuma: Fantasy and Reality.* Vienna: Museum für Völkerkunde, 2001.

Anderson, Perry. *Passages from Antiquity to Feudalism.* London: New Left Books, 1974.

Appadurai, A. *Modernity at Large: Cultural Dimensions of Globalization.* Minneapolis: University of Minnesota Press, 1996.

Asad, Talal, ed. *Anthropology and the Colonial Encounter.* London: Ithaca Press, 1970.

Assayag, J. "Mysore Narasimhachar Srinivas (1916–1999)." *L'Homme* 156 (2000): 1–14.

Bafoil, François. *Europe centrale et orientale: mondialisation, européanisation et changement social.* Paris: Les Presses de la Fondation Nationale des Sciences Politiques, 2006.

Barth, Fredrik. "The Analysis of Culture in Complex Societies." *Ethnos* 54, no. 3–4 (1989): 120–42.

———. *Ethnic Groups and Boundaries.* Boston: Little, Brown and Company, 1969.

Baudrillard, Jean. *Simulacres et simulation.* Paris: Éditions Galilée, 1981. Translated by Paull Foss, Paul Patton, and Philip Beitchman as *Simulations* (New York: Semiotext[e], 1983).

Benveniste, Émile. *Vocabulaire des institutions indo-européennes.* 2 vols. Paris: Éditions de Minuit, 1969.

Best, Elsdon. *Forest Lore of the Maori.* Wellington E.C.: Keating Government Printer, 1977 [1909].

Bhargava, Rajeev. *Secularism and Its Critics.* Delhi/New York: Oxford University Press, 1998.

Billeter, Jean-François. *Contre François Jullien.* Paris: Éditions Allia, 2006.

———. *Études sur Tchouang-Tseu.* Paris: Éditions Allia, 2004.

Bloom, Harold. *Deconstruction and Criticism.* New York: Seabury Press, 1979.

Boas, Franz. "The Method of Anthropology." *American Anthropologist* 22 (1920): 311–21.

———. *The Social Organization and the Secret Societies of the Kwakiutl Indians.* Washington, DC: Government Printing Office, 1897.

Boas, Franz, and George Hunt. *Ethnology of the Kwakiutl.* 2 vols. Washington, DC: Government Printing Office, 1921.

Bonhême, M. A., and A. Forgeau. *Pharaon: les secrets du pouvoir.* Paris: Armand Colin, 1988.

Bonnemère, Pascale. "Maternal Nurturing Substance and Paternal Spirit: The Making of a Southern Anga Society." *Oceania* 64 (1993): 159–86.

———. *Le Pandanus rouge: Corps, différences des sexes et parenté chez les Ankavé-Anga.* Paris: Éditions du Centre national de la recherché scientifique/Éditions de la Maison des sciences de l'Homme, 1996.

Borges, Jorge Luis. "Les Miroirs Voilés." In *Œuvres Complètes de J. L. Borges,* volume 2, translated by Roger Caillois, Nestor Ibarra and Jean-Pïerre Bernès, [pp?]. Paris: Gallimard (Bibliothèque de la Pleiade), 1999.

Bourdieu, Pierre. *Esquisse d'une théorie de la pratique.* Geneva: Droz, 1972.

Breckenridge, Carol A., and Peter van der Veer, eds. *Orientalism and Postcolonial Predicament.* Philadelphia: University of Pennsylvania Press, 1993.

Brunois, Florence. "Le Jardin du casoar." Doctoral dissertation, École des hautes etudes en sciences socials, Paris, 2001.

Burke, Edmund. *On Taste; On the Sublime and Beautiful; Reflections on the French Revolution; A Letter to a Noble Lord; with introduction, notes and illustrations.* New York: P. F. Collier, [c1909].

Campbell, Shirley F. "Kula in Vakuta: The Mechanics of Keda." In *The Kula: New Perspectives on Massim Exchange,* edited by Edmund Leach and Jerry Leach, 201–27. London: Cambridge University Press, 1983.

Chagnon, Napoleon. *Yanomamö, the Fierce People.* New York: Holt, Rinehart and Winston, 1968.

Chang, K. C. *Art, Myth, and Ritual: The Path to Political Authority in Ancient China.* Boston: Harvard University Press, 1983.

Chatterjee, P. *Nationalist Thought and the Colonial World: A Derivative Discourse?* London: Zed Books, 1986.

Clifford, James. "Diasporas." *Cultural Anthropology* 9, no. 3 (1994): 302–38.

Clifford, James, and George E. Marcus, eds. *Writing Culture: The Poetics and Politics of Ethnography*. Berkeley: University of California Press, 1986.

Cook, James. *Journal on Board of His Majesty's Bark Resolution*. In *The Journals of Captain James Cook on His Voyages of Discovery*, annotated and edited by J. C. Beaglehole, [pp?]. 4 vols. Cambridge: Cambridge University Press, 1955–74.

Cusset, François. *French Theory: Foucault, Derrida, Deleuze & Cie et les mutations de la vie intellectuelle aux États-Unis*. Paris: Éditions La Découverte, 2003.

Damon, Frederick. "The Kula and Generalized Exchange: Considering Some Unconsidered Aspects of the Elementary Structures of Kinship." *Man* 15 (1980): [pp?].

———. "The Problem of the Kula on Woodlark Island: Expansion, Accumulation, and Over-production." *Ethnos* 3–4 (1995): 176–201.

———. "Rep.esentation and Experience in Kula and Western Exchange Spheres (Or, Billy)." *Research in Economic Anthropology* 14 (1993): 235–54.

Deleuze, Gilles. *Logique du sens*. Paris: Éditions de Minuit, 1969. Translated by Mark Lester with Charles Stivale as *The Logic of Sense*, edited by Constantin V. Boundas (New York: Columbia University Press, 1990).

de Man, Paul. *Blindness and Insight: Essays in the Rhetoric of Contemporary Criticism*. 2nd ed., revised. Introduction by Wlad Godzich. Minneapolis: University of Minnesota Press (Theory and History of Literature Series 7), 1983.

———. *The Resistance to Theory*. Foreword by Wlad Godzich. Minneapolis: University of Minnesota Press, 1986.

Diemberger, H. "Blood, Sperm, Soul and the Mountain." In *Gendered Anthropology*, edited by T. del Valle, 88–127. London: Routledge, 1993.

Douaire-Marsaudon, Françoise. "Le Bain mystérieux de la Tu'i Tonga Fefine. Germanité, inceste et mariage sacré en Polynésie." Part I, *Anthropos* 97, no. 1 (2002): 147–69; Part II, *Anthropos* 97, no. 2 (2002): 519–28.

———. "Je te mange, moi non plus." In *Meurtre du père, sacrifice de la sexualité: Approches anthropologiques et psychanalytiques*, edited by Maurice Godelier and Jacques Hassoun, 21–52. Paris: Arcanes, 1995.

———. "Le Meurtre cannibale ou la production d'un homme-dieu." In *Le Corps humain, supplicié, possédé, cannibalisé*, edited by Maurice Godelier and Michel Panoff, 137–67. Amsterdam: Éditions des Archives Contemporaines, 1998.

———. *Les Premiers Fruits: parenté, identité sexuelle et pouvoirs en Polynésie*

Occidentale: Tonga, Wallis et Futuna. Paris: Éditions de la Maison des sciences de l'Homme/Centre National de la Recherché Scientifique, 1998.

Douglas, Mary. "Une déconstruction si douce." *Revue du MAUSS* 11 (1991): 113.

Dousset, Laurent. *Assimilating Identities: Social Networks and the Diffusion of Sections*. Sydney: Oceania Monograph 57, 2005.

————. "Diffusion of Sections in the Australian Western Desert: Reconstructing Social Networks." In *Filling the Desert: The Spread of Langages in Australia's West*, edited by M. Laughren and P. McConvell, [pp?]. Brisbane: University of Queensland Press, 2003.

Dumont, Louis. *La Civilisation indienne et nous: Esquisse de sociologie comparée*. Paris: A. Colin, 1964.

————. *Essais sur l'individualisme: une perspective anthropologique sur l'idéologie moderne*. Paris: Éditions du Seuil, 1983.

————. *Homo hierarchicus: Essai sur le système des castes*. Paris, Gallimard, 1966. Translated by Mark Sansbury, Louis Dumont, and Basia Gulati as *Homo Hierarchichus: The Caste System and Its Implications* (complete revised English edition, Chicago: University of Chicago Press, 1970).

Evans-Pritchard, E. E. *The Nuer: A Description of the Modes of Livelihood and Political Institutions of a Nilotic People*. Oxford: Oxford University Press, 1969.

Feil, Daryl Keith. "The Bride in Bridewealth: A Case from the New Guinea Highlands." *Ethnology* 20 (1981): 63–75.

————. *Ways of Exchange: The Enga Tee of Papua New Guinea*. Brisbane: University of Queensland Press, 1984.

Ferguson, J. *The Anti-Politics Machine: Development, Depolitization, and Bureaucratic Power in Lesotho*. Cambridge: Cambridge University Press, 1990.

Ferro, Marc, ed. *Le Livre noir du colonialisme: XVI–XXIe siècle: de l'extermination à la repentance*. Paris: Laffont, 2003.

Firth, Raymond. "Contemporary British Social Anthropology." *American Anthropologist* 53 (1951): 474–89.

————. "The Creative Contribution of Indigenous People to Their Ethnography." *The Journal of the Polynesian Society* 110, no. 3 (2001): 241–45.

————. *Rank and Religion in Tikopia*. London: George Allen and Unwin, 1970.

————. *Religion: A Humanist Interpretation*. London/New York: Routledge, 1996.

———. "The Sceptical Anthropologist? Social Anthropology and Marxist Views on Society." Inaugural Radcliffe-Brown Lecture in Social Anthropology. *Proceedings of the British Academy* 58 (1974): 177–214.

———. *Tikopia Ritual and Belief.* Boston: Beacon Press, 1967.

———. *We, the Tikopia.* New York: American Book Company, 1937.

———. *The Work of the Gods in Tikopia.* London: The Athlone Press, 1967.

Firth, Raymond, and Mervyn McLean. *Tikopia Songs: Poetic and Musical Art of a Polynesian People of the Solomon Islands.* London: Cambridge University Press, 1990.

Fournier, Marcel. "Bolchevisme et socialisme selon Marcel Mauss." *Liber* (1992): 9–15.

———. *Marcel Mauss.* Paris: Fayard, 1994.

———. "Marcel Mauss, l'ethnologue et la politique: le don." *Anthropologie et sociétés* 19, no. 1–2 (1995): 57–69.

Frankfort, Henri. *Kingship and the Gods: A Study of Ancient Near East Religion as the Integration of Society and Nature.* Chicago: University of Chicago Press, 1948.

Freud, Sigmund. *Totem und tabu.* Vol. 9, *Gesammelte Werke.* London: Imago Publishing Company, 1940.

Friedman, Jonathan. *Cultural Identity and Global Process.* London: Sage, 1994.

Fukuyama, Francis. *The End of History and the Last Man.* New York: Free Press, 1992.

Galanter, Marc. "Secularism, East and West." In *Secularism and Its Critics,* edited by Rajeev Bhargava, 234–67. Delhi/New York: Oxford University Press, 1998.

Geertz, Clifford, *The Interpretation of Cultures,* New York, Basic Books, 1973.

———. "An Interview with Clifford Geertz" by Richard Handler. *Current Anthropology* 32, no. 5 (1991): 603–12.

———. *Works and Lives: The Anthropologist as Author.* Stanford: Stanford University Press, 1988.

Gell, Alfred. *Art and Agency: An Anthropological Theory.* Oxford/New York: Clarendon Press, 1998.

Gellner, Ernest. *Postmodernism, Reason and Religion.* London: Routledge, 1992.

Gifford, Edward. *Tongan Myths and Tales.* Honolulu, HI: The Museum, 1924.

———. *Tongan Society.* Honolulu, HI: The Museum, 1929.

Godelier, Maurice. "L'Anthropologie sociale est-elle indissolublement liée à l'Occident, sa terre natale?" *Revue internationale des sciences sociales*, no. 143 (1995): 166–83.

―――. "Les Contextes illusoires de la transition au socialisme." In *Transitions et subordinations au capitalisme*, edited by Maurice Godelier, 401–21. Paris: Éditions de la Maison des sciences de l'Homme, 1991.

―――. "Corps, parenté, pouvoir(s) chez les Baruya de Nouvelle-Guinée." *Journal de la Société des Océanistes*, no. 94, (1992–1): 3–24.

―――. "Correspondance avec Maurice Godelier." In *Jacques Hassoun*. Paris/Montréal: Editions de L'Harmattan (*Che vuoi?* new series no. 12), 1999.

―――. *Un domaine contesté, l'anthropologie économique*. Paris: Mouton, 1974.

―――. *L'Enigme du don*. Paris: Fayard, 1996. Translated by Nora Scott as *The Enigma of the Gift* (Chicago/Cambridge: University of Chicago Press/Polity Press, 1998).

―――. *Horizons, Trajets marxistes en anthropologie*. Paris: Maspero, 1973. Translated by Robert Brain as *Perspectives in Marxist Anthropology* (Cambridge: Cambridge University Press, 1977).

―――. *L'Idéel et le materiel*. Paris: Fayard, 1984. Translated by Martin Thom as *The Mental and the Material: Thought Economy and Society* (New York: Verso, 1986).

―――. "Inceste, parenté, pouvoir." *Psychanalystes* 36 (1990): 33–51.

―――. "Introspection, rétrospection, projections: un entretien avec Hosham Dawod." *Gradhiva*, no. 26 (1999): 1–25.

―――. *Métamorphoses de la parenté*. Paris: Fayard, 2004.

―――. "Meurtre du père ou sacrifice de la sexualité?" In *Meurtre du père, Sacrifice de la sexualité: Approches anthropologiques et psychanalytiques*, edited by Maurice Godelier and Jacques Hassoun, 21–52. Paris: Arcanes (Les Cahiers d'Arcanes), 1996.

―――. "Mirror, Mirror on the Wall: The Once and Future Role of Anthropology, a Tentative Assessment." In *Assessing Cultural Anthropology*, edited by Robert Borofsky, 97–112. New York: McGraw Hill, 1993.

―――. "La Monnaie de sel des Baruya de Nouvelle-Guinée." *L'Homme* 10, no. 2 (1970): 5–37. Translated as "Salt Currency and the Circulation of Commodities among the Baruya of New Guinea" (*Studies in Economic Anthropology*, AS7 [1971]: 52–73).

―――. "L'Occident—miroir brisé: une évaluation partielle de l'anthropologie sociale assortie de quelques perspectives." *Annales E.S.C.*, no. 5 (1993): 1183–1207.

————. "Préface" in Sally Price, *Arts Primitifs, Regards Civilisés,* 2nd ed., 9–16. Paris: Éditions de l'École Nationale Supérieure des Beaux-Arts, 2006. Originally published as *Primitive Art in Civilized Places* (Chicago: University of Chicago Press, 1989).

————. *La Production des Grands Hommes: Pouvoir et domination masculine chez les Baruya de Nouvelle-Guinée.* Paris: Fayard, 1982. Translated by Rupert Sw·'er as *The Making of Great Men: Male Domination and Power among the New Guinea Baruya* (Cambridge: Cambridge University Press, 1986).

————. "Qu'est-ce qu'un acte sexuel?" *Revue internationale de psychopathologie,* no. 19 (1995): 351–82.

————. *Rationalité et irrationalité en économie.* Paris: Maspero, 1966.

————. "Le Sexe comme fondement ultime de l'ordre social et cosmique chez les Baruya de Nouvelle-Guinée: mythe et réalité." In *Sexualité et pouvoir,* edited by A. Verdiglione, 268–306. Paris: Payot, 1976.

————. "Sexualité et société." *Journal des anthropologues, anthropologie et psychanalyse,* no. 64–65 (1998): 49–63.

————. "Sexualité, parenté et pouvoir." *La Recherche,* special issue on sexuality, vol. 20, no. 213 (1989): 1141–55.

————, ed. *Transitions et subordinations au capitalisme.* Paris: Éditions de la Maison des sciences de l'Homme, 1991.

Godelier, Maurice, and Michel Panoff, eds. *Le Corps humain, supplicié, possédé, cannibalisé.* Paris: Archives Contemporaines, 1998.

————. *La Production du corps.* Paris: Archives Contemporaines, 1998.

Godelier, Maurice, and Marilyn Strathern, eds. *Big Men and Great Men: Personifications of Power in Melanesia.* Cambridge: Cambridge University Press, 1991.

Gopal, Sarvepalli, ed. *Anatomy of a Confrontation: The Babri-Masjid-Ramjanmabhumi Issue.* New Delhi/New York: Viking, 1991.

Granet, Marcel. *La Religion des Chinois.* Paris: Albin Michel, 1989.

Guha, Ranajid. *Dominance without Hegemony: History and Power in Colonial India.* Cambridge, MA: Harvard University Press, 1997.

Hall, Stuart. "The Local and the Global: Globalization and Ethnicity." In *Culture, Globalization and the World-System: Contemporary Conditions for the Representation of Identity,* edited by Anthony D. King, 1–39. Minneapolis: University of Minnesota Press, 1997.

————. "Old and New Identities, Old and New Ethnicities." In *Culture, Globalization and the World-System: Contemporary Conditions for the Representation of Identity,* edited by Anthony D. King, 41–68. Minneapolis: University of Minnesota Press, 1997.

Harvey, David. *The Condition of Postmodernity*. Oxford: Blackwell, 1990.

Hegel, Georg W. F. *Aesthetics: Lectures on Fine Art*. Translated by T. M. Knox. Oxford: Clarendon Press, 1975.

Herder, Johann Gottfried von. *Une autre philosophie de l'Histoire*. Paris: Aubier, 1964 [1774].

———. *Idées sur la philosophie de l'histoire de l'humanité*. Paris: Aubier, 1962.

Herdt, Gilbert. *Guardians of the Flutes: Idioms of Masculinity*. New York: McGraw Hill Book Company, 1981.

———, ed. *Ritualized Homosexuality in Melanesia*. Berkeley: University of California Press, 1984.

———, ed. *Rituals of Manhood: Male Initiation in Papua New Guinea*. Berkeley: University of California Press, 1982.

Herdt, Gilbert, and R. J. Stoller. *Intimate Communications: Erotics and the Study of Culture*. New York: Columbia University Press, 1990.

Heusch, Luc de. "L'Ethnie, les vicissitudes d'un concept." *Archives européennes de sociologie* 38, no. 2 (1997): 185–206.

Hilton, Rodney, ed. *The Transition from Feudalism to Capitalism*. London: New Left Books, 1976.

Howell, Sigue. "Cultural Studies and Social Anthropology: Contesting or Complementary Discourses?" In *Anthropology and Cultural Studies*, edited by Stephen Nugent and Cris Shore, 103–25. London: Pluto Press, 1997.

Hua, Cai. *Une société sans père ni mari: Les Na de Chine*. Paris: Presses Universitaires de France, 1997. Translated by Asti Hustvedt as *A Society without Fathers or Husbands: The Na of China* (New York: Zone Books, 2001).

Hübinger, P. E. *Bedeutung und Rolle des Islam beim Übergang vom Altertum zum Mittelalter*. Darmstadt: Wissenschaftliche Buchgesellschaft (Wege der Forschung 202), 1968.

Izard, Michel, and Pierre Smith. *La Fonction symbolique*. Paris: Gallimard, 1979.

Johnson, Richard. "What Is Cultural Studies Anyway?" *Social Text*, no. 16 (1987): 38–90.

Jorgensen, Dan. "Mirroring Nature? Men's and Women's Models of Conception in Telefolmin." *Mankind* 14, no. 1 (1988): 57–65.

Juergensmeyer, Mark. *Terror in the Mind of God: The Global Rise of Religious Violence*. Berkeley: University of California Press, 2004.

Jullien, François. *Procès ou création: Essai de problématique interculturelle*. Paris: Éditions du Seuil, 1989.

Kearney, M. "The Local and the Global: The Anthropology of Globalization and Transnationalism." *Annual Review of Anthropology* 24 (1995): 547–65.

Keesing, Roger. "Anthropology as Interpretive Quest." *Current Anthropology* 28, no. 2 (1987): 161–76.

———. *Custom and Confrontation: The Kwaio Struggle for Cultural Autonomy*. Chicago: University of Chicago Press, 1992.

———. "Theories of Culture Revisited." In *Assessing Cultural Anthropology*, edited by Robert Borofsky, 301–10. New York: McGraw Hill, 1993.

Khilnani, Sunil. *L'Idée de l'Inde*. Paris: Fayard, 2005.

Khosrokhavar, Farhad. *Les Nouveaux Martyrs d'Allah*. Paris: Flammarion, 2002. Translated by David Macey as *Suicide Bombers: Allah's New Martyrs* (London: Pluto Press, 2005).

———. *Quand Al-Qaida parle*. Paris: Grasset, 2006.

Kirch, Patrick, and Roger Green. *Hawaiki, Ancestral Polynesia: An Essay in Historical Anthropology*. Cambridge: Cambridge University Press, 2001.

Kirch, Patrick, and Marshall Sahlins. *Anahulu: The Anthropology of History in the Kingdom of Hawaii*. 2 vols. Chicago: University of Chicago Press, 1992.

Knauft, Bruce. *Genealogies for the Present in Cultural Anthropology*. New York: Routledge, 1996.

———. "Homosexuality in Melanesia." *The Journal of Psychoanalytic Anthropology* 10, no. 2 (1987): 155–91.

———. "Pushing Anthropology Past the Posts." *Critique of Anthropology* 14, no. 2 (1994): 117–52.

———. "Theoretical Currents in Late Modern Cultural Anthropology." *Cultural Dynamics* 9, no. 3 (1997): 277–300.

Kuper, Adam. *Anthropologists and Anthropology: The British School, 1922–1972*. London: Allan Lane, 1973.

———. *The Invention of Primitive Society: Transformations of an Illusion*. London: Routledge, 1988.

Kuttner, Robert. *Everything for Sale: The Virtues and Limits of Markets*. New York: A. Knopf, 1997.

Labillardière, J. J. H. de. *Relation du voyage à la recherche de la Pérouse fait sur l'ordre de l'Assemble constituante, pendant les années 1791, 1792 et pendant la 1ere et 2nde année de la République française*. 2 vols. Paris: Jansen, [1800].

Lacan, Jacques. *D'un discours qui ne serait pas du semblant*. Paris: Éditions du Seuil (Le Séminaire Livre XVIII), 1970–1971.

———. *Des Noms-du-Père*. Paris: Éditions du Seuil, 2005.

———. *Les Non-dupes errent*. Paris: Éditions du Seuil (Le Séminaire Livre XXI), 1974.

Leach, E. R. *Political Systems of Highland Burma*. London: Berg, 1973.

————. "Virgin Birth." *Proceedings of the Royal Anthropological Institute*, 1966: [pp?]. Reprinted in E. R. Leach, *Genesis as Myth and Other Essays* (London: Cape, 1968).

Leach, Jerry, and Edmund Leach, eds. *The Kula: New Perspectives on Massim Exchange*. London: Cambridge University Press, 1983.

Leclerc, G. *Anthropologie et colonialisme*. Paris: Fayard, 1972.

Lemonnier, Pierre. "Mipela wan bilas. Identité et variabilité socio-culturelle chez les Anga de Nouvelle-Guinée." In *Le Pacifique-Sud aujourd'hui: identités et transformations culturelles*, edited by S. Tcherkézoff and F. Marsaudon, [pp?]. Paris: Éditions du Centre National de la Recherche Scientifique, 1989.

Lévi, Jean. *Des fonctionnaires divins: politique, despotisme et mystique en Chine ancienne*. Paris: Éditions du Seuil, 1989.

Levine, N. E. "The Theory of Rü, Kinship, Descent and Status in a Tibetan Society." In *Asian Highland Societies in Anthropological Perspective*, edited by E. Fürer-Haimendorf, 52–78. New Delhi: Stirling, 1981.

Lévi-Strauss, Claude. *Le Cru et le cuit*. Paris: Plon, 1964. Translated by John and Doreen Weightman as *The Raw and the Cooked: Introduction to a Science of Mythology* (Chicago: University of Chicago Press, 1986).

————. "Introduction à l'oeuvre de Mauss." In Marcel Mauss, *Sociologie et anthropologie*, pp. I–LII. Paris, Presses Universitaires de France, 1950. Translated by Felicity Baker as *Introduction to the Work of Marcel Mauss* (London: Routledge and Kegan Paul, 1987).

————. *Mythologiques*. 4 vols. Paris: Plon, 1964–1971. Translated as *Mythologiques: Introduction to a Science of Mythology* (Chicago: University of Chicago Press, 1969–1981).

————. *La Pensée sauvage*. Paris: Plon, 1962. Translated as *The Savage Mind* (Chicago: University of Chicago Press, 1969).

————. *La Voie des masques*. Paris: Plon, 1979. Translated by Sylvia Modelski as *The Way of the Masks* (Seattle: University of Washington Press, 1982).

Lewis, Diane. "Anthropology and Colonialism." *Current Anthropology* 14, no. 5 (1973): 581–602.

Lienhardt, R. G. *Divinity and Experience: The Religion of the Dinka*. Oxford: Oxford University Press, 1961.

Liep, John. "The Workshop of the Kula: Production and Trade of Shell Necklaces in the Louisiade Archipelago, Papua New Guinea." *Folk*, no. 23 (1981): 297–309.

Lincoln, Bruce. *Holy Terrors: Thinking about Religion after September 11*. Chicago: University of Chicago Press, 2003.

izot, Jacques. *Le Cercle des feux: faits et dits des Indiens Yanomami.* Paris: Éditions du Seuil, 1976.

loyd, R. G. "The Angan Language Family." In *The Linguistic Situation in the Gulf District and Adjacent Areas, Papua New Guinea,* edited by K. Franklin, 1–110. Canberra: Australian National University Press, 1973.

ombard, Maurice. *L'Islam dans sa première grandeur.* Paris: Flammarion, 1971.

ongin. *Du sublime.* Paris: Rivages, 1991 [1939].

owie, Robert. *The History of Ethnological Theory.* New York: Holt, Rinehart and Winston, 1937.

udden, David, ed. *Reading Subaltern Studies: Critical History, Contested Meaning and the Globalisation of South Asia.* New Delhi: Permanent Black, 2001.

yotard, Jean-François. *La Condition post-moderne.* Paris: Éditions de Minuit, 1979. Translated by Geoff Bennington and Brian Massumi as *The Post-Modern Condition: A Report on Knowledge* (Minneapolis: University of Minnesota Press, 1980).

Ialinowski, Bronislaw. *Argonauts of the Western Pacific.* London: Routledge, 1922.

———. *The Father in Primitive Psychology.* New York: Norton, 1927.

———. "The Primitive Economy of the Trobriand Islanders." *Economic Journal* 31, no. 121 (1921): 1–16.

———. *Sex and Repression in Savage Society.* London: Routledge and Kegan, 1927.

———. *The Sexual Life of Savages.* London: Routledge and Kegan, 1929.

———. *The Sexual Life of Savages in Northwestern Melanesia.* London: Routledge and Kegan, 1931.

Iarcus, George. *Ethnography Through Thick and Thin.* Princeton: Princeton University Press, 1996.

Iarcus, George, and Michael Fischer. *Anthropology as Cultural Critique: An Experimental Moment in the Human Sciences.* Chicago: University of Chicago Press, 1986.

Iaspero, Henri. *La Chine Antique.* Revised edition. Paris: Presses Universitaires de France, 1965.

Iauss, Marcel. "Essai sur le don. Forme et raison de l'échange dans les sociétés archaïques." *L'Année sociologique,* nouvelle série, 1, 1925. Reprinted in Marcel Mauss, *Sociologie et anthropologie,* Paris: Presses Universitaires de France, 1950. Translated by W. D. Halls as *The Gift: The Form and Reason for Exchange in Archaic Societies.* Foreword by Mary Douglas. New York/London: W. W. Norton, 1990.

Munn, Nancy. *The Fame of Gawa*. London: Cambridge University Press, 1986.

Murdock, George Peter. *Social Structure*. New York: MacMillan, 1949.

Nandy, A. "An Anti-Secularist Manifesto." *Seminar*, no. 314 (1985): 14–24.

Ong, Aihwa. *Flexible Citizenship: The Cultural Logics of Transnationality*. Durham, NC: Duke University Press, 1999.

Ortner, Sherry. "Theory in Anthropology since the Sixties." *Comparative Studies in Society and History* 26, no. 1 (1984): 126–86.

Panoff, Michel. "The Notion of Double Self among the Maenge." *Journal of the Polynesian Society* 77, no. 3 (1968): 275–95.

———. "Objets précieux et moyens de paiement chez les Maenge de Nouvelle-Bretagne." *L'Homme* 20, no. 2 (1980): 6–37.

———. "Patrifiliation as Ideology and Practice in a Matrilineal Society." *Ethnology* 15, no. 2 (1976): 175–88.

Persson, Johnny. *Sagali and the Kula: A Regional Systems Analysis of the Massim*. Lund, Sweden: Department of Sociology (*Lund Monographs in Social Anthropology* no. 7), 1999.

Plus réel que le réel, le symbolique. Special issue of *La Revue du MAUSS*, no. 12 (1998).

Pool, Robert. "Postmodern Ethnography?" *Critique of Anthropology* 11, no. 4 (1991): 309–31.

Porge, Erik. *Jacques Lacan, un psychanalyste*. Paris: Éditions Eres, 2000.

Pouchepadass, Jacques. "Que reste-t-il des Subaltern Studies?" *Critique Internationale*, no. 24 (2004): 67–79.

———. "Les Subaltern Studies ou la critique postcoloniale de la modernité." *L'Homme*, no. 156 (2000): 161-85.

Quesnay, François. *Tableau économique de la France*. Paris: Calman Lévi, 1969.

Rabinow, Paul. *Reflections on Fieldwork in Morocco*. Berkeley: University of California Press, 1977.

Racine, Jean-Luc. "La Nation au risque du piège identitaire: communalisme, post-modernisme et neo-sécularisme." In *La Question identitaire en Asie du Sud*, 11–46 and 373–407. Paris: Purusartha, 2001.

Reconstructing Nations and States. Special issue of *Daedalus*, vol. 122, no. 3 (1993).

Ricoeur, Paul. *Le Conflit des interprétations: Essai d'herméneutique I*. Paris: Éditions du Seuil, 1969. Translated as *The Conflict of Interpretations*, edited by Don Ihde (Evanston: Northwestern University Press, 1974).

———. *Essai d'herméneutique II*. Paris: Éditions du Seuil, 1986.

Rodinson, Maxime. *Islam et capitalisme*. Paris: Éditions du Seuil, 1966. Translated by Brian Pearce as *Islam and Capitalism* (New York: Pantheon Books, 1974).

Rogers, Garth. "The Father's Sister [Futa-Helu] is Black: A Consideration of Female Rank and Power in Tonga." *Journal of the Polynesian Society* 86 (1977): 157–82.

Roth, Paul A. "Ethnography without Tears." *Current Anthropology* 30, no. 5 (1989): 555–69.

Roy, Olivier. *L'Islam mondialisé*. Paris: Éditions du Seuil, 2002. Translated as *Globalised Islam: The Search for a New Ummah* (London: C. Hurst, 2002).

Ryan, Peter, ed. *Encyclopaedia of Papua and New Guinea*. 2 vols. Melbourne: Melbourne University Press, 1972.

Sahlins, Marshall. "Cosmologies of Capitalism: The Trans-Pacific Sector of the World-System." The Radcliffe-Brown Lecture in Social Anthropology. *Proceedings of the British Academy*, 1989: 1–51.

———. "Goodbye to Tristes Tropes: Ethnography in the Context of Modern World History." *Journal of Modern History* 65 (1993): 1–35.

———. *How Natives Think: About Captain Cook, For Example*. Chicago: University of Chicago Press, 1995.

———. "On the Sociology of Primitive Exchange." In *The Relevance of Models for Social Anthropology*, edited by Michael Banton, 139–236. London: Tavistock Publications, 1965.

———. "Other Times, Other Customs: The Anthropology of History." *American Anthropologist* 83 (1983): 517–44.

———. "Poor Man, Rich Man, Big Man, Chief." *Comparative Studies in Society and History* 5 (1963): 285–303.

———. "The Spirit of the Gift: une explication de texte." In *Echanges et communications; mélanges offerts à Claude Lévi-Strauss à l'occasion de son 60ème anniversaire*, [pp?]. Leiden: Mouton, 1970.

———. "Two or Three Things That I Know about Culture." *Journal of the Royal Anthropological Institute* V, no. 3 (1999): 399–421.

———. "What Is Anthropological Enlightenment? Some Lessons of the Twentieth Century." *Annual Review of Anthropology* 28 (1999): 1–23.

Saïd, Edward. *Orientalism*. New York: Viking, 1978.

———. "Representing the Colonized: Anthropology's Interlocutors." *Critical Inquiry* (1989): 205–25.

Saladin d'Anglure, Bernard. "L'Élection parentale chez les Inuit: fiction empirique ou réalité virtuelle." In *Adoptions, ethnologie des parentés croisées*, edited by Agnès Fine, 121–49. Paris: Éditions de la Maison des Sciences de l'Homme, 1998.

———. "Nom et parenté chez les Eskimos Tarramint du Nouveau-Québec (Canada)." In *Échanges et communications: Mélanges offerts à Claude Lévi-Strauss*, edited by J. Pouillon and P. Maranda, 1013–38. The Hague: Mouton, 1970.

———. "'Petit-ventre', l'enfant géant du cosmos Inuit, Ethnographie de l'enfant dans l'Arctique Central Inuit." *L'Homme* 20, no. 1 (1980): 7–46.

Sanjek, R., ed. *Fieldnotes: The Making of Anthropology*. Ithaca: Cornell University Press, 1996.

Sarvelli, Gopal, ed. *Anatomy of a Confrontation: The Babri-Masjid-Ramjanmabhumi Issue*. New Delhi: Penguin Books India, 1991.

Savarkar, V. D. *Hindutva; Who is a Hindu?* Delhi: Bjarti Sahitya Sadan, 1969 [1924].

Schmidt, James. *What Is Enlightenment: Eighteenth-Century Answers and Twentieth-Century Questions*. Berkeley: University of California Press, 1996.

Schmitt, Jean-Claude. "Le Corps en chrétienté." In *La Production du corps*, edited by Maurice Godelier and Michel Panoff, 224–356. Amsterdam: Éditions des Archives Contemporaines, 1998[339–56 in chap. 3, n. 13].

Schneider, David M. *A Critique of the Study of Kinship*. Ann Arbor: University of Michigan Press, 1984.

———. "The Theravada Buddhist Engagement with Modernity in Southeast Asia." *Journal of Southeast Asian Studies* 26, no. 2 (1995): 307–35.

Shober, Juliane. "Buddhist Just Rule and Burmese National Culture: State Patronage of the Chinese Tooth Relic in Myanmar." *History of Religions* 36, no. 3 (February 1997): 218–43.

———. "The Theravada Buddhist Engagement with Modernity in Southeast Asia." *Journal of Southeast Asian Studies* 26, no. 2 (1995): 307–35.

Sieyès, Emmanuel Joseph. *Qu'est-ce que le Tiers-État?* Paris, 1787.

Sinclair, James. *Behind the Ranges: Patrolling in New Guinea*. Melbourne: Melbourne University Press, 1966.

Smith, Adam. *An Inquiry into the Nature and Causes of the Wealth of Nations*. London: Printed for W. Strahan and T. Cadell, 1776 (New York, A. M. Kelley, 1966).

Smith, Linda Tuhiwai. *Decolonizing Methodologies: Research and Indigenous Peoples*. London/New York: Zed Books; Dunedin NZ: University of Otago Press, 1999.

Srinivas, M. N. "The Insider versus the Outsider in the Study of Culture." In *Collected Writings*, 553–60. Delhi: Oxford University Press, 2002.

———. "Practicing Social Anthropology in India." *Annual Review of Anthropology* 26 (1997): 1–24.

Sternhell, Zeev, *Les anti-Lumières: du XVIIIe siècle à la guerre froide*. Paris: Fayard, 2006.

Stocking, George. *Functionalism Historicized: Essays on British Social Anthropology*. Madison: University of Wisconsin Press, 1984.

———. *Race, Culture, and Evolution: Essays in the History of Anthropology*. New York: The Free Press, 1968.

———. *Victorian Anthropology*. New York: The Free Press, 1987.

Strathern, Andrew. "Alienating the Inalienable." *Man*, no. 17 (1982): 548–51.

———. "The Central and the Contingent: Bridewealth among the Melpa and the Wiru." In *The Meaning of Marriage Payments*, edited by J. L. Komaroff, 49–66. London: Academic Press, 1980.

———. "Finance and Production: Two Strategies in New Guinea Exchange Systems." *Oceania*, no. 40 (1969): 42–67.

———. "Finance and Production Revisited." In *Research in Economic Anthropology* 1 (1978): [pp?].

———. "The Kula in Comparative Perspective." In *The Kula: New Perspectives on Massim Exchange*, edited by Jerry Leach and Edmund Leach, 73–88. London: Cambridge University Press, 1983.

———. *The Rope of Moka: Big Men and Ceremonial Exchange in Mount Hagen, New Guinea*. Cambridge: Cambridge University Press, 1971.

———. "Tambu and Kina: 'Profit', Exploitation and Reciprocity in Two New Guinea Exchange Systems." *Mankind*, no. 11 (1978): 253–64.

Strathern, Marilyn, ed. *Dealing with Inequality: Analysing Gender Relations in Melanesia and Beyond*. Cambridge: Cambridge University Press, 1987.

———. *The Gender of the Gift*. Berkeley: University of California Press, 1988.

Subaltern Studies: Writings on South Asian History and Society, 12 vols. (1982–2005). Delhi/New York: Oxford University Press (vols. 1–10); New York: Columbia University Press (vol. 11); New Delhi: Permanent Black/Ravi Dayal (vol. 12).

Tambiah, Stanley J. *Leveling Crowds: Ethnonationalist Conflicts and Collective Violence in South Asia*. Berkeley: University of California Press, 1996.

Thomas, Nicholas. "Becoming Undisciplined: Anthropology and Cultural Studies." In *Anthropological Theory Today*, edited by Henrietta L. Moore, 262–79. Cambridge: Polity Press, 1999.

———. *Colonialism's Culture*. Cambridge: Polity Press, 1994.

Thomas, Yan. "Remarques sur la juridiction domestiq ie à Rome." In *Parenté et stratégies familiales dans l'Antiquité Romaine*, 449–74. Rome: École Française de Rome, 1990.

———. "A Rome, pères citoyens et cité des pères." In *Histoire de la famille*, tome 1, edited by A. Burgière, Ch.F. Klapisch, M. Segalen and F. Zonabend, 193–223. Paris: Armand Colin, 1986.

———. "Le 'Ventre', corps maternel, droit paternel." *Le Genre humain* 14 (1986): 211–36.

Thorval, Joël. "Le Néo-Confucianisme chinois aujourd'hui." Introduction to Mou Zongsan, *Spécificités de la philosophie chinoise*, pp. 1–65. Paris: Éditions du Cerf, 2003.

———. "Sur la transformation de la pensée néo-confucéenne en discours philosophique moderne." Special issue of *Revue Extrême Orient— Extrême Occident* ("Y a-t-il une philosophie chinoise?"), no. 27 (2005): 91–118.

Tort, Michel. *La Fin du dogme paternel.* Paris: Aubier, 2005.

Trautmann, Thomas R. "The Gift in India: Marcel Mauss as Indianist." Paper delivered at the 36th Meeting of the Society of Asian Studies, 1986.

———. *Lewis Henry Morgan and the Invention of Kinship.* Berkeley: University of California Press, 1987.

———. "The Whole History of Kinship Terminology in Three Chapters: Before Morgan, Morgan and after Morgan." *Anthropological Theory* 1 (2001): 268–87.

Turnbull, Colin. *The Forest People: A Study of the Pygmies of the Congo.* New York: Simon and Schuster, 1962.

Turner, Victor. *The Forest of Symbols.* New York/Ithaca: Cornell University Press, 1967.

Tyler, Stephen, "From Documents of the Occult to Occult Document." In *Writing Culture: The Poetics and Politics of Ethnography,* edited by James Clifford and George E. Marcus, [pp?]. Berkeley: University of California Press, 1986.

Tylor, Edward B. *Primitive Culture.* 2 vols. New York: Brentano's, 1924 [1871].

———. *Researches into the Early History of Mankind and the Development of Civilization.* Edited by Paul Bohannan. Chicago: University of Chicago Press, 1964 [1865].

Valeri, Valerio. *Kingship and Sacrifice: Ritual and Society in Ancient Hawaii.* Chicago: University of Chicago Press, 1985.

Vandermeersch, Leon. *Wangdao ou la Voie royale: Recherches sur l'esprit des institutions de la Chine archaïque.* 2 vols. Paris: Maisonneuve, 1977.

Verdery, K. *What Was Socialism and What Comes Next?* Princeton: Princeton University Press, 1996.

Vernant, Jean-Pierre, ed. *La Cité des images: religion et société en Grèce antique.* Paris: Fernand Nathan, 1984.

Vincent, Jean-Didier. *Biologie des passions.* Paris: Odile Jacob, 2002.

Wagner, Roy. *Symbols That Stand for Themselves.* Chicago: University of Chicago Press, 1986.

Wallerstein, Immanuel. "America and the World: The Twin Towers as Metaphor." In *Understanding September 11,* edited by Craig Calhoun, Paul Price, and Ashley Timmer, 345–60. New York: The New Press, 2002.

Warren, Kay, ed. *The Violence Within: Cultural and Political Opposition in Divided Nations.* San Francisco: Westview Press, 1993.

Weiner, Annette. *Inalienable Possessions: The Paradox of Keeping-while-Giving.* Berkeley: University of California Press, 1992.

———. "Inalienable Wealth." *American Ethnologist* 12, no. 2 (1985): 210–27.

———. "Plus précieux que l'or: Relations et échanges entre hommes et femmes dans les sociétés d'Océanie." *Annales E.S.C.,* no. 2 (1992): 222–45.

———. "The Reproductive Model in Trobriand Society." *Mankind* 11 (1978): 175–86.

———. *The Trobrianders of Papua New Guinea.* New York: Holt, Rinehart Winston, 1988.

———. "Trobriand Kinship from Another View: The Reproductive Power of Women and Men." *Man* 14 (1979): 328–48.

———. *Women of Value, Men of Renown: New Perspectives in Trobriand Exchange.* Austin: University of Texas Press, 1976.

Weiner, Annette, and Jane Schneider, eds. *Cloth and Human Experience.* Washington, DC: Smithsonian Institution Press, 1989.

Wilson, Bryan. *The Noble Savages: The Primitive Origins of Charisma and Its Contemporary Survival.* Berkeley: University of California Press, 1975.

Wiser, Willem Henricks. *The Hindu Jajmani System.* Lucknow: Lucknow Publishing House, 1936.

Wolf, Eric. "Perilous Ideas: Race, Culture, People." Sydney Mintz Lecture for 1992. *Current Anthropology* 35, no. 1 (1994): 1–12.

索　引

部族:在历史中的地位与面对国家时的问题

前　　言

关于部族①，我们是否能够建立一个具有整体性与比较性的观点来看待它在历史中的地位与角色，和它与国家——由部族产生的国家或由国家统治的部族——之间的关系？我们是否能拉近中东部族之间的关系，如同我们拉近亚洲部族间的关系？笔者本身在巴布亚新几内亚山中的部落里生活了7年，这段时间横跨了巴布亚新几内亚建国的前后。

当然，大洋洲的部族与也门、阿富汗、伊拉克和沙特阿拉伯的部族并不相同。然而，这个长期生活在一个部落中的个人的经验，不是仅仅靠阅读全世界上百部关于部族的书籍就能得到的。

首先，我想在本篇中为部族和种族这两个词下定义，并解释社会与社群两者间的根本差异；之后，介绍一些部族让大家了解他们之间的不同，并且从长远的历史角度去看它们

---

① Tribu 这一词本身有几种译法，依照本书的内容我们有时选择译为"部族"，有时也译为"部落"。——译者注

的多样性。之后，我会对部落与不同形式的国家之间的关系作探讨。最后，我想要以一个非常困难的问题作为本书的终结，那就是部落与村落的关系，这意味着这个问题确实有其现实考虑。

部族与种族，社会与社群

英语中的部族 tribe，与法语里的部族 tribu 皆来自拉丁文 tribus。拉丁语是由一些族群在罗马城邦建立之前的古意大利中部所说的语言。部族在希腊文中的同义字是 phulé，原来的意思是"叶子"，但衍生出的动词 phuo 乃意为"出生"或"生长"。在古罗马，一个部族是由一些群体，即有亲属关系的男男女女所组成。这些族群被称为"氏族"（gens）。氏族的古希腊文为 genos。这两个字和梵文 jati 很接近：jati 在梵文中是指"诞生"。简而言之，在古代主要的几个附属于印欧语系的语言里，部族都有"诞生"之意，如同今日社会里被称为"氏族"（clan）、"世系"（lignage）或"家族"（maison）的基本团体①。这些团体里的男男女女是由不同的世代组成，他们认定自己皆来自同一个父系或母系的祖先，因此认同彼此之间的共同亲属关系。这就产生了如同古罗马或阿拉伯世界中所谓的父系氏族，或是像非洲、大洋洲或美洲印第安人的母系氏族。

举例来说，在我曾经居住及工作过的新几内亚巴祜亚人的部落里，如果要问他们是属于那一个氏族，他们会这么问：ysavaa，意思是说"你源自那株树？"或者说 navaalyara，意思是说"谁和你一样？"简而言之，这都出自同一个概念，那就是我们

---

①　*Le vocabulaire des institutions indo-européennes*, Emile Benvéniste, Paris, Les Editions de Minuit, 1969. Tome 1, pp. 257–316.

和哪些人"相同"（identique），因为我们都有同样的"出身"
（naissance）。

现在，我们是否可以为部族这个词下定义？我认为所谓的部
族就是：**一种形式的社会，由一群认同彼此之间实质上或形式上
的亲属关系的男男女女所组成，这种亲属关系可由继嗣或联姻方
式建立，他们团结在一起掌管领土，控管共同或分开开采的各项
资源，也随时为防卫作好准备。一个部族总是有一个属于他自己
的名字** ①。

"领土"这个词不仅只代表可在其上耕种或畜牧的平原与山
地，领土也可能是一个城市，一个人们保存和维护的圣地，或者
是许多条商队旅者来往的交通要道。当然，每个部族都有其特有
的生活方式与文化，我们不能把部族的存在简化到只有防卫能力
和其领地的资源开采而已。

面对部族的存在，当人类学家和其他社会科学研究者必须解
释这个社会现象和它在历史上的重要性时，他们便无法达成共
识。大部分的学者认为部落社会运作的关键是建立在血亲关系与
姻亲关系上。这些部落社会是以亲属关系为基础，用英美人类学
派的说法，是以家庭为基础的社会（kin‐based societies）。这个
解释似乎让人了解部落最明确的功能，比方说，在部族或氏族之
间发生冲突时，同一氏族的成员因为之间的亲属关系必须团结一
致。然而，这个解释却隐藏另外两事实，这就是我们要批评并且
驳斥的地方。

这个解释让我们以为部落就是社会原始存在形式的延伸，它

---

　　① 人类学的创始人，亨利·摩尔根（Henry Lewis Morgan）并不用所谓的"部
落社会"（sociétés tribales）的说法，他采取古希腊文与拉丁文中的说法"氏族社会"
（sociétés gentilice），并且给予部落这个词以下的定义：每个部落都有独立的名称，独
立的方言，一个最高的首领，他们拥有自己的领土，并且捍卫这块土地的主权……
他们也拥有自己的宗教信仰与共同的崇拜仪式。H. Lewis Morgan, *Ancient Society*, New
York, Henry Holp, 1877, p. 106。

是一个历史的证据，并且也可以说是人类进化阶段的遗迹，相比之下，其他族群已经超越了部落并且创造其他形式的社会组织。更精确地说，这些社会组织已经完成了国家的建立和其他不同形式的文明。然而这个观点，除了给部族带来负面的评价，也明显地显露出对于部落生活形态的鄙视，或许也可以说这是一个出自东西方自以为"文明"的社会中，人文科学学者们民族自我中心（ethnocentrique）的观点。他们拒绝承认部落组织在历史中也曾经绽放出活力与惊人的适应力，这也解释了现今世界各地仍有许多地区还存在着部落组织。

但更严重的是，这个以为亲属关系就是组成部落社会基本架构的解释，减弱了这些社会中其他的关系，即使这些关系在日常生活中不容易被察觉，但却是这些社会中的主要运作核心。这些关系就是让部落能够组织起来并且合法地在其领地里行使统治权，运用其资源和人力，不论这些人员是部落中的一员或是由部落所统御，他们从来不直接或完全依赖亲属关系。这些影响他们社会的关系在西方习惯上被划定为两种类型："政治"和"宗教"。

通过政治，这些社会拥有自己的统治权，并且也能与其他不论远近　不论敌友的社会建立彼此关系，我们在其中观察到了制度及法规。通过宗教，我们观察到人类在彼此之中建立关系以便和一群他们看不见的物质沟通，并且他们想象这些看不见的物质拥有比他们更高的主宰能力，也因为这个原因，他们借由崇拜和祭祀等行为期望得到庇佑和恩典。

当然，这些定义仅是想把这些功能独立出来并且加以分析。在人类历史发展中，这些功能占据了不同的位置，并且每一次在他们所运作的社会里产生不同的结果：也就是权力和宗教之间错综复杂的结合，他们出现在相同的体制里，以世袭方式行使最高

权力，如古埃及的法老王①，或是像前一世纪还存在的非洲某些
地区的国王②；这两个功能各自独立却又相辅相成，由不同的社
会层级掌控，如同上古和中世纪印度两个领导的种姓阶级：婆罗
门（Brahmanes，僧侣）和刹帝利（Kshatrya，战士），还有拉者
（Radja），就是印度各个王国的领袖，也是属于刹帝利的同一阶
级③。这些功能划分清楚，彼此之间也完全独立。政治权力
上——至少是以国家主权的形式出现——并无任何参考标准，不
仅在传统的操纵性宗教社会里行使（如同欧洲的基督教），也在
其他形式的宗教中出现，在此情况下，宗教乃成为个人信仰而非
身为公民的责任。这种政教分离的情况在人类近代史中出现，在
法国大革命之后渐渐变成主流；在欧洲，其他类似的运动也为之
前的旧君主政体画下句点，这些君主制度曾宣称自己是天赋神
权。但是如果不谈这些由近代欧洲传到了中国并且影响其社会主
义的革命运动，我们会很容易地发现在过去的历史中，人类常常
倾向于从某些神明或是某个单一神明那里，去寻找在其社会里所
行使的权力来源。有很多例子可以证明，某一个神祇地位在其他
神明之上，因为一个君主选择了它作为他的保护人，这个君主也

---

①　*The Archaeology of Early Egypt. Social Transformations in North - East Africa*,
10000 to 2650 BC, David Wengrow, Cambridge, Cambridge University Press, 2006。"近东
社会认为，王权是文明的基础，在他们眼中只有野蛮人不需要国王的存在。但是如
果我们把王权当作是种政治制度，这个观点也是古人不能理解的。在这个宇宙体系
里所有融入其中的制度都有其意义。更确切地说，国王的功能是在于维系整体的和
谐。"Henri Frankfort, in *La Royauté et les Dieux*, Paris, Payot, 1961, p. 17.

②　"要把政治功能、祭祀功能和宗教功能区分是非常困难但也是较为理想的方
法。因此，我们可以说，在非洲社会中国王是执行首领，立法者，最高审判者，军
队的首领，神职人员之首，祭祀的最高主事者，甚至是整个体系中最大的资本家。
但是如果认为他只是集所有职权于一身，而且这些职权之间是区分清楚的话，我们
就犯了一个错误。非洲的国王只有一个责任：就是当国王。他掌握所有的职责、活
动、权力、特权和优先权。"A. R. Radcliffe - Brown, préface, in *Systèmes politiques afric-
ains*, par Meyer - Fortes et Evans - Pritchard, Paris, P. U. F., [1940] 1964, p. 21.

③　"La Fonction Royale", *Homo Hierarchicus. Essai sur le système des castes*, Louis
Dumont, Paris, Gallimard, 1971.

因此成为万人之上，甚至在其他统治者之上的霸主。这就是发生
在巴比伦的一个例子，汉摩拉比国王（Hammurbi，公元前 1792
年——公元前 1750 年）成为各个城邦国王中的领导者，宣告马
尔杜克（Marduk）为其保护者并且是众神之上的主宰，但在这之
前马尔杜克只是一个小神祇①。

　　一个社会统治阶级关系的建立和其统治的方法，这些难道只
显示一个部落族人彼此间以亲属关系为主的功能吗？不是的，新
几内亚岛上的巴祜亚人给我们一个很好的示范。在他们的语言
中，如果他们想要问一个人是属于哪一个部落，他们会这样问：
"你是属于哪一个提米亚？"什么是巴祜亚人所指的提米亚？这
是巴祜亚人每三年在举行男性成年礼或年轻的战士入门仪式时，
为了避开妇女所建立的仪式会所。然而，成年礼仪式对巴祜亚人
又有什么用处呢？基本上，这个仪式是用来建立男人高于女人的
优越性，长兄高于弟弟的优越性，建立男人掌控部落并代表部落
的合法性。所有的个体，不论男女，不论是属于哪一个家系或村
落，都要接受成年礼仪式，这个仪式让他们彼此团结但也建立了
其中的从属关系，这个从属关系会在他们这一生中依他们的年纪
与性别而有所改变。我们看到，巴祜亚人由成年礼发展的社会关
系不但超越了亲属关系以及邻族以氏族联系彼此的方式，也统领
了亲属关系和与邻族的关系。也就是这样，成年礼建立了他们社
会的政治架构，同时，对巴祜亚人而言，每一次的成年礼都是让
他们的祖先，自然界的精灵与神明，太阳和月亮更接近人类，并
且带来帮助，成年礼建立了他们存在的信仰支持。

----

　　①　"阿奴（Anu）最高首领，众神之首，恩里（Enlil），主管天地的神祇，并
且还有指派国家命运的能力，当这些功能都附加在爱阿（Ea）的第一个孩子马尔杜
克上，他便主导所有的人民，而且人民也把他尊崇于万神之上。" *La plus vieille reli-gion*：*Mésopotamie*；Jean Bottéro，Paris，Gallimard，1998，p. 170，citation du début du fameux "Code d'Hammourabi"。

当然，巴祜亚人同其他许多部族一样，如果部族附属于其他部落或国家，甚至是帝国，他们的统治权就不会是绝对完整的。在这种情况下，不是部落的统治权完全消失，就是他们大部分的统治权都被剥夺并且转移到统治他们的国家或帝国的法律及领土之下。我们了解到，当一个殖民地以及在这块土地上的居民被外来的力量所统治时，他们的主权基本上来说是完全被剥夺了。此后，这些殖民地再也不能决定并且领导自己的社会①。

现在，我们要解释部落代表的"部族"和"种族"之间的差别。什么是一个种族？我建议的解释是：**一个种族是在当地的一群人，彼此认为来自远古时期同一群祖先，不管是真实存在的还是想象的，他们的祖先说同一个语系的语言，并且有某种程度相同的社会组织、社会秩序与宇宙秩序，还有一些影响个体或团体行为的相同价值观及原则。**

很多的部族属于同一个种族，这些部族的成员都可以认同自己的双重属性，一方面认同自己的部族，另一方面也认同自己部族所属的种族。这就是库尔德族（kuedes）和普什图族（Pachtounes）的例子。但是属于某一种族和属于某一部族两者之间有很大的不同。同一部族的人可以使用其领地，与其妇女通婚，也受到集体的保护。反之，属于同一种族的人既不能使用别的部族的土地，也无法和其同一种族但不同部族的妇女联姻。部族和种族的区别就在于部族是一个整体的社会，而是种族只是一个共同体。一个种族主要是一个文化和语言的共同体，它给予其中的个体一个特殊的认同身份，这个身份超越了他们所属的部族所给予的，以出生或领养方式建立的部落身份。然而，我们在世界各地

---

① *La production des Grands Hommes. Pouvoir et domination masculine chez les Baruya de Nouvelle - Guinée*, Maurice Godelier, Paris, Fayard, 1982; *Au fondement des sociétés humaines. Ce que nous apprend l'anthropologie*, Maurice Godelier, Paris, Albin Michel, 2007.

观察到，属于同一种族并不会因此避免他们之间的战争，抢夺彼此的领土。这就是今日新几内亚的现状，属于同一种族的部族仍继续相互战争，争夺邻族的领地。这也就是为什么，我们仍常常看到在同一种族里的几个部族互相结盟，向其他的部族联盟对抗，展示出他们的战斗力和威信。摩洛哥的柏柏尔人（berbères）就属于这种情况①。

在把"部族"和"种族"，"社会"和"社群"区分之后，我们必须要把"部族"存在的各种形式做一个快速的介绍。

部族与其多种形式

我们将介绍在世界各地几种部族不同的存在形式。我选择介绍苏（So），一个在乌干达境内的农业部族②。他们居住在凯登山（kadam）和摩洛多山（Moroto）的坡地上，以高粱为主食，以畜牧和一点狩猎活动为生。他们的农耕活动常常遇到周期性的旱灾，或者是使植物生病的农害。他们养的牲口也经常被一个住在平原的畜牧部落卡瑞莫将（Karimojong）盗走。可狩猎的飞禽几乎都消失了，森林也因为刀耕火种而逐渐减少。他们大约有 5000 人，分成几个父系氏族。男人控制女人，长兄控制弟弟。在这些长子里，存在着一小群代表其氏族并且领导社会的男子。只有那些接受成年礼的男子才能拥有与祖先沟通的权利，并且向祖先请示何时是停战时期，何时是收成时机。因为只有这些接受过成年礼的人能够喊祖

---

① "Le Maroc des Tribus. Mythe et Réalités" Mohamed Tozy, Lakhassi Abderrahmane in Tribus et Pouvoirs en Terre d'Islam, Hosham Dawod, Paris, Colin, 2004, pp. 169 – 200.

② "Kenisan: Economic and Social Ramifications of the Ghost Cult among the So of North – Eastern Uganda" in *Africa*, Charles D. Laughlin et Elizabeth R. Laughlin, January 1972; XLII, No. 1, pp. 9 – 20.

先的名讳，并且和他们交谈。

至于他们的祖先，原则上应该在一旁请求神明给予协助及恩惠。我们刚刚提到的那一小群领导其氏族的男子们也能组成法庭：他们可以惩处严重违反部落纪律的人，对于最后的判决，他们也向祖先们询问意见。他们也定期向祖先们献祭，尤其是遇到严重的旱灾，一个对雨神献祭的祭典会在某圣地秘密举行，不让一般人看见。只有一个氏族能够举行这个秘密的仪式。我们观察到，在这个社会里，阶级不但存在于两性与不同的世代之中，也存在于氏族之间，这个阶级的划分，是根据他们与调节宇宙秩序的无形力量之间所建立的关系。几个特定的男子拥有与这些无形力量沟通的专利，他们利用这个特别的能力造福他们的族人与社会。他们也因此被人所尊崇并且有支配其族人的力量，在物质享受上当然也优于别人。但是，原则上，政治和宗教的权力平均分配于所有的父系氏族。

巴祜亚人的部族很有可能形成于 18 世纪的一场战争，他们原来是约格（Yoyué）人，从战争中逃出来的 8 个氏族，和安杰（Andjé）部族合并，但他们之后又抢夺了安杰（Andjé）部族的土地并将他们驱逐。目前巴祜亚人的部族由 15 个氏族所组成，其中 8 个氏族是之前逃离出来的约格（Yoyué）人的后代，其他 7 个氏族是之后与当地其他氏族联姻所组成的。我们当然不会认为，以这种方式组成的部落族人们拥有相同的祖先，如同我们之前看到的，他们的社会是建立在男女的成年礼仪式上，这个成年礼仪式划分了他们之间的社会阶级。但是，仪式主持者一定都是来自于战胜的氏族，而非战败者，就是这群人有权力领导巴祜亚社会里的政治和宗教制度。

接下来的例子，让我们看到在某些部落社会里存在的贵族阶级。北美印第安波尼族（Pawnee），到目前还有 5000 人。在欧洲人来到美洲之前，他们居住在密西西比河沿岸的大村落，以种植玉米及季节性地狩猎野牛为生。这个社会被其中两个主要的氏族所统治，其中一个提供战士，另一个提供祭祀人员。提供战士的部族持有祭祀的圣物，这些圣物能保护农作物收成并且让野牛年年返回他们居住的平原。但是这个氏族并没有能让这些圣物发挥效力的秘密咒语，这些能力属于提供祭祀人员的氏族。因此，为了部族的生存，这两个氏族的首领必须结合在一起，向超自然的力量请求帮助。

　　传统规定，如果战争发生后，部族里的圣物被偷走或损毁，整个部族将全部消失。所有的氏族，每一个家庭在生命受到威胁时，得向其他部族寻求庇护。这个例子显示，在社会秩序和宇宙秩序里用来稳定生产的能力，仅被两个氏族所控制。这个部族就是我们所称的"世袭酋邦制"，这也是一种不同形式的新社会，由战士氏族、祭祀氏族和一般的氏族所组成。

　　我们在波利尼西亚也发现同样由贵族部落产生的酋邦制[①]。在这些形式的社会里，那些成为酋长的人认为他们之间是有血缘关系的，但是他们之间仍然依照与首领的血缘关系划分阶级。酋邦制里的首领常常是他们族里创始人的长孙，称作"卡因佳"（kainga）[②]。波利尼西亚的亲属关系与父系氏族或母系氏族毫无相关，因为不论男方还是女方，他们都承认其子嗣的继承，也因为如此，一个酋邦制就像一个家系，其中的每个人都有自己的排行和社会地位，但他们常常是不平等的，这个不平等的阶级划分

---

①　*Social Stratification in Polynesia*, Marshall Sahlins, Seattle, The American Ethnological Society, University of Washington Press, 1958.

②　缅甸的克钦人（Kachin）的政治和宗教权利的继承和大部分的情况相反，就像利奇所研究的，他们是由最早的创立者的么儿的子孙中最小的一个继承。Edmund R. Leach, *Political systems of Highland Birma*, Cambridge Mass, Harvard University Press, 1954。

严重影响到首领后代里那些非长子或非长孙子嗣的地位①。我们
之后会解释在这些社会里，统治领导的贵族阶级是如何产生的。

在看过这些例子之后，我们可以了解到所谓的"环节组织"
（l'organisation segmentaire）的独特性，这个形式的组织出现在非
洲或近东的一些部落里，如同英国人类学家埃文斯－普理查德
（Evans－Pritchard）在非洲的努尔部族（Nuer）和昔兰尼加地区
的贝都因人（Bédouins de Cyrénaqïque）所做的研究，或者是保
罗和罗拉·波汉南（Paul et Laura Bohannan）在奈及利亚对蒂夫
族（Tiv）做的研究②。埃文斯－普理查德强调，在这些部落社
会里，每一个氏族，每一个家系，每一个地方社群彼此认为在经
济、政治与意识形态上都是平等的，每个社会的"环节"都由
自己领导，所以他们之间的关系是对等的。这个在部族里各个环
节间的对等性，就埃文斯－普理查德而言，出现了以下的结果：
那就是只有在两个氏族或两个不同的家系之间发生冲突时，才会
出现一个比当地这些小团体更强大的社会组织。假设 A 氏族里
的某一家系攻击 B 氏族里的某一家系，整个 A 氏族都会团结起
来对抗 B 氏族。除了以亲属关系为主的社会基础，其他的社会
关系，如政治关系，只会在族群之间有纷争时才会出现。然而面
对宗教，所有的氏族地位相等，并且一同分担祭祀活动③。欧内
斯特·盖尔纳（Ernest Gellner）和戴维·哈特（David Hart），或

---

①　马歇尔·萨林斯（Marshall Sahlins）把这个结构做了以下的叙述：这个结构
建立在利益上而非争端上，以及累积家族在财富与力量上的优先权，并且要求别族
对自己尽义务，能够拥有神权，在生活上的物质享受——在这样环环相扣的社会体
系里，如果每个人都是其他人的亲属，有些人比其他人有更多的身份。Social Stratifi-
cation in Polynesia, Seattle, University of Washington Press, 1958, p. 24。

②　"Political aspects of Tiv social organization", Laura Bohannan, in *Tribes without
Rulers*, John Middleton and David Tates, Routledge, 1958; *The Nuer*, E. Evans－Pritchard,
Oxford, Clarendon Press, 1940.

③　"Dose Complementary Opposition Exist?" *American Anthropologist*, P. C. Salz-
man, LXXX, No. 1, pp. 53－70.

更早期的罗伯特·蒙大能（Robert Montagne）①等人的研究显示，这些部族相对来说是短暂的氏族结合，这些自主的小环节唯恐失去他们的独立性，因此经常挑起纷争或结盟。这个看法，符合这些部族的某些生活形态，特别是他们之间承认的同等性，这个同等性隐藏了在其中的阶级划分以及社会层级，这也是哈姆迪（Abdallah Hammoudi）所强烈批评的②。然而，这个看法强调了部落之间在组织结构上所引起的冲突，也会在面对国家的体制时，引发其中的一些部落之间的反叛。我们接下来要讨论的就是部族面对国家时所产生的问题。

部族在历史中的地位和面对国家时的问题

之前的几个例子让我们清楚地看到部族社会组织的生命力，以及在这种形态的社会生存里，其中的个体所表现出的特殊性及重要性。考古和历史数据显示，这样的社会形态在新石器时代的初期就已经出现，然后遍及各洲，伴随着不同形式的发展，农耕或畜牧。这个在19世纪还未被发现的史实引导了摩尔根（Morgan）及之后的许多人类学家，认为这些史实掩盖了部族的生命力。当然，所有的人类学家把部族当做所有社会组织中一种特殊的形式，但在当时，一些人类学家仍认为部落是人类进化中的原始形式，一个应该早已被淘汰或边缘化的阶段，尤其是当人类进

---

① *Saints of the Atlas*, Ernst Gellner, Chicago, University Press, 1969; *The Aith Waryaghar of the Moroccan Rif*: *An Ethnography and History*, David Hart, Viking Fund Publications in anthropology, 1976; *Islam in Tribal Societies*, *From the Atlas to the Indus*, David Hart & Ahmed S. Akbar, London, Routlege & kegan Paul, 1984; *Les Berbères et le Makhzen*, Robert Montagne, Paris, Alcan, 1930.

② "Segmentarité, stratification sociale, pouvoir politique et sainteté. Réflexions sur les thèses de Gellner" *Hesperis – Tamuda*, Abdallah Hammoudi, Vol. XV, No. 1, 1974, pp. 147 – 177.

入了另一阶段，出现了更高级的社会组织，特别是国家的
出现①。

　　即使摩尔根欣赏北美印第安人的部落组织，并且也赞赏他们
战士要求独立的勇气，他仍认为部落组织"显示了人类生存中
一个野蛮的状态"。根据摩尔根的论述，人类生活的演进有三个
过程，以智人（l'Homo Sapiens Sapiens，灵长目人科）出现为标
志的"野生/未开化时期"（le stade de la sauvagerie），一直到
"野蛮时期"（le stade de la barbarie）及"文明时期"（le stade de
la civilisation）。在摩尔根眼中，只有国家的存在才能证明历史
中文明的出现，因为对他而言，"一个政治社会或国家不可能建
立在氏族的组织上。"②因此，摩尔根认为，文明的诞生不但必
须放弃旧有的亲属关系组织和部落社会，还必须转变成有领地的
团体。他举了几个例子，如梭伦（Solon）和克里斯提尼
（Clisthène）的改革，他们放弃了原属于希腊阿提卡地区以亲属
关系为基础的旧部落，给予它们一个新的基础，那就是领土，凭
借这块领土建立了雅典城邦③。

　　到了 20 世纪，另一种人类进化的理论出现，但是这一次，
所有鄙视的字眼像是"未开化"、"野蛮"都消失了。马歇尔·
萨林斯（Marshall Sahlins）的著作《部落人》（Tribesmen）就是
一个例子④。萨林斯认为，在没有以价值作为批判的前提下，人
类的进化可以简短地分成四个阶段。从旧时器时代"群居"的

　　① Article "Tribe" in *A Dictionary of the Social Sciences*, J. Honigmann, Julius Gould
and William L. Kolb, Glencoe, The Free Press, 1964.

　　② *Ancient Society*, Morgan, London, Macmillan and co. , 1877, p. 123.

　　③ *Clisthène l'Athénien*, Pierre Lévêque et Pierre Vidal – Naquet, Besançon, Les
Belles Lettres, 1973.

　　④ *Tribesmen*, Marshall Sahlins, New Jersey, Prentice – Hall, Inc. , 1968; "The Con-
cept of Evolution in Cultural Anthropology", in *Evolution and Anthropology: A Centennial Ap-
praisal*, Leslie White, The Anthropological Society of Washington, 1959, pp. 106 – 125.

猎人，进化到新石器时代的"部落"，这些部落又转换成"酋邦制"，由酋邦制又衍生出"国家"的组织形态①。这个说法也遭受批评②，不是因为它并不符合事实经验，而是因为他对人类进化的解释理论仍然处在建构上。

事实上，人类的演进并不能由进化论来解释。反而是每一次各个社会所经历的独特转变，解释了他们的演化过程，就是所谓的演进。但是为何这个进化的观点仍然有它存在的意义呢？简单地说，一个自然的行动模式不可能随意地在任何时代或任何社会里被创造出来。我们无法想象在 16 世纪的澳洲，原住民能够发现核能物理学。这样的理论必须在一个社会已经通过了几个不同的演化阶段，并且对自然界的知识足够了解的情况下才能发生。之后，其他的社会可以借由他们的发现继续发展，而不需要自行创造。我们看到，人类的进化并没有不同于社会的进化，这些进化一直延续到今日。

我们回到国家如何出现的问题上。当我们采取人类社会在历史中进化的全面性观点时，我们会发现两种发展形式，这两种形式在部族和国家之间发展出两种不同的关系，但是它们都假设开始，国家是以部落组织或民族团体的存在形式转变而成的③。其中一种形式是由部族转变成国家，这些部族在国家形成后仍继续存在着。这是最早的演化方式，到现今我们还看得到它的存在。另一个形式，也是由部族转变成国家，但是这些部族在国家成立

　　①　*Origins of the State and Civilization*: *the Process of Cultural Evolution*, E. R. Service, New York, Norton, 1975; *The Evolution of Political Society*, Morton M. Fried, New York, Random House, 1957.

　　②　"Le concept de tribu. Crise d'un concept ou crise des fondements empiriques de l'anthropologie", Maurice Godelier, revue *Diogène*, No. 81, janvier – mars 1973, pp. 3 – 28.

　　③　"L' Etat: les processus de sa formation, la diversité des ses formes et de ses bases", Maurice Godelier, in *Revue internationale des Sciences Sociales*, Vol. XXXII, No. 4, pp. 657 – 71.

之后被系统性地附属化、改变、消灭或边缘化。第一种形式认为，国家和部族共同拥有把两者结合在一起并且领导它们的统治权。在这种形式下，部族里的人仍然有权拿起武器防卫。与之相反，第二种形式的演化，附属于国家之下的团体能够自行防卫的能力越来越弱，领导的国家必须建立起自己的警察和军队以确保他们在国内和对外的权力。

我们看到，部族和国家之间最早的关系来源并非建立在亲属关系上，而是策略性地在两者所共同组成的主权、政治及宗教势力上均分。这不代表亲属关系没有被运用在权力的管理上，沙特阿拉伯就是个例子。现在我们来看这两种形式在历史转变中的几个案例。

第一个形式中，一个很有名的例子就是公元 8 世纪由先知穆罕默德所建立的一个以政治和新宗教为基础的国家。这个国家聚集了众多的阿拉伯城市和部落，特别是汉志地区（Hejaz）。接着，从 1742 年宗教领袖穆罕默德·伊本·阿布多·瓦哈布（Mohammed Bin Abd al－Wahhab）和部落长老穆罕默德·本·沙乌地（Mohammed Ibn Séoud）两个人的相遇后开始，沙特阿拉伯经由几个不同的阶段成形。前者是台米姆（Temim）部落联盟宗教领袖的儿子，他想要严格地改革伊斯兰教；后者是属于阿尼萨（Anieza）地区部落联盟的部落首领，他领导在阿拉伯（l’Arabie）中部的一个人口聚集处纳吉（Nadj）的达理亚（Dar’iya）这个市镇。这两个人，一个需要对方的政治支持来实现他对当地游牧民族贝都因人的宗教改革，同时他也有野心将这改革扩张到世界上所有的穆斯林；另一人在这个严格的改革中，找到伊斯兰教的正统性，让邻近的部落及远至麦加（Mecque）和麦地那（Medine）等地的回教徒都臣服于他的权力下①。

_____

① *The History of Saudi Arabia*, Alexei Vassiliev, London, Saqui Books, 2009.

我们现在来到欧洲人还未占领时的美洲。印加人的部族在离开他们原居的地区并且攻占了库斯科（Cuzco）山脉后，开始向北扩展到厄瓜多尔，向南延伸到今天的智利，印加帝国在 13 世纪时才建立①。在这里我们又发现一个新的例子，就是国家或帝国是由部族和种族来统领。从当时这些社会的文化阶层出发，我们可以了解到印加帝国首领如何在凡人中转换成活神，因为印加人认为他们是太阳神之子，并且规定在帝国每个地方实行太阳崇拜。1533 年，在最后一任国王阿塔瓦尔帕（Atahuallpa）被西班牙人处死后，首都库斯科被占领，印加帝国因此瓦解。这个例子显示出一个不同于国家或帝国集权中央的酋邦制的情况。这个情况就是在国家或帝国里出现一个没有亲属关系的管理阶级，即在中国及罗马帝国或其他国家与帝国里我们所称的官僚体系（bureaucratie）②

同样的，我们也可以看到在非洲，18—19 世纪法国、英国或葡萄牙的殖民势力来临之前，部落之间相互臣服，建立了几个王国，部落首领因此成为国王。晚期的几个例子中，我们看到雅滕加王国（Yatenga）的建立。在 15 世纪，从迦纳来的摩西族（Mossi）征服了白伏塔盆地（la Volta blanche）里的原住民，从此雅滕加王国诞生了。1895 年雅滕加王国成为法国的保护领地。

---

① *Les Andes de la Préhistoire aux Incas*, D. Lavallée et L. Lumbreras, Paris, Gallimard, NRF, 1985.

② "On Inca Political Structure", John Murra, réimpression tirée de *Systems of Political Control and Bureaucracy in Human Societies*, Ed. Vern F. Ray, Seattle, University of Washington Press, 1958, pp. 30 – 41; *Formaciones economicas y politicas del mundo andino*, John Murra, Lima, Instituto de Estudios Peruanos, 1975; "Early State of the Incas", Richard P. Schaedel, in *The Early State*, H. Claessen, and Peter Skalnik, The Hague, Mouton, 1998, pp. 289 – 320; "Inka Strategies of Incorporation and Governance", Craig Morris, in *Archaic States* (School of American Research Advanced Seminar Series), Gary M. Feinman et Joyce Marcus, Santa Fe, School of American Research Press, 1998, pp. 293 – 309.

今日他们成为独立国"布吉纳法索",但是之前国王的后代及他们的氏族仍存在着。即使他们不再操控政治,但是布吉纳法索的政治并没有完全脱离他们的掌控,因为在这些后代中,有一些目前仍是国民议会里的成员①。

我们接着来看第二个形式的演变,即由部族及种族转变成的国家形式,但是这些部族随着国家的形成而消失或被边缘化。在我们看来,世界上有三个地区呈现第二种形式:印度,中国及古代欧洲。印度在公元前一千多年前被来自印度—伊朗(indo - iraniennes)的部族占领,并且渐渐地建立起新的社会组织,所谓的种姓制度②。这个社会的最高阶层是婆罗门阶级(Brah-manes),只有他们能参与祭祀神明的祭典与仪式,在宗教上完全统领其他阶级。但是政治上的领导及审判人民的权力完全不在他们手里。这些权力在刹帝利(Kshatrya),即所谓的战士的手中,这些战士是来自国王的阶级——拉者(Radja),他们是在蒙古人来临前统领印度上百个分散的王国的领袖。在蒙古人之后,又有英国人的占领。在这几个世纪中,亚利安人也接受种姓制度,并且把他们占领印度之前就存在的一些部落驱逐到山上。这些部族后来也接受种姓制度,或者还保留他们原来的身份。今日的印度政府把他们归类于"落后的阶级"(backward classes)。

另一个部族随着国家建立后就消失的例子是中国。中国第一个国家体制的建立是在公元前2000年左右,由几个民族和北方的一些部族所组成。但从公元前221年秦朝建立后,这些部族就

①　"Le Royaume du Yatenga", Michel Izard, in *Cresswell*, Eléments d'Ethnologie, Paris, Armand Colin, 1975, Vol. 1, pp. 216 - 48.

②　"Sociocultural Complexity Without the State. The Indus Civilization" Gregory L. Possehl, in *Archaic States* (School of American Research advanced Seminar Series), Gary M. Feinman et Joyce Marcus (Dir.), Santa Fe, School of American Research Press, 1998, pp. 261 - 91; *Journal of East Asian Archaeology*, Carl C. Lamberg - Karlovsky, 1999, 1, pp. 87 - 113.

消失了。帝国从此面对的是威胁其边界的"野蛮民族"①。我们知道，中国代表的意思是在世界的中心，在世界中央的帝国，是高度文明之地。它被两种不同的人围绕，所谓的"熟蕃"（barbares cuits），就是受到中华文化洗礼的部族；另一种"生蕃"（barbares crus）就是所有还未接受中华文化教化，但有朝一日会臣服的部族②。同样的情况到日本，日本人和阿伊努人（Ainu）的最后一场战争结束于1789年，阿伊努人是最早占领日本的族群。日文里所谓的将军（Shogun）是战争中攻打蛮族的领袖。

最后一个例子是国家体制在古代欧洲的演变，特别是希腊的城邦制度。摩尔根也举希腊这个例子，他认为一个国家的建立必须由亲属关系组织成的部落转变成有领地的部落。最有名的例子就是克里斯提尼（Clisthène）的改革。原本克里斯提尼的改革是想集合居住于阿提卡的三个族群，创建一个新部族。这三个族群分别是在沿海边的居民、在雅典城里的居民和阿提卡地区的农民。从此之后，部族里的个体不再是因亲属关系而联结，而是以公民的身份聚集。也就是说，他们享有自由，并且在面对他们自己所制定的法律时人人平等。面对国家这个体制，他们共享主权。

在雅典这个例子中，所有的公民有权利拥有阿提卡这个地区里一小块土地，参与庙中祭祀雅典神明的活动，并且能拿起武器防卫他们的城邦。欧洲之后的演变，从罗马帝国、封建君主政治，到之后的一些部族，如我们所看到的日耳曼和斯拉夫部族的

---

① *State Formation in Early China*, Liu Li et Xingcan Chen, Duckworth Debates in Archaeology, London, Duckworth, 2003; *The Formation of Chinese Civilization. An archaeological Perspective*, Kwang - Chih Chang et Pinfang Xu, New Haven, London, Yale University Press, 2005; *Ancient China and its Enemies: the rise of nomadic power in East Asian History*, Nicolas Di Cosmo, Cambridge University Press, 2002.

② *Chinese Statelets and the Northern Barbarians* (1400 - 300 BC), Yaroslav Prusek, Dordrecht, Ridel Publishing Company, 1971.

侵略行动，这些部族渐渐失去他们的原有的地位，但他们并非成为如同雅典和罗马的公民，而是变成无法再持武器的庶民。只有贵族或被招募的军人才有权利佩带武器。

关于国家与部族之间复杂的关系，我采取系统性的说明并且作了一个综合性的观察。我在这里先把国家如何出现，以及如何区分他们之间的本质的问题放在一边，这个问题难以掌握因为它在人类历史中占了非常重要的位置。这是一个复杂的问题，我们需要另辟一条研究道路去分析我们所知的和我们还未了解的。

国家的起源——概念与假设

首先，在讨论国家诞生的条件和过程之前，我们要先抓出几个时期和地域。直到今日，我们知道最早的国家形式出现在公元前 4000 年美索不达米亚文化（苏美文化）[1]，之后在埃及的两个王朝[2]：上埃及（Haut Nil）和下埃及（Bas Nil）王朝。这两个王朝争战后统一了埃及，出现了第一个法老王朝。公元前 3000 年左右，几个王国在中国北方建立。然而，中美洲要到公元前 2000 年左右在安第斯山脉地区及太平洋沿岸才有一些城市和王国诞生。

这段时期的人类历史符合新石器时代晚期及原始时代初期的社会。在这段期间，在人类懂得耕作（谷类、根茎类植物和树木）和畜牧（猪、绵羊、山羊、牛、驴及后来的马）之后，一部分族群不再靠采集野生食物为生，他们开始创造越来越复杂的农耕及畜牧方式来生产新的生活必需品。这些现象让一些游牧民

---

[1]　*La Mésopotamie：Portrait d'une Civilisation*, A. Leo Oppenheim, Paris, Gallimard, 1964.

[2]　*Aux origines de l'Egypte. Du néolithique à l'Emergence de l'Etat*, B. Midant-Reynes, Paris, Fayard, 2003.

族定居下来，转而从事农业或园艺生产，也因为如此人口快速增加，发展出更多维持生计的方式①。在这段期间，以部族为组织形式的社会取代了渔猎采集的生活方式，并且渐渐扩展到各大洲。

我们了解到，各种不同形式的农耕的发明和畜牧的发展对这些群体是非常重要的，即使是无意的，他们也渐渐地发现，这些发明让他们与自然环境之间发展出一种新的关系，这个关系是那些继续以渔猎和采集为生的人所不能理解的。从此，他们日常所需的一部分必须依赖大自然，但是依附大自然的这一部分也必须靠人们的努力。太多的雨水或干旱会毁坏农作物引起饥荒，只要一点流行病，养殖的动物就会大量死亡。比起回到之前渔猎和采集时代那种不稳定或者有时根本没有收获的情况，这些天然的威胁同样沉重。也就是在这个时期，人类开始对祖先崇拜。这些崇拜的目的是希望保佑后代子孙及他们的财富，同时，祭拜的神明种类也开始增多。人们想象其中有一个掌管雨，另一个掌管雷，还有一个保护他们饲养的动物，但也有可能给它们带来流行病。这就是祭祀和仪式越来越重要并且快速发展的原因。执行这些仪式的个人或群体也享有特权地位。多神信仰②广为散布，并且融合了长久以来统领狩猎与采集生活的萨满教（巫术）。萨满教的影响一直持续到今日，从未间断。

此外，这些族群在定居后，转而从事农业或园艺生产，人口大量增加和地域的扩张，使得他们必须限定并且保障在这个领地中每个部族的权利，以及他们共同或单独使用的天然资源。至于

---

① 从新石器时代末期出现的社会演进的研究，请参考：*World Prehistory：An Outline*，Gordon Childe，Cambridge，C. U. P. 1961；更新的研究报告 *The Eurasian Miracle*，J. Goody，London，Polity，2010。

② *Naissance des divinités. Naissance de l'agriculture*，J. Cauvin，Paris，CNRS Editions，1977.

那些比较晚出现的游牧民族，对他们而言，争取并且防卫他们的过路权，及在其他以农耕为主的领地里放牧的权利是最迫切的①。大体而言，这些转变产生了两个相对的结果，一个就是战争的次数增加，所有的男子们都必须成为战士；另一方面也强化了族群间的交易与商业往来，这些往来也让族群之间保持短暂或长久的和平关系。对一个宗教的了解认知，拥有主持仪式的器物和实质的财富变成一个重要的社会条件，这也是不平等与利益纷争的起因，这些问题产生在每个社会内部和各个社会之间。

简而言之，祭祀祖先和神明的仪式，战争次数的增加，地区之间甚至是国际间交易和商业的频繁往来，社会之间和社会内部里财富的不平等累积，形成了这个人类历史里短暂时期的基本特征。在这个时期国家建立的先决条件已经出现，之后，国家便产生了。在一些部落已经转变成酋邦制的同时，一些氏族也开始垄断掌控宗教和政治的权力，并且把这些权力转移给他们的下一代。也有一些属于同一个种族的部落已经联结在一起，以类似联盟的组织，对抗共同的敌人。在这种情况下，联盟中掌握控制权的部落首领的地位就会凌驾在其他部落的首领之上，变成首领中的首领，所谓的大酋长（le Grand Chef）。

但是这个所谓的大酋长并不是国王，因为他不是一个王国或国家的元首。要成为一个国王，必须要有其他的社会条件和物质条件的配合，这些条件在公元前 5 世纪慢慢形成。

庙宇和祭祀中心必须建立，主持仪式的神职人员必须进驻以便举行日常的供奉和祭典。除了神职人员，还必须有工匠和奴隶来侍奉神明；部落的首领们，敬拜这些神的族群，还有这些部落里的贵族，也须在此居住。一开始，这个地方只是一个简单的祭

---

① *La civilisation du Désert. Nomades d'Orient et d'Afrique*, R. Montagne, Paris, Hachette, 1947.

祀场所，渐渐地，一个城市诞生了。从此之后，部落中的精英分子在此运作他们宗教和政治的职权，简而言之就是行使他们的权力。

城市的诞生并没有让部落消失，如同伊本·卡杜（Ibn Khaldoun）所强调的[①]，城市生活让部落全然改变，这些部族占据了城市，也在其中了解到如何运用和控管权力，不仅运用在城市的居民上，也同样运用在城市四周的乡村。这些地区不只在物质上满足了城市的需求，也是商业和贸易的必经之路。市集总是出现在城市里或城市的近郊[②]。

城市的出现预设并强化一些社会及物质转变。这些转变在世界各地出现，包括欧亚地区以及美洲的两个地方：安第列斯和中美[③]。王国，国家在世界各地形成，但之后发生的两个事件让社会进化到国家的方式有所改变，不论是在之前所提的社会还是新世界：那就是冶金学和文字的出现[④]。

在欧亚大陆，炼铜技术[⑤]与之后的制铁技术彻底改变了城市社会中的经济和政治活动。他们提供了生产的方法（工具的制造），也提供了破坏的方法（武器的制造）。比起新石器时代所发明的工具及武器，这些新发明更精确有效。此外，掌权的精英之间有了新的沟通方式，那就是文字的发明。在苏美文化地区、

[①]　*The Muqaddimah*: *An Introduction to History*, Ibn Khaldoun, New York, Pantheon Books, 1958.

[②]　"On Economic Structures in Ancient Mesopotamia", *Orientalia*, J. Renger, vol 63, Fasc. 3, 1994, pp. 157 –208; *Trade and Market in Early Empires*, Karl Polanyi, Glencoe, Free Press, 1957.

[③]　"Origins and development of Urbanism: Archaeological Perspectives", George Cowgill, *Annual review of Anthropology*, 33, 2004, pp. 525 –42.

[④]　*Mésopotamie*: *L'Ecriture*, *la Raison et les Dieux*; Jean Bottéro, Paris, Gallimard, 1987.

[⑤]　"L'Age du Bronze, une période historique. Les relations entre Europe, Méditerranée et Proche – Orient", K. Kristiansen et T. Larson, in *Annales E. S. C.*, 2005, no. 5, pp. 975 – 1007.

埃及和中国，发明了许多不同形式的书写方法（楔形文字、古
埃及文字与中国的象形文字等）以便让国王与神明沟通（在占
卜者的帮助下解释符号），在中国便是如此。但是很快，文字便
被用在国家的运作上，文字的纪录能保存国家的数据：税收的数
目，部族的数量，土地的清查，居民和养殖动物的数量，商业合
约的纪录，条约的签订，诉讼案件的纪录，国王颁布的宣言及指
令，书信的往来，诗歌，还有占卜的论著等①。

　　相反，美洲在前哥伦布时期并没有类似的冶金与文字发展。
这也是我们所发现的，在城市和国家出现后，欧亚社会和美洲社
会在国家的发展过程中许多不同之处的原因之一②。在美洲，冶
金学仅被用在制作奉献给神和祭祀用的珍贵金银饰品上，也用在
装饰那些认为自己前世是神或死后会变成神的权力控制者身上，
比如羽蛇神（Quetzacoatl）——阿兹特克帝国里的一个主要神
祇。但是金和银在制造用具和武器上没有一点用处。这也是为什
么美洲前哥伦布时期的帝国继续它们石制业的生产与发展，并且
达到精湛纯熟的境界。至于前哥伦布时期帝国的文字发明，进展
并不大，例如在印加帝国中通用的结绳（quipus），紧密地维系
帝国和其他省份之间的关系③。除了一个可能的例外，阿兹特克
人在西班牙人来临前，除了将文字运用在宗教和政治上，也大量
运用在社会生活中。欧洲人来临之后，烧毁了几百部的书籍，今
日只留下少数几个样本。焚书和其他形式的暴力破坏，毁灭了一

---

　　① *La Raison Graphique. La démonstration de la pensée sauvage*, Jack Goody, Editions
de Minuit, 1979; *La logique de l'écriture: aux origines des sociétés humaines*, Jack Goody,
Armand Colin, 1986.

　　② *Precolumbian Metallurgy of South America*, E. Benson, Washington, Dumbartons
Oaks Collections, 1979.

　　③ "Las etnocategorias de un khipu estatal", John Murra, in *Formaciones economicas
y politicas del mundo andino*, Lima, I. E. P. Ediciones, 1975, chap. 9, pp. 243 – 45.

个正在蓬勃发展的文明①。

简短地说，一个国家——各种形式的国家——不是在任何一个地方或任何一个时间里都可以形成的。它必须通过好几个社会和物质变化的生产过程。首先，农业与畜牧业的出现与扩展在人类与大自然所建立的新关系中影响越来越大。这层关系也让人类承担新的风险，这个风险启发人类寻求新的宗教和崇拜形式，寻找那些充斥整个宇宙能够保护他们并且给予他们幸运的神祇。但是，很有可能是那些最早被建立的城市，让国家的形成有了最初的样貌，即所谓的城邦国家②。从此，那些建立城市的部落首领和族群，在城市中建起了祭祀神明的庙宇和皇宫，并在其中行使其职责与权力，这些首领随后成了国王；他们在其土地上扩展统治权，都市或乡村成了他们王国的领土。依据不同的情况，在城邦国家里，权力摆荡于庙宇和皇宫之间，也摆荡于神职人员和战士之间。国王可能同时也是祭司，就像中国最早的几个朝代中的"王"，或者是如同之后的亚述帝国，其保护城邦神祇的大祭司就是国王。

总之，新的多神信仰的崇拜仪式的发展，为了扩张领地而发生的争战③，降服居民并且掠夺他们的财富，或者强迫他们成为某一部族，王国甚至帝国的行政组织的出现④，新形式的财富生产和累积所造成的不平等，区域间或国际间商业交通要道的控制，这些都是国家形成的主要背景。

---

① *L'univers des Aztèques*, J. Soustelle, Paris, Hermann, 1979, p. 19.

② *Les Premiers villageois de Mésopotamie: du village à la ville*, Jean - Louis Huot, Paris, Armand Colin, 1999.

③ "Warfare and the Evolution of the State: A Reconsideration", David Webster, 1975, in *American Antiquity*, Vol. 40, No. 4（Oct. 1975）, pp. 464 – 70.

④ 从公元前 3600 年到公元 1860 年，全世界出现过最少 60 个以农业为基础的大帝国。参见：*Historical Dynamics: Why States Rise and Fall*, Peter Turchin, Princeton University Press, 2003.

　　每一次，一个国家的诞生都是由当地的几个民族组织成的部族所建立。从这个出发点，我们可以看到从部落到国家演进的两个方式。第一个方式，就是部落和国家在领地上共掌治理权，根据部落或国家两者之间的权力均分的情况，其领地上的资源及居民的关系都可以经由沟通的方式协调。第二种方式，由部族形成的国家。这个部族在国家建立后渐渐消失，他们原先的组织转换成其他形式，像种姓制度或社会阶级等，这些存在于城市或乡村的阶级形式让这些民族团体不至于完全消失。

　　此外，这些在出现时间上比城邦国家、帝国或农业文明晚的"游牧"国家，也就是所谓的"草原帝国"①，这些由部落习俗法规所衍生组织的国家存在的时间最为长久。部分原因是因为他们放牧的生存方式，此外，比起农业民族和城邦居民，他们在行动上（骑马）和武器配备上有更强大的军事能力。但是一旦建立了自己的国家，这些游牧民族从来没有办法独立生存，他们必须和其他农业民族往来，交易商品，或者以掠夺的方式抢尽他们的财物，再扬长而去。然而在这些游牧民族占领了市镇并且定居后，"去部族化"的过程就会开始，14 世纪末的伊本·卡度（Ibn Khaldoun）已对这个情况有所着墨。时至今日，这个去部落化的过程在历史中出现了无数次。像北非三国（摩洛哥、阿尔及利亚和突尼斯），中亚，以及大部分的回教世界。每一次的出现，都呈现一个难解的状况，就是在领土里，国家和部落或部落联盟共同领导下的主权划分问题，例如在伊拉克、阿富汗、也门和巴基斯坦的部落地区以及苏丹等。

　　我们必须强调，直到今日，这种形式的社会里部落之间相互

---

　　① *Nomads and Outside World*, A. M. Khazanov, Cambridge, C. U. P. , 1984; *Formation of the State*, L. Krader, New Jersey, Englewood Cliffs, Prentice Hall, 1968.

团结在一起的几个理由①。第一个理由是，当你属于一个由亲属
关系组成的团体时，你就会受到这个团体的保护，拥有使用土地
的权利，并且能与其中的妇女通婚，但是你也必须接收这个团体
的控制，每个人都必须服从和感谢。除了与自己的氏族和与其联
盟的氏族团结一致，还存在另一个理由，那就是在部落社会里，
畜牧与农耕生存方式的结合，这两种生活方式的结合凸显了土地
与水资源以及放牧时领地划分的共同使用权的重要性。这些是部
族的权利，而不是氏族的权利②。也就是说，当国家或其他部落
侵犯到他们生存的共同权利时，部族必须团结一致③。

　　我们现在了解到从上古至今的几个不同时期，让部落社会内
在组织衰退的其中一项因素，就是土地私有制度的形成，以及部
落社会中其他项目资源的开采。因此，伊拉克的部族和奥斯曼帝
国的各省在 19 世纪的改革后慢慢转变了。特别是奥斯曼帝国的
"庄严朴特"（Sublime Porte）④，强迫纪录下在 10 年内开采部落
领地以及分发土地的开发者，这些开发者必须向国家缴纳税金。
这个改革开启了农业土地私有制度，并随着 1918 年英国人的来
临而扩张。这个事件完全改变了社会和政治结构，并且也改变了
部落中的阶级及其对外的关系。历史上类似情况的改革和土地利
用在世界上几个不同地区出现。每一次这种改革都会引起个人与
家族，部分的或完全的去部落化行动。现代化世界只是让这种情
形扩大，并且加速这种形式的社会转变。

　　我想要回到之前所强调的几个重点作为本篇的结论。

① "Groupe de solidarité (açabiyyâ), territoires, réseaux et Etat dans le Moyen – Ori-
ent et l'Asie centrale", Olivier Roy in Dawod, H., *op. cité*, 2004, pp. 39 – 80.

② *L'Univers du Mashrek*, Walter Dostal, Paris, Editions de la Maison des Sciences de
l'Homme, 2001. Sur le droit coutumier tribal yéménite, voir pp. 161 – 212.

③ *Le droit dans la société bédouine*, J. Chelhod, Paris, Marcel Rivière, 1971.

④ 所谓的 "庄严朴特"（Sublime Porte）是指奥斯曼帝国政府制定政策的地
方。——译者注

　　首先，我想要再次强调的是，部落组织的强韧生命力以及这种类型组织的社会生活形态。世界上仍有许多地方以这样的组织形态继续生存，这也意味着部族保有其自身的统治权，掌握其资源，根据他们自己的法令和习俗，继续统领各项领域。这里有一个之前在各个时代已被提出，之后也将一直存在的策略性问题：在不排除彼此的情况下，如何让部族和国家的统治权平衡①？今天，世界上还有一些国家在面对其强大的部族时，无法实行主权，就像也门或阿富汗这样的社会②。

　　但是我们也不能不实际地看待这个问题。如果部落形态是许多国家的前身，这些部落今日能够继续存在的原因也是因为有了国家的支撑③。现今，很少有不依赖国家而独立生存的部族。这个现象让我们了解到美国在伊拉克所犯的错误，就是在消灭萨达姆的独裁政权的同时，想要去除其国家体制。这个行动，一方面让伊拉克的部族面对一个外来入侵者，另一方面也得面对伊斯兰基本教义派及基地组织（Al Qaïda）所带来的压力。伊拉克今日的问题就是如何在新的基础上重建国家，如何去转换部族和国家之间的关系。因为，我们所希望重建的伊拉克不再是一个由单一政党所统治的国家，这个单一政党统领国家所有的行政机构，最高的执政首长是由国家元首的近亲所组成，其他成员也是由其父系部族或母系部族成员所组成，就像萨达姆执政时期的情况。我们所希望建立的是一个像国民议会的组织，其成员是在自由参与选举的情况下当选，他们能自由地代表及捍卫各项利益，不论是宗教问题，部落问题，种族问题或是其他方面。在这个条件下，

　　① "Jeux de structures: segmentarité et pouvoir chez les nomades Baxtyari d'Iran", Jean - Pierre Digard, *L'Homme*, 1987, no. 102, pp. 12 - 53.

　　② "La Tribu et l'Etat au Yémen" Elham M. Manea, in *Islam et Changement social*, Mondher Kilani, Lausanne, Payot, 1998, pp. 205 - 18.

　　③ *Tribes and State Formation in the Middle - East.* P. S Khoury et J. Kestiner, Berkeley, University of California, Press, 1990.

个人或部落的成员都可以有机会借由选举，表明自己的意愿与选择，这个选择不再受控于部族或其他团体的共同利益之下。

这可能是伊拉克未来的蓝图。在荷山达伍（Hosham Dawod）告诉我的一个事件里有一个简单的例子，让我了解到其中蕴涵的意义。在 2009 年 1 月底所举行的地方和区域选举，原本的目的是要推动这些部族进入到国家的政治领域里，然而我们看到一个完全不同的现象。如果我们以巴尼 - 台米姆部族（Bani - Temim）作为例子，他们大部分的成员都居住在巴斯拉（Bas-ra），全部的族人加起来有 80 万人，分成 364 个氏族。我们发现马扎罕·阿 - 台米米（Mzahem Al - Temimi），就是伊拉克人所称的谢赫（Cheikh Al - Omoum）——也就是这个联盟里部落长老之首——在这次选举中只获得了 500 张票。然而，这个部族是在 6 世纪时，最早进入伊拉克的阿拉伯部族中的一支，比伊斯兰教创教的时间还早一些。他们的谢赫是个卓越的领导者，曾经在乌克兰的军事学校研读。他也在萨达姆执政期间担任海军参谋总长。他说流利的阿拉伯语、英语和俄语，并且也是伊斯兰法律的专家。总之，是一个有才干并且也有崇高地位的人。但是从此以后，在多元化的国家里，男人或女人都能在选举箱中投下自由的一票，并且能选择一个他所属的部族，或他信仰的宗教，或是他所属的其他社会团体所期望的未来。

我们看到，通过回顾历史和人类学，我们不但没有远离现实，反而更深入地了解今日世界的本质与其复杂性。

参考书目

Adams, R. Mc, 1966, *The Evolution of Urban Society*, Chicago, Aldine.

Akkermans, P. M. M. G., et Schwartz, G. M., 2003, *The Archaeology of Syria. From Complex Hunter - Gatherer to Early Urban*

Societies (*ca.* 16, 000 *to* 300 BC), Cambridge, Cambridge University Press.

Briant, P. , 1982, *Etat et pasteurs au Moyen – Orient ancien*, Paris, Cambridge, Cambridge University Press, Editions de la Maison des Sciences de l'Homme.

Centlivres, Pierre, 2004. "Tribus, Ethnies et Nation en Afghanistan". In: Dawod, Hosham, *Tribus et Pouvoirs en Terre d'Islam*. Paris, Armand Colin, pp. 115 – 44.

Chang, K. – C. , 1983, *Art, Myth and Ritual. The Path to Political Authority in Ancient China*, Cambridge Mass. , Londres, Harvard University Press.

Chang, K. C. , et Xu, Pinfang, (sous la direction de), 2005, *The Formation of Chinese Civilization. An Archaeological Perspective*, New Haven, Londres, Yale University Press.

Childe, G. V. , 1964, *La naissance de la civilisation*, Bibliothèque Médiations 10, Éditions Gonthier Genève.

Claessen, H. J. M. , (sous la direction de), 1981, *The study of the state*, La Haye, Mouton.

Claessen, H. J. , (sous la direction de), 1985, *Development and Decline. The Evolution of Sociopolitical Organization*, Massachusetts, Bergin and Garvey Publishers, Inc. , p. 369.

Claessen, H. J. , et Skalnik, P. , (sous la direction de), 1978, *The Early State*, Paris, La Haye, Mouton.

Dawod, Hosham, 2004. "Tribus et Pouvoirs en Irak", in: Dawod, Hosham, *Tribus et Pouvoirs en Terre d'Islam*. Paris, Armand Colin, pp. 237 – 60.

Diamond, J. , 2000 [1997], *De l'inégalité parmi les sociétés. Essai sur l'homme et l'environnement dans l'histoire*, nrf essais, Paris,

Gallimard.

Earle, T. K. , 1997, *How Chiefs Come to Power. The Political Economy in Prehistory.* Stanford, Stanford University Press.

Feinman, G. M. , et Marcus, J. , (sous la direction de), 1998, *Archaic States*, School of American Research. Advanced Seminar Series, Santa Fe New Mexico, School of American Research Press.

Hall, J. A. , (sous la direction de), 1986, *States in History*, Oxford, Basil Blackwell.

Hames, Constant, 2004. "Parenté, Prophétie, Confrérie, Ecritures : l'Islam et le système tribal" . In: Dawod, Hosham, *Tribus et Pouvoirs en Terre d'Islam.* Paris, Armand Colin, pp. 17 – 38.

Hocart, Arthur Maurice. 1978, *Rois et courtisans*, introduction de Rodney Needham, Paris, Le Seuil, p. 379.

Hocart, Arthur Maurice. 2005, *Au commencement était le rite*; *De l'origine des sociétés humaines*, Paris, La Découverte.

Huot, J. L. , 2005, "Vers l'apparition de l'État en Mésopotamie. Bilan des recherches récentes", *Annales. Histoire, Sciences Sociales*, (5), pp. 953 – 73.

Johnson, A. , et Earle, T. K. , 1987, *The Evolution of Human societies: From foraging group to agrarian state*, Stanford, Stanford University Press.

Kirch, Patrick, 1994, *The wet and the dry: irrigation and agricultural intensification in Polynesia*, Chicago, University of Chicago Press.

Lamberg – Karlovsky, M. , (sous la direction de), 2000, *The Breakout. The Origins of Civilization*, (Peabody Museum Monographs, vol. 9), Cambridge Mass. , Harvard University.

Li, Liu, et Chen, Xingcan, 2003, *State formation in Early China*, Duckworth Debates in Archaeology, London, Duckworth.

Mcanany, P. , et Yoffee, N. , (sous la direction de), 2010, *Questioning collapse: human resilience, ecological vulnerability, and the aftermath of empire*, Cambridge, etc. , Cambridge University Press.

Moret, A. , et Davy, G. , 1923, *Des clans aux empires. L'organisation sociale chez les primitifs et dans l'Orient ancien*, L'évolution de l'humanité, Vol. VI, Paris, La Renaissance du Livre.

Renfrew, C. , et Cherry, J. F. , (sous la direction de), 1986, *Peer - polity interaction and socio -political change*, Cambridge, CUP.

Roy, Olivier, 2004. "Groupes de Solidarité (açabiyyâ), Territoires, Réseaux et Etat dans le Moyen - Orient et l'Asie - Centrale" . In: Dawod, Hosham, *Tribus et Pouvoirs en Terre d'Islam*. Paris, Armand Colin, pp. 39 - 80.

Tainter, J. A. , 1988, *The Collapse of Complex Societies*, New Studies in Archaeology, Cambridge, C. U. P.

Thapar, R. , 1984, *From lineage to state. Social formations in the mid -first millennium B. C. in the Ganga Valley*, Bombay, etc. , Oxford University Press.

Yoffee, N. , 2005, *Myths of the Archaic State. Evolution of the Earliest Cities, States and Civilizations*, Cambridge, Cambridge University Press.

Yoffee, N. et Cowgill, G. L. , 1988, *The Collapse of Ancient States and Civilizations*, Tucson, The University of Arizona Press.

Wright, Henry T. 1977. "Recent Research on the Origin of the State", *Annual Review of Anthropology*, 1977, n° 6, pp. 379 -97.

附录二

社群、社会与文化:三个了解认同冲突的关键

第一章

我想要邀请大家一同来思考这四个概念——社群,社会,文化与认同——这些可能是社会科学中最常被使用的四个概念,但我们也在政治家口中和新闻记者的文章里大量听见和看见这些字眼。由于它们在不同情况下的多元性,这四个概念是否能使用在科学知识的领域里? 我认为可以,不过得在某些条件的限定下使用,我将试着为这些条件下定义。

事实上,从 1966 年到 1988 年在巴布亚新几内亚做田野调查的时候,我就一直不断地在思考这四个概念在社会科学中的含意。一开始,一个现象引起了我的注意,从巴祜亚人的口中得知,他们的社会存在不超过三四百年。但第二个史实更令人震惊。巴祜亚人和他们的邻近的部落、朋友或者是敌人,说相同的语言,有一样的家庭结构,实行一样的成年礼,也就是我们所谓的相同的"文化"。在巴祜亚人的部落里生活了 7 年,我可以很深入地观察他们社会的变化以及他们个人或群体认同关系的转变。

我认为以上两个状况是很好的研究契机。他们的社会存在不

算太久的这个事实让我想提出以下几个问题:"社会是如何在历史中形成的?""是什么样的社会关系联结了不同的人群并且将他们整合成一个社会,也就是说一个能自行发展并且持续繁衍的整体?"尤其是第二个状况让我很好奇:如果巴祜亚人与他们邻近的族群说一样的语言,拥有一样的文化与社会组织,这个"文化"的概念是否能让我了解,为什么这些当地的群体认为他们之间其实是有区隔的,他们拥有不同的名称:巴祜亚人(les Baruya),万特奇亚人(les Wantekia),布拉齐人(les Boulakia),乌沙航皮亚人(les Usarampia),但就整体而言,他们其实都非常相似。

因此,我开始研究巴祜亚的社会是如何形成的。接着,我对这类的问题产生高度的兴趣,也着手对其他一些存在只有几个世纪的社会进行研究。有一个非常有名的研究案例,是雷蒙德·弗思(Raymond Firth)对第科皮亚(Tikopia)的研究,但在这份杰出的研究中,弗思并没有对这个问题提出讨论。在这个状况下,我对瓦哈比派①(Wahhabisme)的学说产生兴趣,也因此发现沙特阿拉伯在18世纪前并不存在,这个国家是从1742年才开始产生雏形。

我必须先把我问题的内容阐释清楚。我要提出的问题并非像哲学家从古至今所思考的所谓社会关系的根本问题。我想提出的完全是社会与历史方面的问题。对我而言,人类天生就是群居的,他们不需要经由签署合约或借由弑父的过程而群居在一起。然而,人类并不因此而感到满足,他们创造出新的组织,就是所谓的"社会",并且繁衍下去。借由改变他们的生活方式,人类也改变了思想及行动的方式,这就是他们所谓的"文化"。

---

① 瓦哈比派是一个于18世纪中期兴起的伊斯兰教运动,以首倡者穆罕默德·伊本·阿布多·瓦哈布(Muhammad ibn Abd–al–Wahhab)而得名。主张清除伊斯兰教中民间信仰的部分。——译者注

第二章

我们回到刚才提出的第一个问题以及我在 1966 年田野调查中所提出的几个观点。我们试想处于 1960—1980 年间，列维 - 斯特劳斯（Claude Lévi - Strauss）的结构主义和不同学派的马克思主义在巴黎大放异彩。列维 - 斯特劳斯认为乱伦的禁忌与亲属关系是人类从自然进化到文化过程的原因。至于浮泛的马克思主义，为了解释从自然过渡到文化阶段之后的人类历史，它强调人类在彼此之间衍生出的最根本关系，那就是社会存在关系中的物质工具的生产，也就是说，不仅仅是物质上的，这是所有形态的生产方式。除了在物质方面也表现在社会上其他形式的生产方式里。你们将会了解，为什么在着手研究我所收集到的资料并去辨认这些联结巴祜亚人的亲族所构成的社会的社会关系之前，我必须先去研究他们亲属关系系统的种类，再去了解维持这些亲族之间赖以生存的物质生产里的基本关系。

现在我可以立刻得出以下的结论：亲属关系，或者群体间的生产关系都不能用来解释巴祜亚人社会诞生的成因。这是一个新的社会，但是它和它邻近的社会在结构上与文化上并没有任何不同。我必须去寻找其他的理由。

以前，在人类学的教学教材和专家学者的著作中，他们认为当我们面对一个并非以种姓，社会阶级或规则，而且并非由国家来领导的社会，我们就是面对一个所谓的原始社会，一个以血缘关系为基础的社会（kin - based）。然而，我很快地发现，巴祜亚人的社会是由 15 个父系氏族所组成。结论就是：我确信我处于另一种以亲属关系为基础的社会。

所有以亲属关系或者生产方式为前提的假设，将会慢慢地在我之后的分析中失去它们的科学真实性。我们先从巴祜亚人的社会是如何形成的说起。

可能一直到 17 世纪左右，或者更早一些，巴祜亚人的社会并不存在。他们的社会是由两次暴力行动，即两次的大屠杀——一次是受到迫害另一次是被煽动——而产生。梅尼亚米亚（Menyamya）这个地方离今日巴祜亚人的居住地只有几天脚程的距离，居住在这个地区中一群属于几个不同氏族但同一部落（约格 yoyué）的男人、女人和孩童，在举行成年礼之前，离开他们居住的地方去外边打猎寻找足够的野味。他们得知在他们外出的这几周里，同一部落中的另一氏族，找了敌对的部落把留在当地的族人全部屠杀，包括将行成年礼的青少年。受到极度惊吓，这群男女不敢回到他们的居住地，纷纷寻找愿意接纳他们的部落栖身，也就是说，愿意把耕地及狩猎区让给他们使用的部落。有一群人最后来到位居马洛维卡山谷及耶利亚（Yelia）火山脚安杰人（Andjé）的部落。这个部落里的纳德利（Ndélié）氏族愿意接待这群人，并且让出部分领地予其使用。经过了几个世代，他们与接纳他们的安杰部落大量交换妇女，他们的孩童也学习和其母语相似的当地语言。这群人的后代决定与他们的保护者纳德利人秘密地结合为同一氏族，这样一来他们可以抢夺安杰部落里其他氏族的土地。他们邀请了其他的氏族来参加他们的仪式，在举行仪式的过程中大举屠杀了其他的氏族。那些剩下没有被杀害的都逃走了，把他们的领地留给这些反叛者。

第三章

一开始，为了解释巴祜亚人社会的诞生，我们看到暴力和屠杀。但是暴力不能解释那些起先是一群受害者，之后反过来成为迫害者，在一起生活并且繁衍下去的生存方式。我们必须找到那些让他们之间建立起社会关系，并且让他们共同生活在一起成为一个整体的充分理由。是什么样的社会关系呢？有一天一个巴祐亚人给了我以下的答案：

"莫里斯，当我们建立起我们自己的提米亚（Tsimia）并且在那儿为我们自己的子孙实行成年礼，让他们变成战士和巫师，我们就成为巴祐亚人。"这位巴祐亚人拿提米亚作为参考是什么意思呢？在这里，我必须先解释一些我会用到的民族志概念。

在这个地区，那些不属于同一社群但说相同语言的人相遇时，他们会问："你属于哪一个提米亚呢？"意思其实就是"你属于哪一个部落呢？"接着，他们还会问"你属于哪一株树呢？"或"谁和你一样呢？"这就是问"你属于哪一个氏族？"

我们现在掌握了巴祐亚人建立社会的线索。什么是提米亚①呢？这是巴祐亚人和他们的邻人每三年在举行某些秘密男性成年礼时，为了避开妇女与其他没有接受成年礼的族人所建立的仪式会所。对巴祐亚人而言，提米亚就是他们的身体，房屋里面的柱子就是他们的骨头，屋顶上的茅草就是他们的皮肤。在建筑物的中央树立着一个高大的桅杆，屋顶上的横梁都朝着桅杆汇集。这个大桅杆就称为提米（Tsimié），它也代表了巴祐亚人的祖先。在桅杆顶端，架起了四块削尖的木头，指向朝天的四个方位。这四块木头称之为尼拉马耶（nilamayé），意思是太阳之花（太阳Nila，花mayé）。借由太阳花，太阳神就能和在会所里接受或即将接受成年礼的巴祐亚人相连接。我再补充一些信息，让大家更明白巴祐亚人的成年礼和仪式会所的神话意义，以及这些象征仪式的本质。每一根支撑着屋顶横梁的柱子，对巴祐亚人而言，都代表一个将要接受成年礼的男子。每一根柱子都由这些男子的父

---

① Maurice Godelier, *La Production des grands hommes*, "Champs essais", Paris, Flammarion, 2009.

亲亲自到森林中砍伐，并运送回仪式会所。从巴祜亚所有的氏族里选出一个巴祜亚人主掌仪式，伴随他的是负责成年礼的巫师，当仪式执行者一声令下，所有的男人把代表他们儿子的柱子同时树立起来。最让人称奇的是，这些男人不是因为亲属关系而并列在一起，他们乃因属于同一村落而站在同一组。这表示他们住在同一个地方过着集体生活。

我提出的问题就是：成年礼在巴祜亚人的生活里代表了什么意义？顺带一提，巴祜亚女人在她们初潮来临及第一次生育时也会举行成年礼。这些仪式充斥着巴祜亚人的生活，男人和女人，相同年龄层的人原则上必须互助，并且服从他们的兄长，等待自己有朝一日也为后辈们举行成年仪式。在仪式举行当中，执行者借由祖先及神明的力量，臆测受仪者中，哪一些会变成战士，哪一些会变成巫师，哪一些又会变成捕鹤鸵的猎人，总之，成为能让社会依赖的"真正的男子汉"。巴祜亚的巫师，不论男女，都算是某种形式的战士，因为几乎每个夜晚，他们的灵魂必须驻守在巴祜亚人领地的边界，以防止其族人熟睡的灵魂闯出边界而被吞噬。同时，他们也要防卫敌人的灵魂入侵到他们的领地，伤害或带走巴祜亚人的灵魂。

成年礼还有另一种目的，只有约格人及背叛自己安杰部落的纳德利人的后代，才能主持成年礼仪式，所持的理由就是只有他们才能使用圣器，并且有足够的知识举行仪式。那些和巴祜亚人结盟或归顺的氏族被排除在仪式之外，他们孩童的成年礼仪式必须由战胜者来代理。每一次成年礼的举行，都是一个再强化战胜者和战败者之间阶级关系的时机，也就是说，让他们记得过去所发生的事件。

借由分析上述的成年礼和其他仪式，我们得出以下的结论：由于举行成年礼仪式，这些族群因此能生活在一起成为一个共同体，他们自己、邻人、朋友或敌人也接受这种生活形态。这些仪式每一次的举行，都在建立或重建年龄级制度，及用性别和氏族区分的阶级，也让这个社会中的每一分子根据其年龄、性别及能力，分配对自己有利的社会地位。这个形态的社会就如同西方所说的政教合一关系。"宗教"，是指在实行入门仪式时，神明，大自然中的精灵和祖先扮演了重要的角色，他们也与持有圣物的执行者保持合作无间的关系，共同为下一代施以成年仪式。"政治"，是指这些仪式强迫权力制度的产生，并且使之合法化，而且在社会中产生了由人来主导的法规。最后我明白，这些是之前一个巴祜亚人努力向我解释的：

"当我们建立起我们自己的提米亚并且在那儿为我们自己的子孙实行成年礼，我们就成为巴祜亚人。"

第四章

确切地说，巴祜亚人所认定并且一再确认的，是在举行入门仪式时，他们有权共同在领地里行使统治权，使用其中的资源以及管理领地上居住的人。这块领地的边界是划分清楚的，至少他们的邻族清楚界线在哪。但同时，他们强调的并且也是合法的，就是男人掌握对女人和还未接受成年礼的孩童的控制权，男人也是社会唯一的管理者和代表。事实上，男性成年礼的目的及意义，是要借由这个仪式，满足男人能不经由女人的子宫，从自身孕育子嗣的欲望。这个欲望解释了巴祜亚男人的秘密，也就是受仪者之间所发生的同性性关系。在成年仪式中，第三阶段和第四阶段的受仪者负责向第一及第二阶段的受仪者喂食他们自己的精液，因为他们认为那时的精液还是纯净的。结了婚之后的巴祜亚男人不能再喂食受仪者精液，因为他们的阴茎进入过女人身体里。在这里，我们体会到，若不了解巴祜亚人的思维及历史，我们是无法了解巴祜亚人的社会关系的。这些思维方式，行动力及感受力构成了这个民族的"文化",我们也看得出这个文化和它的社会关系是无法分割的,透过这层关系这个文化才有它真正的意义。

继续深入我们的分析。我认为这个社会秩序是建立在神话的想象里,并且把整个社会都参与的仪式组织起来,如此建立了巴祜亚人之间的关系,并且在面对其他族群时仍有普遍的依存感。这种相信神话存在,以及把想象事物当真的态度可追溯到人类早期——像神话中男人们从女人那儿偷到了原来由女人掌管的笛子,或是巴祜亚人祖先的圣物是太阳所赠与的——这些信仰给予仪式社会效率,并且有能力说服社会中的个人在社会与宇宙的秩序里互相依存。

不过我还是要简单地阐释为什么亲属关系和经济活动既不能解释巴祜亚人之间相互依赖的关系,又不构成他们群聚成为一个社会的原因。巴祜亚人在不同的家系与氏族间交换妇女,这个交换系统的原则就是儿子不能有和其父亲一样的婚姻,也就是说,他不能从自己母亲的氏族里选取妻子,而且他的兄弟也不能和他娶同一氏族里的女子。尽管这些限制让联姻的方式更有变化,我发现即使我们去观察他们四到五个世代的联姻状况,没有一个家系能够和所有的家系联姻。此外,家系之间的联姻在交换的数量上其实是足够的,那些剩下没有联姻的家系必须透过交易的方式,和其他家系不足的部落交换。亲属关系和经济活动都不能建立亲族间普遍的相互依赖关系。

我还没有对欧洲人的来临,澳洲殖民势力影响所产生的变化,以及巴布亚新几内亚成为独立国家这几点上着墨。这些都影响了巴祜亚人的生活及思维方式,简而言之,他们的认同发生了变化。不过在这之前,因为受到巴祜亚人的启发,我想要比较其他社会诞生的例子,我们先从第科皮亚(Tikopia)说起[1]。

---

① Raymond Firth, *Tikopia Ritual and Belief* (Boston, Beacon Press, 1967), pp. 15 – 30. *The Work of the Gods in Tikopia*, London, The Athlone Press, 1967.

　　当雷蒙德·弗思（Raymond Firth）于 1928 年到第科皮亚岛时，古代的政治组织及宗教几乎还保持原样。在 1924 年之前已经有一位传教士抵达。岛上社会形态是以四个非外婚制的氏族所组成，并且依照他们在土地、海洋及自身的繁衍这些生产周期性仪式中所承担的工作内容来划分阶级。在这个周期性仪式中，卡费卡氏族（kafika）及其领袖占据最重要的位置。但是，各氏族的领袖们并非独自完成仪式，他们有神在一旁辅助。然而，弗思在一个笔记上表示，第科皮亚在几个世纪前还不存在。几个族群的人在不同的时期分别来到岛上，他们来自不同的岛屿，普卡普卡岛（Puka Puka），阿努塔岛（Anuta），罗图马岛（Rotuma）。这些族群首先相互争战，一直到一位卡费卡氏族的领袖成功地说服大家在周期性仪式里各自承担一部分与领袖和神明相连的工作。我们再一次看到，社会的形成乃是由政治与宗教的因素，让不同族群的人结合在一起变成一个整体。

　　和之前巴祜亚人的研究相比，第科皮亚的例子带给我们更多的启发。在第科皮亚，另一种形式的社会阶级和另一种经济体系开始出现。事实上，主持仪式的领袖们被认为天生拥有某一种神力，卡费卡族领袖的祖先被大家认为是阿图阿（Atua），也就是岛屿之神。领袖们不需分担生产工作中最辛苦的部分，然而巴祜亚的仪式主持者却并非如此。同时，他们有资格划分一小块耕作地给予族人，并且在捕鱼或耕作时有设下禁忌或解除禁忌的权利。如果我们从第科皮亚转到汤加、大溪地甚至到夏威夷，在欧洲人抵达之前，我们会发现他们的人事和经济都在领袖及其家系的掌控之下，他们的权力远大过第科皮亚的领袖。在汤加，所谓的贵族（Eiki），对于当地的人、在群体中的工作分配与土地的使用上，拥有近乎绝对的支配权力。汤加的最高首领，自古以来一直被尊崇，被认为是汤加罗亚（Tongaloa）的后代，也就是波

利尼西亚的主神①。在汤加，贵族完全不用参与任何生产工作，
他们仅需要协助最高领袖图依汤加（Tu'i Tonga）参与仪式工作及
打仗。我们再一次看到，社会的形成解释了政教制度的关系，但
是主导这些权力的人和生产活动完全脱节，这样的关系产生必然
的结果就是，在这个以生产及再生产为主的社会体系里，贵族和
其族人之间的经济关系变成一种必然的契约关系。

第五章

　　让我们到距离更远，但在时间上更往前推进的沙特。直
到 1742 年穆罕默德·伊本·阿布多·瓦哈布（Mohammed Bin
Abdal‑Wahhab）②和穆罕默德·本·沙乌地（Mohammed Ibn
Séoud）这两位代表两股社会力量的人相遇之前，沙特阿拉伯
还不存在。

　　前者，是一位被部落联盟驱逐的宗教改革者，他想要向居住
在麦加（Mecque）和麦地那（Médine）这两地的不守教义的回
教徒传播圣战（djihad），据他说这两地是伊斯兰教的圣地；后
者，是当地部落的首领，统治阿拉伯（l'Arabie）中部的一个小
镇纳吉（Nadjd），他野心勃勃地想要征服四周邻近的部落。然
而在回教世界里，没有宗教的支持任何政治野心都无法实现，没
有政治力量为后盾任何宗教改革都无法实现。根据历史学家的说
法，穆罕默德·本·沙乌地在见到穆罕默德·伊本·阿布多·瓦
哈布时对他说："这片绿洲是你的，不要怕你的敌人，以神之

---

①　Franoise Douaire‑Marsaudon, *Les Premiers Fruits*: *parenté*, *identité seuxelle et pou-
voirs en Polynésie occidentale. Tonga*, *Wallis et Futuna*, Paris, Editions de la Maison des sci-
ences de l' Homme, CNRS Editions, 1998.

②　Maurice Godelier, *Au fondement des sociétés humaines*: *ce que nous apprend
l'anthropologie*, Paris, Albin Michel, 2007, p. 233.

名，即使全纳吉（Nadjd）的人要驱逐你，我们也绝不会放弃你。"穆罕默德·伊本·阿布多·瓦哈布回答："你是这片绿洲的主人，你是一位智者，我要你答应我向那些没有信仰的人传播圣战。你的奖赏就是成为伊曼（Iman），伊斯兰教各族的精神领袖，我会管理宗教事务。"① 在当时，阿拉伯的这个部分还未臣服于西方势力，奥斯曼帝国也没有完全征服此地。在 18 世纪，瓦哈布宣扬圣战教义（djihad），反对那些所谓依自己的利益任意阐释可兰经的回教徒②。今日，瓦哈布教义派不只反对所谓的不守教义的回教徒，也反对犹太人，基督徒和西方世界。

在探讨最后一个观念"认同"之前，我想把之前研究的一些理论结果提出来进行讨论。首先，我发现巴祜亚人的社会并不是一以个亲属关系为主的社会。亲属关系从来没有被当成他们社会的基础。而且我认为，从来没有一个社会是以亲属关系为基础而建立的。没有任何一个地方的亲属关系或家庭关系能够用来建立一个社会或是当做一个社会的基底，即使这些亲属或家庭关系是组成社会生活的要件。

我们的分析也让我们清楚地了解社群（communauté）和社会（société）的不同之处。能够把两者清楚地划分是非常重要的。我们也不能把这两者之中不同的历史和社会现状混淆。我们只要举一个例子就可以清楚地了解它们之间的不同。居住在伦敦、纽约、巴黎或阿姆斯特丹的犹太人在这些不同的城市和国家（英国、美国、法国、荷兰）里组成他们自己的社群。他们和其他的社群共同存在，比如土耳其和巴基斯坦社群。他们有各自的生活方式与传统。但是，这些在国外的犹太族群离开他们的小

---

① Cité par Madawi Al - Rasheed, *A History of Saudi Arabia*, Cambridge University Press, 2002, p. 17.

② Alexei Vassiliev, *The History of Saudi Arabia* (London Saqi Books, 2002).

区，到以色列生活，从这时开始他们就在近东建立起自己的社会，一个代表他们并且由他们统治的国家，他们也要求邻国和其他民族承认他们划定的国界。这也是巴列斯坦人所要求的——土地和主权。我们再一次看到，一个社会形成的条件，是在一块土地上拥有统治权。我们必须强调，这些存在在异国的社群有他们自己特殊的生活方式。举例来说，在全世界大部分的大城市里都有所谓的中国城，在这个社群里中国人说中文，过他们的传统节日，开中国餐馆。他们组成一个中国人的社群，但不是一个社会。

在这里，我想对一个在今日大部分的人不再使用的概念做一个解释。我所称的"部族"（tribu）是指像巴祜亚人的社会形式，如同我在说"氏族与父系制度"是指他们的亲属关系。我也会使用"种族"（ethnie）这个字，来表示当地一群人认为彼此有相同的起源，而且来自从梅尼亚米亚（Menyamya）迁移出来的族群。巴祜亚人和他们的邻族在表示他们是彼此来自同一起源的族群时会这样说："那些戴着和我们一样的装饰的人。"然而，即使明白属于同一个群体，巴祜亚人并不因此能使用别族的领地或与他们的妇女联姻，更不会因为这层关系而避免相互之间可能的战争。我们在这儿看到，对巴祜亚人来说只有"部族"才是一个社会，种族对他们而言是一个文化和记忆的共同体，并非一个社会。这明白地指出一个事实，在今日要产生一个社会，一个种族必须成功地组成自己的国家，并且在一块领地里行使其统治权，这也是很多库尔德族所要求的，各自拥有自己的国家，这也是之前波斯尼亚人及科索沃人所争取的。在某些情况下，一个民族要求独自拥有自己的主权与领土，组织成一个所谓纯粹的单一民族国家。

在大部分西方社会实行的民主制度里，我们可以观察到两种存在于不同宗教或种族社群中的国家体制，像英国的大不列颠联合王国，以及法国各种社群共存的共和体制。但这两种制度似乎都无法成功地解决在现今社会中多元文化与宗教所引发的问题。

再谈其他一些从我们分析中所导出的结论。现今的经济活动和社会关系似乎也无法建立社会，也就是说，一些囊括了不同群体的社会组成分子（像氏族、种姓、社会阶级）在他们自身原有的身份外，又被赋予新的群体身份。看过了第科皮亚、汤加及沙特阿拉伯等例子，我们可以发现所谓的"经济活动和经济关系"似乎在人类历史中扮演了极不同的角色，特别是当主导政治及宗教活动的社会族群出现时。生产模式并不能解释具体的社会形成，而是在过去几个世纪中发展出新的具体形式，那就是权力与政治宗教的混合或联结，这些形式使生产的模式产生变化。当然，只要权力的执行者在物质上依赖那些无权力者，政治及经济就变成一种相互关系。概括地说，这和马克思的假设相反。

最后一点，社会关系并不只存在于个体与群体之间，它同时也存在于个人，以及参与这个体制里群体中的个人。这部分存在于个人之外的社会体系，是我所称的"概念性与主观性"的架构，它不仅只是种提示，也是行动与禁止的原则。我们从巴祜亚人的成年礼的例子中看到，他们社会关系中概念性的部分，在我们眼中，其现实核心完全是想象所建构的。我们也可以同样地看待圣经里的神话，或新约圣经告诉我们上帝为我们死在十字架上的故事。我们可以了解到想象力在建立社会事实和主观性上所带来的巨大影响，它也影响了个体在这个事实建立中的生存与生产。但是我们也强调，存在的一些文化因素会超越地方性的社会关系，在其中的每一分子，都会影响这个社会的历史。比方说，基督教或伊斯兰教，和其他在几个世纪前诞生的一神信仰，这些宗教变成文化的一部分和一些地方社会的发展要素，同时，这些宗教也是唯一联结上亿个个体的主观性要素。带着这个对基督教的影射，我将进入研究的最后一部分，那就是分析个人认同在一个屈服于外界强大压力的社会中的转换：军事上，经济上，政治上及文化上，如同澳洲决定在巴布亚新几内亚岛还未被控制的地方上扩张其殖民势力，这便是巴祜亚人从 1960 年以来所经历的。

第六章

何谓"认同"？对我而言，认同是一个个体对于自身所处的环境中的社会关系与文化关系的参与，以及再造或否定这层关系的一种内在凝聚力。

比方说我们是某人的父亲或儿子，这层与他者建立的关系定义了人与人之间和群体中的个人的关联，但在形式上不同的是：一个父亲永远不会是自己的儿子。这个定义是来自"社会中的我"，相对于群体之中的每一个人。但是自我的另一面也存在着，就是"内在的我"。由社会中的我在群体中和他人相遇而产生的快乐痛苦经验，衍生了这个内在的我。这就是为什么个人的社会认同是唯一的但同时也是多元的，因为它建立在我们与他人所维系的各种关系之上。

我要叙述几段关于巴祜亚人近代的历史，和他们之中的一些人对自己社会转变的看法。因为这几段历史不但让他们自身产生冲突，也使他们和其他人产生冲突。这就是我所称的"认同冲突"。

一直到 1960 年，巴祜亚人一直是自己领导他们的社会，在 1951 年以前他们从没见过白人，即使太平洋战争爆发时他们也只远距离地见过白人。1960 年，为了维系地区和平，澳洲政府派遣军队到巴祜亚人居住的地方，那时也正是巴祜亚人和他们邻族也是他们敌人的尤瓦柔纳切人（les Youwarrounatché）争战的时候。猛然间，巴祜亚人从自由的自主统治状态转变成受英国女王统治的殖民地人民。被殖民，简单地说就是一个社会失去被外来者侵占的统治权，变成殖民地的统治形式。这个社会的未来便取决于别人而非自己。在 1975 年，在澳洲的承认及英国工党的执权下，巴祜亚人又一次在没有要求也没有真正了解原因的情况下，不再是英国百姓，变成了独立国家的人民。但巴祜亚人并未能因此而重拾之前的统治权。作为一个多元文化国家的国民，也为了让这个人为所创立的新兴国家更稳固，巴祜亚人被授予新的权利并承担新的义务，但是却无法重拾先前能自行伸张正义的权利，并且再也不能和邻族作战扩张领地。巴祜亚人的社会没有因此消失，但是它不再是一个有自己统治权的社会，而是在行政统计资料中的一个部落，一个拥有其领地的地方团体。

1960 年澳洲在巴祜亚人和其邻族交战之处沃内纳瓦山谷（Wonenara），建立了一个控制中心以及一个机场跑道。很快，一个夏季语言学院（Summer Institute of Linguisitics）的传教士来到此地学习巴祜亚人的语言，目的是为了翻译圣经并且让他们信教。在同一年，一个年轻的士官，为了惩罚巴祜亚人之间的战斗行为，下令烧了他们的一座村庄。在这次火灾中，巴祜亚人失去了他们主持成年礼仪式的圣物、用来延续火苗的火石以及带领他们和安杰人作战的英雄巴奇夏切（Bakitchatché）晒干的手指头。

1961 年，一位路德教派的传教士在当地建立了一座学校，一些巴祜亚的少男少女和他们的敌族都在这间学校上课。但一直到 1965 年，这块地区都被限定为"管制区"，也就是说除了在控制中心工作的人，其他欧洲人都禁止到这个地区。

1966 年我来到沃内纳瓦山谷（Wonenara）。当时，只有一个年轻的巴祜亚男人改信了基督教，他为翻译圣经的传教士提供数据。第一批上完路德教派小学的学生们，将出发去城市里其他宗教机构继续他们的学业。我问他们其中一位年轻男孩子对于巴祜亚的传统习俗的看法，他回答我："我向祖先们穿的缠腰布

（pagne）吐痰，我向习俗吐痰，这些都是狗屎！"

1968 年，巴祜亚人举行盛大的成年礼仪式，在这次仪式中一个举起木棒的老战士比瓦麦（Bwarimac）在众人面前对我说："莫里斯，你看这是我们力量的代表。但是今天，白人都来买我们的木棒子作为纪念品。我们卖给他们的是树枝和叶子，但我们对你展示的是树干和树根。"

他完全明白自己的身份认同和文化。

1979 年独立之后，巴祜亚人再一次为自己的孩子施以成年礼。但是他们之中大部分的人继续把孩子——男孩或女孩——送往学校读书。1983 年，巴祜亚人的敌人尤瓦柔纳切人（les Youwarrounatché）决定夺回被拿去建机场的土地，在这次斗争中他们杀了几个巴祜亚人，其中一个是我的朋友关塔耶（Gwatayé）。他全身被乱箭刺穿，其中一个敌人还拿石头把他的脸砸烂，并且对他说："愿你的灵魂回到祖先居住地（Bravega-reubaramandeuc）"，这个地方就是巴祜亚人在被自己的同族屠杀前还是约格人时的居住地。警察乘着直升机来查看，但是他们不敢着陆，并且扔下手榴弹企图焚毁村庄。

1985 年，巴祜亚人再次为子孙们举行成年礼。1988 年，在成年礼中他们为一群巫师举行仪式，这是每 15 年才举办一次的仪式。我当时在场观看。之后，一切入门仪式又都停止。很矛盾的是在 21 年后的 2006 年①，巴祜亚人都变成了基督徒后，又开始为他们的孩子举行成年礼仪式，但是他们没有为孩子们穿鼻环，这个行为让同一地区其他已经停止这个习俗的部落感到非常诧异。在同一年，他们又举行巫师的入门仪式。在这段时间内，巴祜亚人已停止发行他们的盐货币，并且在土地上种植咖啡，他们外销咖啡但自己并不饮用。因为无法再使用

---

①   作者是指从 1985 年以来。——译者注

被敌人抢去的飞机跑道，而且他们的敌人不再使用弓箭而改用步枪防卫，他们便在自己的领地内建立了另一个跑道以便运送咖啡和进出山谷。我们可以在这个简短的介绍里，看到巴祜亚人在半个世纪内改变他们的思维以及行动方式，简而言之，改变他们的身份认同。

我再举一个例子。那个之前说要"在祖先的缠腰布上吐痰"的孩子在1985年举行成年仪式时回来了。他全身欧洲人的打扮，并且在林木局工作。他站到仪式主持者前面，对着受仪者们训话："你们做得好，完成这些仪式。你们所做的，就是白人们所称的'文化'，这是我们力量的所在，这就是当你们到城市里，感觉孤独，没有工作没有朋友而且饥饿时，能支撑下去的力量。"

1988年，我去参加他们的巫师入门仪式。这个仪式持续一个月并且动员了大部分的族人，尽管大部分的人都没有意愿参与。一群男女来看我，手中拿着一个本子，要我在本子上写下他们的名字，并且在每个名字前加上一个圣经里的名字，如戴维、莎拉、约翰、玛莉等。我帮他们写上并且问他们为什么这样做，他们回答我说为了等待下一次来访的传教士，不论是哪一个教派的都无所谓，他们要受洗成为教徒。我问他们："为什么要受洗呢？"一个年轻人回答："为了成为新男人和新女人啊！"我又问："什么是新男人？"他回答："成为一个新男人有两个要件，那就是：信仰耶稣和做生意！"

第七章

21年过后，巴祜亚人都成为基督徒。5种不同的新教教派瓜分了巴祜亚人的信仰。其中的某些人在他们一生中信仰过三种不同的教派。很显然，这些群体或个人所做的决定，是为了延续那些从古到今支撑他们存活下去的理念，或者是为了接受可能对未来有帮助的新事物。巴祜亚人是基督徒，诚然，他们也是公民，但是到现在他们仍是和宿敌斗争的战士。这也可能就是为什么在2006年巴祜亚人又建立起仪式会所提米亚并完成了所有的仪式，当然，他们又重新定义并且简化这些仪式。

我在这儿要结束这些综合了从个人生活经验到整个社会生活的讨论。我想要强调的是，人类学在我们现今的生活中扮演着比过去更加重要的角色。分子生物学或纳米科技并不能帮助我们了解什么是什叶派人、逊尼派人和普什图族人，或者解释西方的殖民运动史。即使在做田野调查，我们也清楚自己所处的位置，在其中进行系统和长远的研究规划，并且在我们生活和工作的环境中找出合作与明确的方式。所有的研究方法，分析及结论，都应该顺应一个带有恒常性及批判性的思辨方式。想要广泛地了解我们现今所处的世界及未来，人类学是一门不可或缺的学科。然而，这个世界在今日因为一个双重的运动而改变。所有的社会，不论大小，他们的经济成长都无法摆脱全球化的资本主义影响。但矛盾的是，随着经济的全球化，我们发现到这些社会在自身的政治与文化发展上要求拥有更大的主权，他们或以创新传统的形式出现，或是以拒绝接受西方社会定义的人权的形式出现。这个以经济整合与要求国家或地方认同的双重运动乃是今后我们研究的主要课题。这是一个我们可以了解，也必须了解的课题。

即使有些早期的理论必须遭到淘汰，人类学在未来仍是大有可为的。对我而言，我会继续研究各族群间不同的主权在历史中形成与发展的模式。